企業價值
——股東財富的探求

作者／

● **Dr. Andrew Black**

現任普華企管顧問公司(PricewaterhouseCoopers & Management Consultancy Service)價值管理／企業購併部門的董事,在股東價值模型及該模型在企業客戶的應用上著力甚深。他曾擔任過多家銀行與基金經理人的分析師及策略專家,並曾撰寫過多篇關於公司治理與政府產業政策的論述。

● **Philip Wright**

現任普華企管顧問公司財務顧問部門(Financial Advisory Service)歐洲地區領導人,以英國倫敦地區為基地,在國有企業民營化、公司理財與股東價值等事務上,有超過二十年的國際事務處理經驗。

● **John Davies**

自由作家。

譯者／

● **黃振聰**

學歷／美國紐約大學企管碩士、博士
國立臺灣大學經濟系學士
現職／國立中山大學財務管理學系副教授

三民書局

譯者序

二十世紀最後二十個年頭，世界各主要國家的企業面臨一個「兩面作戰」的環境。一方面，全球化浪潮襲捲各國產品市場，帶來慘烈的競爭；另方面，原來存在國家之間的資本市場樊籬一一撤除，稍具規模的企業可以遊走各國市場，從事資金競爭。為了取得資金競爭優勢，企業必須重視價值管理。

除產品、資金市場全球化之外，二十世紀最後二十年也見證了高科技產業、知識產業的迅速崛起。各主要國家的企業莫不重視「才產管理」，而「才產管理」的重要環節——員工持股要求企業重視股價的提昇。在高科技或知識產業裡，股價低迷不振的企業很難爭取一流人才，這又對價值管理提出了嚴酷的挑戰。

過去二十年，高科技股票投資者「泡沫幻滅」的經驗，也使人們愈來愈重視價值管理。從 80 年代發達國家，尤其美國股市的電子、生技泡沫，以致 90 年代遍及全球的網路泡沫，股票投資者逐漸從「本夢比」回歸「本益比」，企業經營者也愈來愈重視真實價值的提昇。

這種情況下，一些針砭時弊的想法、做法不斷被提出來，其中犖犖大者即為自由現金流量 (Free Cash Flow, FCF)，另一則為經濟附加價值 (Economic Value Added, EVA)。PricewaterhouseCoopers(資誠會計師事務所及普華企管顧問公司)出版的這本書，即以前者作為主要觀念基礎。筆者淺見，FCF、EVA 考察企業價值觀的觀念基礎雖然不同——前者從資金供需觀點考察企業價值，後者從價值創造觀點——但是，如果從價值動因 (Value Driver) 探求的觀點來看，兩者實殊途同歸。

無論採 FCF 或 EVA 觀點，下面幾點特別值得讀者加以注意.

◎為了解決當前企業面對的問題，財務與經營管理必須更密切地配合。

◎財務人員必須能夠更精確、更有系統地衡量企業資金需求、回收與報酬、營運與財務風險、整體價值等因素。

◎企業策略、營運模式、技術、作業流程、管理控制方式、學習創新機制、人力資源、組織型態、文化等因素與財務因素的互動是財務、非財務人員必須共同關心的課題。

PricewaterhouseCoopers 基於豐富的全球顧問經驗，對前述要點提出許多精闢論述，並以各國最佳實務作為例證，誠屬難能可貴，是為之譯。

黃振聰

2003.1.10

第二版序

　　自從本書的第一版出書以來，過去的三年裡，股東價值這項文化，在全世界儼然已成為企業生命的主流。本書《企業價值——股東財富的探求》的第一版，已被翻譯成九種語言，企業董事們都必須瞭解股東價值背後的意義。在歐洲，包括德國以及義大利，頭一次發生關於購併的論戰，其爭論點都是圍繞著股東價值的議題；法國銀行 Paribas 及 BNP 的合併案，也有相同的狀況。在每一個例子中，遍及全球的機構投資人對於最終的結果，都有很大的影響力。全世界的人多半認同，當管理者所採取的策略與股東價值相背離時，其必定無法創造等同於那些與股東價值相符的策略所創造的價值。於是，資金便快速地流向那些清楚地表示它們將會竭力創造股東價值的地方。

　　如果股東價值的觀念，已經被廣為接受，人們對它的興趣是不是就會減退呢？我們相信並不會！

　　首先，在我們的社會裡，仍有許多關於股東與公司其他利害關係人——員工、客戶、政府以及環保人士等等之間的互動關係尚待解決。要同時兼顧股東價值，以及公司其他利害關係人的長期利益，並不是不可能的，但是對企業而言，要達到這樣的境界，還有許多事情必須去做；事實上，在符合公司其他利害關係人利益的前提下進行管理，才有可能創造永續的價值。

　　其次，資訊革命的發展、資本市場的整合，以及歐洲貨幣的統一，都持續地加快腳程。同時，投資人不論是機構法人或是一般散戶，在比較衡量公司經營績效的能力上，也不斷地提升。一種新時代網路語言——XML 的興起，扮演了使金融資訊快速且直接地由公司，傳遞到投資人手上的催化劑。

　　第三，來自於網路產業的熱潮——也就是所謂的新經濟 (New Economy)，影響所及，使得許多人對於價值創造的過程，產生了濃厚的興趣。價值創造不再單純地被視為增加報酬率、管控資金成本，或是專注於本業的經營。新經濟打亂了原有的價值創造規則，它讓那些能夠在傳統的創造價值的方法之外，額外找出其他創新點子的人，能夠因此獲得巨額的報償。事實上，「第一屆普華企業管理顧問公司歐洲區股東價值獎」的得主 Rudolf G. Burkhark 就指出，新經濟能夠成功創造價值，其關鍵就在於它找出了過去束縛企業成長的藩籬，並且將之去除。

　　本書第一版的成功，使我們得以將本書中，許多與新經濟活動相關的資訊加以更新。在第十章中，我們考量了新經濟產業的持續加溫，因此將實質選擇權這種衡量價值的方法，在高科技產業上擴大應用。我們也將第十一章重新寫過，並且從更多層面，檢視股東價值的觀念在全世界的各個國家的發展狀況，是否有所不同。其中有一些結果值得注意，包括在英國、德國以及法國，已經發展到對於股東價值觀念上較細節的探討；加拿大、新加坡以及南韓，目前仍著重於股東價值建構過程的討論；至於新興國家，則才剛興起對於股東價值所產生之影響的一般性探討。在第一篇的內容中，我們一直希望能夠將股東價值的不同層面，說明得更加清楚，因此額外地介紹了 CVA 模式，並且針對資金成本，作了更進一步的討論。在競爭優勢期間的觀念上，也有深入的探討。

　　基本上，每一個章節都加進了新的資料，而這些資料都一再地顯示出全世界已有愈來愈多的地區，共襄盛舉地一起探討股東價值的真意。我們希望領你同來參與這場「股東財富的探求」的旅程！

第一版序

未來的變化是無法預料的，大約在二十世紀最後的十年中，大部分的公司，已經面臨了經營業務與營運環境的快速轉型。全球化、科技創新與複雜的市場，意謂當我們接近千禧年時，許多成功的大企業，也正身處有史以來最大的競爭壓力下。如果它們無法適應新環境，將會逐漸被取代與消滅。它們發現，單單在產品上追求卓越的品質，抑或是將心力完全投注於利潤的追求，都不足以立足於市場上。在瞬息萬變的市場中，成功的關鍵就在於：能夠利用資本，創造較佳的報酬，並且維持一定的成長率，以及採取積極主動的風險控管。

我們普華企業管理顧問公司 (PricewaterhouseCoopers)，一直沒有偏離上述程序。我們在財務分析及保證業務上，擁有悠久而成功的歷史，在面對市場及科技的變化時，一向都能快速的適應，甚至在事前就採取行動加以因應。過去幾年，我們提供服務的方式，也產生了變化——例如：手動程序轉變為自動化；但是我們主要的核心業務——提供可信且明確的資訊，則從未改變。可靠的財務及管理資訊，是作成明智的商業決策，以及進入金融市場的先決條件。

但我們並不以此自滿，在我們成立之初，我們就宣稱：普華不只是財務性質的服務機構；我們更扮演了為頂尖企業解決複雜問題的角色。也就是說，我們在其他的事務上，將會優先考量客戶最重視的一環，並且盡力幫助客戶創造最高價值。換句話說，由於我們的存在，使客戶得以充分發揮其潛力。

這就是股東價值的來源。我們的客戶中，那些管理優良的企業，對於價值的探索非常積極。它們一直想要為公司的所有人、投資人以及員工們，創造、保存並且實現價值。在探索價值的過程中，企業需要最新且最有效率的技術，來對企業的策略進行分析，以保證企業的資本是有效地被利用的。股東價值分析所提供的，正是這樣一種方法。這也就是為何普華要發展 "ValueBuilder" 這種系統，來幫助各個不同領域的頂尖企業提升其績效。這套系統主要藉著提供分析資料及策略，使得企業的價值創造更為便利，同時也讓溝通及報表的資訊揭露更有效率；此外，更建立了許多合適的獎勵制度，使員工在達到設定的目標時，可獲得適當的回報。

我們對於客戶在股東價值方面所提供的業務，以及所進行的研究，構成了本書的基礎。不論是在銀行、高科技業、娛樂業或是能源事業，當我們在推廣股東價值的觀念時，都獲得了正面且熱烈的回應。希望本書也能引起讀者們相同熱切的興趣。

謝　詞

本書不是作者幾個人可以獨立完成的。過去幾年，Price Waterhouse Business Development Group 同仁及客戶的集體知識、經驗，提供本書許多的啟發和素材。

特別要感謝 Mike Maskall, Ian Coleman, Jeff Bowman, Hermann Aichele, Guy Madewell, Michael Melveill, Anthony Vander Byl, Chris Neenan, Francois Langla, de-Demoyen, Jane Docherty, Cedric Read, Michael Donnellan, Likhit Wagle, Gabi Black, Sigrid Wright 等人的協助和建議。

對於個別章節，以下幾個人提供了寶貴的協助：John Devereaux 和 Jonathan Peacock（第七章），Tom Wilson, Fran Brown 和 Robert Neilson（第八章），Alan Jamieson 和 Carter Pate（第九章），Loic Kubitza, Axel Jagle, Mohamed Bharadia, Julian Alcantara, Elisabeth Edwards, Christogher Baer 和 Andrew Wardle（第十章），Sens Hartwig Arnold, Tibor Almassy, Marcus Bracklo, Ian Falconer, Patrick Frotiee, Jesus Diaz de la Hoz, Jacob S. Geyer, Thomas Goldman, Jean-Louis Goni, Anders Landelius, Jusbi Majamaa, Anders C. Madsen, Greg Morris, Michael Octoman, Karin Pauly, Berndt Samsinger, Carol Brumer Scarlatti, Staale Schmidt, Andre Szczesniak 和 Joachim Wolbert（第十一章），Andrew Horne 和 Kumiko Murata（第十二章）。

第十一、十二章部分內容，曾以其他形式出現在 Philip D. Wright, Daniel P. Keegan 兩人的著作中：*Converging Cultures: Trends in European Corporate Governance* (Price Waterhouse, 1997) 和 *Pursuing Value: The Emerging Art of Reporting on the Future* (PW Papers, 1997)。

我們也感謝 Ella Lui, Chris Paxton, Dominic Watt, David Waller, Roger Mills, Tsurumi Hamasu, Glen Peters, Jon Bentley, Cheryl Martin, Jeeny Fracis, Ambreen Khokhar, Rebecca Carter, Anne Limba, Jacqueline Mitchell, Sam Roberts, Ann Stevenson 等人的協助。最後要感謝 Patrick Figgis 給我們的挑戰。

導　言

你可能聽過股東價值（Shareholder Value, 簡稱 SHV）這個名詞，也許你的公司曾做出對股東價值的承諾，而你希望瞭解股東價值的真正涵義。你也可能考慮過，要如何在公司內建立能執行股東價值政策的管理系統。也許，你想知道 *Fortune Magazine* 為何把股東價值稱為「創造財富之鑰」。

與股東價值風暴有關的名詞縮寫，多得不勝枚舉，舉犖者如 EVA (Economic Value Added)，SVA (Shareholder Value Added) 及 CFROI (Cash Flow Return on Investment)，當然還有 VBM (Value-Based Management)。本書希望環繞這些新名詞，提供讀者一些導引，因為這些名詞的時代已經來臨。英國、美國及世界其他地方，愈來愈多公司已經把股東價值理論轉化為實務，並且從中獲取效益。

本書的目的，在於解釋股東價值的涵義，並且說明股東價值如何幫助公司及其經理人，做出更好的、更有資訊基礎的決策。正如以下章節可以看到的，股東價值可以把外部市場分析師的洞見，轉變成內部對績效改善有益的管理工具——不僅對董事會階層有益，對全公司都有益。

雖然，Price Waterhouse（現在是 PricewaterhouseCoopers）的同仁，把自己視為股東價值潮流的領導者，我們不想把這本書，定位成自己開發出來的特定管理系統的指導手冊。本書關注的是價值創造哲學，及其所處的全球金融環境。我們並不承諾提出簡單的解決方案——我們希望對批評者提出的難纏問題，做些澄清。

毋庸置疑，過去十年間，全球經濟持續地在改變。資本市場——毋寧說幾乎所有的金融制度——變得更全球化。投資者變得更精明，他們要求公司提供股利以外更多的資訊。依傳統方法編製的損益表不再足夠，現金流量比以前重要。

作為一個歷史悠久，大型的國際性企業管理顧問公司，Price Waterhouse 對這一全球趨勢體會特別深刻。我們正從長久以來賴以維生的傳統查帳業務，轉向與此同步——甚至超越——的新業務。新業務的核心目標，是幫助客戶建立價值：股東價值、員工價值及社區價值。

本書不但是 Price Waterhouse 經驗與思考的結晶，也是客戶服務案例的彙集。我們的主要服務是：透過財務、業務分析，透過管理系統、程序的建立，透過股東及其他利害關係人溝通所需報表的改善、提升，協助客戶創造價值。

本書內容

第一篇的目的，是介紹與股東價值分析相關的基本概念，不僅描述導致股東價值廣為人們所接受的全球經濟環境，也討論傳統利害關係人觀點 (Stakeholder View) 的種種問題。之後，我們關注股東價值背後的理論和歷史。

在知道真正的資金成本以前，你無法知道你的日常業務是否正在創造價值。雖然，計算資金成本是件難纏的工作，我們試著透過無風險報酬、市場報酬、貝他係數等概念的處理，使這件工作變得容易些。

正如第四章顯示，前述計算是必須的，因為傳統的損益數字，並未告訴我們公司的全貌。市場愈來愈傾向於以現金報酬率，來評判公司績效的好壞。從這個觀點出發，第五章概述股東價值的七個驅動因子，本篇最後一章（第六章），則概述股東價值的各種衡量系統。無論計算如何複雜，基本概念是一致的：現金是真正發生作用的因素。

第二篇從理論移至實務，概述了以價值為基礎的管理原則。首先介紹價值驅動因子，如何用於一般公司的作業分析，以及衡量價值創造的概念工具。然後，我們轉向收購與合併的「戰時狀態」，介紹股東價值如何協助收購或被收購者評估公司價值，以及雙方最佳行動的決定。股東價值分析，也可以協助「臥病狀態」公司走向康復。

第三篇回顧了我們在若干產業部門的經驗，這裡我們注意到：雖然每個產業的價值驅動因子可能不同，基本的股東價值分析概念，則是一致的。我們也回顧股東價值概念，在若干國家的應用情形。特別值得一提的是日本，一個戰後經濟發展普受肯定的國家，在泡沫經濟崩解之後，如何重新省思過去受到忽略的股東價值概念，這個概念帶有濃厚的「盎格魯─撒克遜」味道。

企業價值

——股東財富的探求

目 次

第一篇

什麼是股東價值?

第一章

股東價值：流行 vs. 事實

　　價值這個字包含了多重意義——從名詞上對事物的嚮往、效益，到作動詞時的評價與重視。但愈來愈多商場人士與投資人開始談論它用於評量股東價值，或以價值為基礎的績效評量上。或者說，可用於分析、再定位公司，然後管理其價值創造原則的技術。

　　不過那又是要給誰的價值呢？又是屬於什麼形式的價值呢？在商場上，這必然是指財務上的價值，更精確的說即是現金。在此我們所指的，是公司給予股東做為報酬的現金，也就是現金流量，因為市場將此視為公司營運狀況的表徵。

　　但是你們也許會問：為什麼市場的看法會那麼重要呢？說不定這只是一時的流行罷了，管理階層在採用數年之後，就會捨棄這樣的方式了。我們對此的回答是：是的，市場的看法確實是很重要的；以及不是，價值評量不是一時的流行而已。因為本書所探討的主題——股東價值，是奠基於我們所面對的經濟生活中的事實。如果你想要成為一家成功公司的一分子，你就無法忽略這個事實。為股東創造價值，是任何公開發行公司成功的基礎。

　　本書中，特別是在本章，我們希望能夠說服你認同「股東價值」這個觀念。我們將分別由三個議題開始，探討股東價值的觀念，分別是：1.為何股東價值不只是一時流行的觀念？2.股東價值到底是什麼？3.為何股東價值有那麼多爭議？在最後一個議題中，我們會加入討論某些與股東價值不同的觀念——有關利益關係人的理論。

為何股東價值不只是一時流行的觀念？

　　要對股東價值這個觀念詳加闡述，我們必然要考慮這世界上不斷發生的變化。大約在過去十年中，由於各方面的因素，大部分公司已經面臨經營業務與營運環境的快速轉型。其中有三種力量，更是促使股東價值與價值管理觀念的重要性被突顯出來的因素。它們分別是私人資本的成長、市場全球化、以及包括網際網路在內的資訊革命。下面讓我們一一的檢視他們：

Ⓢ 私人資本的成長與普及

　　由於過去五十年來科技的的進步與長時間的和平,再加上貿易活動的增長,造成全球各地都有財富的普及與快速累積的現象。然而，從二十世紀上半傳承下來對資本市場的缺乏信心，以及由戰爭所帶來的惡性通貨膨脹的夢魘，已根深蒂固地存在於人們心中，導致人們願意接受政府大規模的在商業與財務方面的安排。特別是很多政府，都會在長期性的財務需求——例如退休基金、健康醫療、以及社會安全等方面，佔有重要的角色。配合人口統計學的發展——例如，隨著人們對生活水準的期望提高，代表在近二十年中，很多政府已在財務方面，到達其法定的徵稅與舉債上限，甚而開始違反部分原先他們對民眾的承

諾，或更改其中部分的內容與條款。

政府與政治人物，總是必須考量許多方面的不同意見、複雜的要求與前提，而人們則只追求相對較簡單與清楚的目標。就實務的層次而言，表示會有愈來愈多的人，選擇用自己的方式去投資，以確保自己退休以後的生活無虞，例如購買各種保險，保障自己能夠應付生命中的各種風險。依照每個人的情況，個別投資者可能會有不同的抉擇：可能是包含不同成長性、風險與報酬的組合，也可能是混合不同資產、債券與股票的投資組合。風險的選擇與證券的投資，通常透過信託基金或共同基金的方式來達成。

這種情況使股票的規模愈來愈大，首先由美國、英國與日本開始，漸漸延伸為一個全球性的現象。（在美、英及瑞典等國家，其證券市場上掛牌公司的總市值，已超過其本國國民生產總額的全部，見圖 11.5。）隨著這樣的發展，由退休基金等機構法人所持有的證券比例逐漸地提高，如圖 1.1 所示。並且，由於投資人都期望基金能夠有最高的績效，促使基金提高對其投資企業所要求的價值回報。

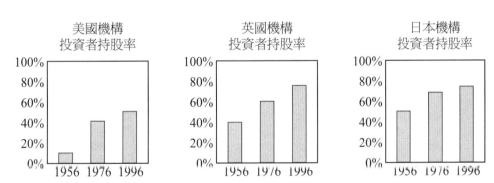

資料來源：International Federation of Stock Markets, London Stock Exchange, and Price Waterhouse calculations

圖 1.1　機構投資者的持股率成長

Ⓢ 市場的全球化

從 1970 年起，全球市場在符合 GATT 的各項協議下，已發展出更多不同範圍的商品與服務。這些協議成功地降低貿易障礙，無疑地促進了國際貿易的增加。所以企業也就必須面臨有關於在何處販售商品，以及如何支援這些銷售活動的抉擇。（在愈來愈多的地區上，靠保護或固守在國內市場的策略，已註定了失敗的結果。）外匯市場的規模擴大，也愈趨複雜。這或多或少地使得匯率和利

率的風險管理,跟著全球貿易的需求而走。自從 1970 年代,布萊頓森林外匯穩定體系崩潰以來,投資於國外市場,必須在不同貨幣間能夠容易地轉換與配置,才能將獲利匯回給投資者。

大約在 1980 年代,伴隨著本國金融自由化的腳步,OECD 國家對資本流動的大部分限制已被解除。(基本上,在西歐、北美及日本等市場較發達的國家。)隨著全球金融市場體系的建立,人們可以用較為積極的方式,在國際間進行投資。企業在國際市場上競爭的不只是客戶、產品與人才,也競逐國際市場上的資金。最能吸引資金的,就是企業創造股東價值的能力。

在資金充裕的國家中,本國企業已不再能期望如同以前那樣,以低廉成本獲取所需的資金。如許多德國與日本國內的大企業已經瞭解,早先低廉的長期性資金供給已枯竭,現在它們必須用原先未曾想過的各種方法,致力於創造股東價值。同樣地,在資金貧乏的國家中,企業要提供給投資人的,不只是投資人原先在本國市場所預期獲得的報酬,還必須額外考慮符合投資人原先風險承受度內的其他投資選擇。

因為使用歐元作為共通貨幣的關係,使得這種資本向更寬闊的市場移動的現象,在歐洲特別明顯。解除了歐元區內貨幣風險的限制,使得歐洲各國的投資人之間,面臨愈來愈接近的利率水準。

■但不是每個地方都相同

在本書的第三篇中,我們將更詳細地探討各國間在實務處理上的差異。但是一般說來,可以將資本主義區分為兩種主要的類型:第一種概稱為「盎格魯─撒克遜」模式,偏向於大型而流動性佳的資本市場,市場力量集中於機構投資者的手中,公司控制者得不斷被接管(通常是敵意接管)所威脅。例如根據統計,英國有超過 70% 的股票,是集中於機構投資者手中,而全歐洲的購併案件中有半數以上是發生於英國。

反之,在德國、其他歐洲國家以及日本(採用「利益關係人」模式的國家),證券市場則通常較小且較不具流動性;股東的權利集中於銀行、政府或家族手中。例如在義大利,最大單一持股比例,在整個資本市場中高達 60%,相對於在英國與美國的 5%;而前五大持股者的持股比例,在義大利將近 90%,在英國則只有 21%。更明顯的是,歐陸市場上對公司控制的競逐,發展情況也遠低於英國;敵意接管的案例在大部分歐陸市場上,都是極為少見的。公司控制權的轉移,通常只在銀行與政府正式的協商與交易完成後,才代表性的告知市場。

而成熟中的歐洲金融市場，使合併與收購等需要大額資金的公司重整活動變得可能，讓這種情況正在改變當中。規模較大的義大利電信 (Telecom Italia)，能夠被較小的奧勒維提公司 (Olivetti) 成功接管，主要就是憑靠歐洲債券市場的資金，而能直接貼近歐洲的投資人，此種大規模的籌資，原先只有在美元市場才辦的到。

無疑地，這還是存在著爭議。雖然現在採用投資組合的投資者，有方法可以在世界上幾乎每一處進行投資，但仍有其限制。限制是來自於各個市場不同的流動性與聲響，以及投資者所能獲取的資產類型。就像大輪船無法進小港口一般，大型機構投資者的資金，只能進到較大規模的金融市場；資產及債務也必須考量在到期時，轉換為特定貨幣的價值；最後，國內整體的稅務考量，如退休金計畫等，可能會避免使資金投資於原來的國內市場之外。

全球化的腳步到目前為止，仍不代表每個已開發國家的金融市場都是相同的，或是人們的各項投資能自由地穿越國界。雖然國際之間的投資已有大量的增加，但相對於全部的投資，仍然只是極小的一部分而已。美國大約只有 5% 的權益投資，是在國外的市場；世界上大部分金融發達的國家，巨大的投資額，也是集中於其本國的證券市場與債券市場。縱使有全球化的能力，大部分基金的投資策略，仍然是偏向非常地區性的，不管是由於風險厭惡或是當地的規定要求其必須在國內投資，都會使得基金的投資與母國市場連結在一起。

Ⓢ 全球化仍處於初期階段

這代表著全球化到最後仍然是毫無意義嗎？相反地，我們相信這只是一個過程的初期。愈來愈多如賓士汽車等的非美國公司，陸續的在紐約證交所掛牌上市；以及非英國公司在倫敦證交所上市。我們將看到愈來愈多類似的現象，如 NASDAQ——以美國為基礎的證券交易自動報價系統的國際組織，在北美地區以外的國家，為它們所提供的服務作廣告；德國 Neue Markt 股市，除做為國內新興高科技企業的融資來源外，也開始廣泛地吸引其他歐洲各國新興企業的注意。

Ⓢ 資　訊

如同我們所知，通訊與電腦技術已經愈趨複雜與進步，使得資金可以在幾秒內傳送到地球的另一端。兩項資訊革命的進一步發展，促進了股東價值的應

用，同時增加了為創造效率市場所需資訊的需求。

　　首先，個人電腦上模型化軟體的出現，減輕了投資人在股東價值方法下，複雜計算所需的時間，使他們能夠專注於思考公司策略的品質、產品與市場知識。

　　第二，投資人現在所能使用的資訊，不管在質與量方面，都遠優於十年前。如路透社 (Reuters) 與彭博資訊 (Bloomberg) 等公司，所提供的線上新聞與市場資訊；Edgar 資料庫提供即時的美國財務資料；產品與市場的資料充斥。當目前網際網路上免費資訊的數量，是如此值得注意時，許多公司也花費了可觀的資源，在顧客的關係與溝通上。電腦網路語言的進一步發展，將使投資人與分析師能夠仔細分析更多公司的資訊。

　　揭露更完整與更多資訊的價值，也許可由瑞典的情況中看出：在那裡，選擇固定揭露資訊方式的公司，相較於保持神秘的公司，能夠用較低的成本吸引到資金。

　　把這些趨勢拼湊在一起以後，可以得出一個影像：你無法在市場中躲起來。任何公司想要做得有聲有色──意謂著能夠持續不斷地吸引投資者的資金──將必須欣然接受投資人的監督（除非它能夠有足夠自有資金來源，去滿足本身的投資需求）。

什麼是股東價值？

　　那什麼是投資界對股東價值的理解呢？它的其中一種定義，只是單純的公司價值減去負債；或者換一種說法，公司的股東價值可計為：以加權平均資金成本折算後的未來營運現金流量的淨現值，再減去負債。不過更基本的原則是：只有當權益報酬超過權益成本時，公司才能為其股東增加價值。如果一位投資者正考慮購買你家公司的股票，他應該會去計算購買該資產的機會成本，並與其他資產相比較。之後，我們會在第三章，討論資金成本這個重要的問題。

　　你們可能已經開始感到有些緊張了；當然，市場會想要知道我公司的價值。你可能會說這並沒有什麼不對，但是為什麼要導入新的方法呢？看資產負債表與損益表有什麼不對嗎？EPS（每股稅後盈餘）對分析師而言，不是很有效嗎？

　　不幸地，事實並非如此。經濟學家們由歷史資料的研究中，證明歷史的會計盈餘與股價表現之間，呈現低相關性。不同國家的一般公認會計原則有顯著

的差異，因此同一家公司的財務報表在某一國顯示獲利，在另一國卻可能是虧損。換言之，在會計報表上的獲利，僅供參考的意義大於實際。

$ 一般公認會計原則的分歧

因為這樣，人們對於被報導出來的公司財報結果，逐漸有了一些醒悟。特別是，感覺上 EPS 被人們投注了太多的注意力（我們將在之後的第四章，探討 EPS 與某些會計數據的過度使用）。

但是投資人更關注的是，在整個歐洲（事實上應是全球）的會計數據是否一致的問題；如同預期的，它們並不一致。窗飾效果、遞延稅負與存貨價值等，在各國間皆不相同。

現在有一家體質不錯的企業，重新計算提供給投資人使用的會計數據，但問題在於，就算管理階層有達到它們內部編製的數字（公司營運與策略決定的基礎），結果仍然是相同的。不注意在股東價值的準則上，泛歐的業務與跨越不同貿易障礙的業務，會曝露於依賴與外部帳目同樣錯誤的內部帳目的危險中，結果就是錯誤的決策。

毫不令人驚訝的，投資分析師看的是隱藏在報表後，對衡量公司長期前景更具指標性的其他數字；立基於自由現金流量，與資金成本的股東價值分析，就是能夠產生這些數據的分析方法。之後，我們將檢驗進行必要計算的不同方法——細察如 CAPM、CFROI、EVA 與 TSR 等方法處理原始資料（現金流量、資產與其成本……）後展現價值的不同層面。現在董事會上重要的事情，就是市場用於進行投資決策的指標，它們大都是經濟或現金流量的指標，而不再是盈餘或傳統的會計數據。

為何股東價值有那麼多爭議？

可理解地，董事會與中階經理人對股票市場總是多所疑慮的。市場中的股價行為單從表面看來，或許會讓你認為短期主義更重於長期評價。企業被說服去相信，投資人是被短期目標所驅策，所以不會理解公司管理階層的策略。這種看法在投資圈中有它相對應的理由：許多投資人覺得經理人不太在乎他們的需求，尤其在企業對未來營運計畫與策略的訊息方面。

因為企業宣佈新訊息所立即引發的巨大效果，似是而非地加深了經理人與

投資人分別關心長期與短期利益的這種誤會；因為就算是關心短期結果的企業，也會因此改變市場對公司長期現金流量的看法。

所以也許存在的衝突，並不如開始的時候那麼明顯。強調價值管理的一個重要元素，是重視溝通，包含對對內與對外。由我們普華企業管理顧問公司(PricewaterhouseCoopers) 自己的研究顯示，投資人並非只著眼於股利或股價上升等短期報酬，他們要的是企業長期成長的願景。有許多證據顯示，市場會根據公司策略對長期現金流量的影響，評價經理人的決策。

同樣地，無法否認投資者與經理人之間，存在著緊張的關係。這樣的緊張同樣出現於：許多公司文化中的策略家與具創造性的遠見者，經理階層與控制者之間。股東價值需要兩者間持續的聯繫，而公司與地區管理之間，同樣可能產生緊張。

在以最大化股東價值而組織的公司裡，地區經理人將必須更加領會到股東所追求的，就只是更好的報酬。他（她）將必須像一個創業家一樣想得更多，而不只是受僱者。也許因為習慣於不太思考地去執行上頭交代的要求，經理人面臨了困難的調整。當經理人一方面得到更多授權，一方面承擔更多職責與責任時，已經與他們所渴望的安穩生活漸行漸遠。當監督者新的焦點集中於價值創造時，有許多人並不覺得安適；不過伴隨此壞消息而來的，可能是對價值創造行為的更佳獎賞承諾。由股東價值衍生而來的衡量標準，是用來激勵管理者的最佳工具。

Ⓢ 股東與利益關係人

至此，我們說明股東價值扮演的角色愈來愈重要，在經濟社會中已經是一個顯著的潮流；然而為了使其更具說服力，必須將它與其他幾種重要的研究方法做比較。有許多人並不認為以權益為基礎的研究方法，一定就是最好的，他們認為強調股東利益的重要超越其他團體之上，是不恰當的。由此種公司利益關係人觀點（通常在歐陸與日本較英國與北美地區盛行），供應商、顧客、債權人、職員與政府的利益，與股東利益至少是同等重要的。

既然這也是被普遍採用的觀點，當然值得我們詳細地去瞭解。利益關係人觀點可以從兩種層面來思考：國家或總體的層面，以及個體或企業的層面。

在總體層面，利益關係人的經濟體，用近期提倡者的說法來闡述如下：從凝聚的國家文化中衍生出競爭力，而財產權的執行，是附加於共享的價值與合

作的行為者❶。在此架構下的經理人，被視為是受託的管理人，基本的職責在於平衡各個利益團體的需求。此觀點下的企業，是社會的資產，是能夠使人們更有效率的工作，朝著共同目標邁進的一種網絡、行為規範與義務，而經理人則是此社會資產的管家。此經濟體中內含的無形特質，法律學者稱之為關係契約，是在經濟體中隱含的共通契約❷。人們和善的對待彼此，因為如此可以有最大的共同利益。在儘量不造成他人麻煩的禮貌共識下，衝突與差異會被刻意消除。使用隱性契約與隨之而來的結果，減少了交易成本，進一步提升了「利益關係人經濟體」的效率——如同其所宣稱的。

利益關係人的提倡者，以德國與日本兩國為例——在以前是經濟效率與金融公正的模範。但從近期的經驗來看，似乎不是那麼一回事。兩個國家對於身處愈趨彈性的新世界，都發生了適應的困難：早先的結構，似乎再也難以如同往昔，能夠實現社會公益與輿論，並結合私人財富與社會福利。日本銀行界已用了十年時間，來解決泡沫經濟所帶來的惡果；德國社會也才逐漸瞭解其慷慨的社會糧食供應措施，在二十一世紀將使政府負擔不起。相較於被視為成長與物力論的勢力團體，兩個國家都開始被視為僵化與遲鈍的代表（有關個別國家的問題，詳見第十一章）。

而在微觀或者企業的層次上又是如何呢？考慮前新澤西州標準石油公司總裁法蘭克亞伯蘭斯在 1951 年的評論，「管理工作在於維持各利益團體之間的平衡」。管理階層如此做的原因，在於瞭解這些廣泛的關係中存在著價值，隱藏於資本主義以所有權人為中心的主要機構模型下。社會資本與隱性契約，都是公司比較利益中的重要元素。促進公司與社會資本的長期利益，就是經理人的工作。在不排除股東會懲罰管理階層下，仍強調在不同經濟個體間的關係，具有凝聚性的本質。但它暗示了對事物主體的不同定義，以及不同的監控方式❸。

單純從股東價值這個觀點來看，代表著唯一從公司的成功中，獲得利益的利益關係人只有投資者。在人們心中認為，股價上揚與過多的計畫與營運績效不佳之間，有顯著相關性。相反地，從利益關係人觀點來看，則採取帶有情感的觀點，考慮較廣泛的群體的利益，包含工人、股東、消費者與供應商等。

表面上看來這種「利益關係人公司」的作法非常有道理：如果每個人的利

---

❶Plender, J. (1997) *A Stake in the Future* London: Nicholas Brealey.

❷Ibid.

❸Ibid.

11

益都被納入考慮，不就會比較公平嗎？但是反過來說，問題就在於無法公平。管理階層必須有一個首要的焦點：極大化公司權益的價值。如果管理階層必須對兩種以上的利益負責任，它早晚會面臨在之間作出取捨的問題。就長期的標準說來，就只好優先考慮某一方的利益。當前企業組織愈趨扁平化下，中階主管必須不斷地進行與企業價值有關聯的決策：例如某項投資是否能增加價值，又讓顧客滿意，卻減少了僱用的工人；若缺乏明確、普遍的標準，企業將漸漸陷入癱瘓。當發生利益衝突時，就必須做出抉擇，此時利益關係人理論，卻幫不上什麼忙。

　　若以股東價值為優先，則有助於管理階層做出抉擇。當企業專注於它的某個目標，以價值管理的公司，也不能完全忽略其他利益關係者。顧客如果不滿意就會離去；也不能讓供應商不高興；如果員工沒有妥善照料，也會離職或工作表現不佳。有一個現象在高科技業尤其明顯：技術員工往往是企業最重要的資產。所以依靠採用極大化企業價值的標準，企業也能夠增進其他利益關係者的利益。企業經營同時也會增進社會的價值，若是企業賺不到錢，不論它怎麼做，都對員工與群體無用。

　　許多年以前，已故的可口可樂總裁 Roberto C. Goizueta 曾尖銳地批評那些不以股東價值為優先的公司：

　　「我們只是為公司股東工作的說法可能會過分簡化，但我們經常看見許多企業忘記了它們存在的理由，它們可能嘗試提供人們各種商品與勞務，卻除了徒勞無功外，還迷失了它們存在的最初目的，那就是堅持為企業所有者，創造有價值的生意。卓越的企業，對其他人有許多正面效益，體質不良的企業，則拖累社會前進的腳步，無法創造工作機會，無法給其員工好的發展機會，甚至無法為顧客提供好的服務。

　　創造真實與持續利益的原因，不在於我們做了善事，而是來自我們做好我們的工作，專注於做好為持有公司的人創造價值的工作❹。」

　　專注於一個特定的目標時，讓所有事情都變得簡單，雖然其過程中所帶來的好處，絕不止於原來的目標，例如，公司經理人的動機。Samuel Brittan 曾強調「如果用符合人類天性、顯而易見且可驗證的衡量方法，讓人們對於從事的

---

❹Remarks delivered to Executives' Club of Chicago, quoted in Coca-Cola Company annual report, 1996.

事務，負有特別的責任，就可以把事情做到最好」❺。而極大化股東價值的目標，就符合這些條件，能化身為如此的責任與可供衡量的方法。

或許出乎你意料之外的，南韓較其他國家，更進一步的支持與喜愛股東價值方法——有大學教授倡導激進的股東參與運動，鼓勵人們團結一致的參與此符合民主精神的活動，這挑戰了根深蒂固且主導經濟活動的企業集團，某些案例還進了法院。它使得非法放款給破產鋼鐵集團的南韓第一銀行 (Korea First Bank)，為其管理不當與濫用職權所造成的損失，提出約 2,300 萬英鎊的補償。這達成了增進股東重要性的明確目標，而其他人也會受益。這位大學教授說：如果不保護股東的權利，其他利益關係者也不會受到保護，股東的權利是其他人的安全網❻。

■ 兩家公司的故事

我們在本書中，盡量避免冗長的個案研究 (case studies)，但近期有兩家公司的行為，很適合作為闡述採用利益關係人觀點的公司所遭遇的問題。

賓士公司 (Daimler-Benz) 的作法，十分接近利益關係人觀點的原則：在 1980 年代末，它因轎車與貨車生意而興起，公司總裁 Edzard Reuter 著手於一系列的企業購併活動，但結果並不成功。當柏林圍牆倒下時，公司快速的擴張規模與多角化，企圖成為全德國最大的企業。但卻嚐不到隨著和平而來的美味果實，其航空部門發現雖然服務的對象增加了，卻仍然難以賺錢；重組國內設備與重機部門的決策也受到延誤，所以公司持續承受嚴重的虧損。因為採用利益關係人的準則，公司在裁員時必須支付高額的費用，使股東承受了大量的額外成本。公司獲利陷入衰退，連帶影響公司核心事業的汽車與貨車市場，管理者的目光離開了這個關鍵的地方，因此也就很容易瞭解為何賓士公司會虧損那麼多，使股東價值蒙受巨大損失。

後來情況開始轉變，公司總裁 Jurgen Schrempp 對於股東價值原則的擁護，成功地將大部分航空部門的業務分割出去，重新強調公司的核心事業，有助於賓士轉型，並開始對股東價值有所貢獻。讓公司在紐約掛牌，幫助德意志銀行 (Deutsch Bank) 釋出其持股，結果可能使之後合併 Chrysler 較容易成功。在其覺悟到金融市場的嚴酷，且明瞭須給予股東價值更多的表現空間之後，德國最大的工業集團，得以在競爭中存活下來。

---

❺ "The shares of stakeholding," *Financial Times*, 1 February 1996.

❻ "A Big Voice for the Small Man," *Financial Times*, 4 May 2000, p. 15.

同一時期，Marks & Spencer 公司在英國證券市場，一直是表現穩健的藍籌股，將股東價值的重要性視為理所當然。公司發展出一套有點特別的店面規則，在店裡沒有更衣室且不接受信用卡。以英國的標準，提供具有高價值的商品與服務，獲取高報酬的策略，多年來總是能有效吸引顧客青睞，為公司帶來穩定的營收成長與獲利。基於此，Marks & Spencer 公司逐漸轉變為「利益關係人企業」。資深主管被要求知會政府部門，並被視為在勞資關係、簽訂供應商的長期契約方面的標竿，提供英國紡織與服飾產業可靠的收入來源。John Plender 在他 1977 年出版的書中，引用 Marks & Spencer 公司作為「利益關係人主導管理」的例證，更精確描述該公司目前的情況，可能會掩蓋住它早先原來是證券市場最愛（因此是屬於股東價值）的事實；成功似乎已經讓它與消費者漸行漸遠了。

來自國內與國外的新競爭者進入後，給這家公司帶來了挑戰。零售業者提供與 Marks & Spencer 公司同樣設計優良的服飾，卻以相同或更低的價格搶佔其市場佔有率，而似乎英國民眾，也比較喜歡提供更衣室與接受信用卡的商店。由於匯率的影響，使得服飾來源是英國國內的 Marks & Spencer 公司，在價格上相對於其競爭者相當不利；顧客不斷流失，大家漸漸懷疑 Marks & Spencer 公司在流行與設計方面的吸引力。這家「利益關係人企業」似乎開始花時間在展開其有效的反應：現在已經接受信用卡，增進對流行風尚的掌握，並無奈地做出對供應商（利益關係人之一）不利的決策。Marks & Spencer 公司用巨額的努力，以重新連接股東與顧客，但對我們來說，它似乎已是一家偏離股東價值很遠的公司。

也有其他「利益關係人企業」得到短暫成功的案例。大部分國家的國有化企業，在面臨利益關係人之間的需求衝突時，都遭遇到很大的困難，而尤其容易傾向於忽視消費者。在民營化導入了股東之後，常常會在效率上有顯著的改善，但民營化因可能裁員的問題而遭到反對。另外還有其他衝突的有趣例子：例如英國電信部門在解除管制與民營化之後，僱用的勞工人數不減反增，因為解除管制與民營化，使產業成長所增加的勞動需求，抵消了民營化所減少的僱用人數。

股東價值的時代已經來臨

長期而言，不管是受僱者與消費者，都不須對股東價值感到恐懼。許多利

益關係人所冀望的目標, 在關注股東需求之下, 都能得到更為理想的結果。我們認為如同本書中呈現的, 決策部門將更為組織化, 因為股東價值會創造出組織化的條件, 以利於追求更廣泛的目標。在此同時, 嘗試在互相競逐利益的關係人中, 取得困難的平衡, 將使得利益關係人觀點面臨危機; 股東價值觀點在類似的處境下, 則會選擇最後使董事會滿意的策略。股東價值方法通常能夠在緊要關頭, 考慮潛在的衝突與利益, 然後做出敏捷的反應, 判斷在可行方案中的最佳策略。

在全球的各行各業, 有愈來愈多的企業瞭解股東價值的重要性, 由本書第三篇中可見, 日本國內交叉持股的大型財團所創造的企業集團正在解體, 而德國大部分的大型銀行, 也已經穩定的減少對產業界的政策性投資。我們認為這是將企業的焦點轉向風險與報酬, 由股東掌握企業投資與營運的進一步證據。在「利益關係人企業」中, 股東則只是法定的組織, 對於實務上的問題並沒有決定性。

換言之, 股東價值不再只是一個選擇權; 而是可供人們思考現代經濟體系應該如何組織化的理論架構, 股東價值的時代已到!

摘　要

我們在本章中簡介了一個全球性的課題, 就是企業必須以資本競爭者的角色去運作。現金流量則是一種較傳統方式為佳的評量標準, 結果是愈來愈多的投資人, 去檢視企業的現金流量圖表, 作為股東價值與投資潛在價值的概略估算。我們也檢視了利益關係人模型這個不同的主張, 結果否定了該觀點是可實行的企業經營方式。

第二章

價值的歷史

當人類開始交易與累積資本財富時，價值這個觀念就已存在人們心中。當社會與經濟發展從農業、工業走到服務業，當人們擁有經濟自由時，價值不斷被用於作為貿易、投資與保護資產的衡量標準。

這樣的歷史發展，歷經了戰爭、疾病等偶發的大災難，以及政府成就的四個與價值有關的環境背景：戰爭與和平、司法管理制度（特別在財產權方面）、財富與所得的重分配，還有公共建設的提供。關於最後一點，George Stigler 教授闡述道：

「對政府資源的喜好就如同對煤炭的喜好：當它是溫暖房屋與讓工廠運作的最有效率資源時，我們當然就會使用它。同理，我們會依賴政府去為我們建造道路與對我們的顧客課稅，如果政府是達成這些目的最有效的方式時❶。」

隨著近五十年來的全球經濟發展，有越來越多對價值創造過程的研究出現。站在政治與社會觀點，研究主要集中於對股東與利益關係人的爭論之上。但目前大家更廣為關注的，可能是遵循市場法則，要如何更有效率的創造出價值的議題。現在這個議題，主要圍繞在如何提供市場良好運作的公共建設（如醫療與教育），以防止市場失靈的情況發生；還有財富與所得重分配的程度，與市場運作所需要的法令架構等等──如處理獨佔、醫療與國防、環境保護與最低工資水準等所需要的法令。

消費者價值

從經營的觀點，有兩個主題很快將交集在一起：消費者價值與股東價值。由商學院與策略顧問，在企業經營與策略方面的研究顯示，消費者與市場都是被競爭的力量所驅策❷。此領域的先驅，包括發展五力模型的 Michael Porter；以及提出核心競爭力 (core competencies) 的 C.K. Prahalad 與 Gary Hamel ❸。

我們身處於市場經濟之中，企業追求最大的市場佔有率與顧客滿意度，以低於消費者對商品或服務價值的期望價格，出售其產品。廠商藉由降低生產成本或提高品質的過程，增進消費者價值，如全面品質管理 (TQM)，製程與系統的改進、整合等等。

當然只有在企業的長期投資報酬率，高於其資金成本時，顧客滿意才會是

❶ Stigler, G. (1986) *The Regularity of Regulation*, David Hume Institute, quoted in Veljanovski (1987) *Selling the State*, Weidenfeld.

❷ Porter, M. E. (1990) *Competitive Strategy*, New York: Free Press.

❸ Prahalad, C. D. and Hamel, G. (1990) "The Core Competence of the Corporation," *Harvard Business Review*, May-June.

價值創造的最終結果。因此策略性的思考消費者的需求，與考慮股東價值便是一體的，帶領著我們往股東價值理論的發展前進。

股東價值

有關股東價值的理論，可以追溯至 1950 與 1960 年代，奠基於 Markovitz、Modigliani 及 Miller，還有 Sharpe、Fama 及 Treynor 等許多知名學者所提出的論點。其中有許多人，後來都獲得諾貝爾經濟學獎的榮耀，因此股東價值理論的內涵中，可說有很堅強的經濟學基礎為其背書。這些學者的主要貢獻包括：有效的闡述風險與報酬之間的關係、發展效率市場理論、提出證券風險貼水的概念，還有公司價值，是反應對其未來的展望的看法（而非其歷史的績效表現）。這些想法與理論整合為資本資產定價模型 (Capital Asset Pricing Model)，即CAPM。

CAPM 模型基本上認為，投資人所能獲取報酬的期望值，與持有該資產所承擔的風險成正比。簡單的說來，即風險愈高，期望報酬也應該愈高。藉由此模型，可推導得出股東價值的合理現值。

CAPM 最重要的真義——也是股東價值法的中心概念——就是存在著風險調整折現因子 (risk-weighted discount factor)，用於評價未來的企業發展、獲利與現金流量的現值。這個折現率依照資本市場的情況而異，定義為市場上投資者的權益機會成本，它代表企業要滿足其權益資金的提供者，在事業經營上所需賺取的報酬水準。

理論的發展

約略在 1970 年代末與 1980 年代初期，愈來愈多的人將 CAPM 的概念，運用到企業界的經營實務上。在這些嘗試與努力中，首先引人注目的，是西北大學教授 Alfred Rappaport 在 1986 出版的《創造股東價值》(*Creating Shareholder Value*) 一書❹。後來，由他所創辦的 "Alcar Group" 這家公司，更致力於開發幫助企業達成他書中目標的軟體。這個 Rappaport 法導出了自由現金流量 (FCF) 模型，並且展示了如何將普通的折現現金流量技術，運用於衡量股東價值的架

❹Rappaport, A. (1986) *Creating Shareholder Value*, New York: Free Press.

構中的方法。

之後在 1987 年另一本較不那麼知名的書《價值管理》(*Managing for Value*)，作者是 Bernard Reimann。則開始將股東價值與企業經營運作的藝術相連結，並因此被管理顧問業所採用 ❺。裡面的許多想法後來發展為投資現金流量報酬法 (CFROI)。

股東價值法在 1990 年由 Tom Copeland 與麥肯錫顧問公司所著的《價值評量》(*Valuation*) 書中得到進一步的支持 ❻。書中包含對此議題詳細的闡述與說明，以及正確的處理方法。這表示將股東價值法應用於企業評價，是非常可行且令人期待的事，書中也提出股東價值法在企業內，不只能為股東帶來實質的利益，同樣也對其他利益關係人 (stakeholders) 有益的看法。

接著在 1991 年，G. Bnnett Stewart 出版的《尋找價值》(*The Quest for Value*) 書中，則提出了經濟附加價值 (EVA) 的概念。我們在此只先將它視為報酬與資金成本觀念的延伸，但在後面章節中將會有更多的說明。重要的是它更為關注企業損益表中的細目，以及如何將一些特定項目，做有別於會計師的處理。

這些書都特別強調企業將股東價值法運用於實務上的能力，企業可藉此達成在股東價值上的實質增加。而由於有不少相關軟體產品的出現，使這些想法持續發展，將經理人與企管顧問的專業技術結合，將此觀念帶入許多原先未使用過股東價值法，或是對股東價值法不瞭解與不安的企業之中。受人矚目與肯定的軟體程式包括 "Alcar"、"Evaluatator" 與 "ValueBuilder" 等等，這些程式讓股東價值法更容易被人們所使用，人們不再只從僵化的企業內部觀點，也從子公司與策略的細節上，來檢視一家企業。

近年來股東價值模型，更發展到與企業內部管理資訊系統相連結，使公司主管能夠以持續更新 (update) 的角度，去瞭解公司在股東價值方面的表現如何。

在歷史之後會有如何的發展？

可口可樂公司的前總裁 Roberto Goizueta，將股東價值法簡單的歸結為：「我們籌集資金集中加以運用並創造利潤，支付這些資金的資金成本，而股東則忍

---

❺Reimann, B. (1989) *Managing for Value*, Blackwell.

❻Copeland, T., Kollen, T. and Murrim, J. (McKinsey & Company, Inc.) (1994) *Valuation: Measuring and Managing the Value of Companies*, 2nd edn. New York: John Wiley.

受包含於其中的差異。」這個令人驚奇的簡單陳述，點出了設定與達成目標的新途徑。

下面讓我們來探討股東價值分析法的三個要素：成長、風險與報酬。在傳統上，企業管理階層會設定其成長目標，也儘量的降低借款成本、多角化經營，以求降低風險與增加報酬。但從股東價值理論的觀點看來，這些策略雖然並非毫無益處，卻存在有嚴重的缺陷。成長策略若是資金來源豐富，可能會有效率不彰與獲利不佳的弊端，就算結果使企業規模快速成長，卻不見得是好現象，這種策略反而會破壞股東價值。

債務償還計畫在傳統上也被視為降低企業風險的方法——當你有能力掌控企業並只為股東賺錢時，為何還要維持對銀行或公司債權人的債務負擔呢？但是這樣做可能因為提高了資金成本，也抬高了企業為增加股東價值所需達到的報酬率門檻，最後反而有損於股東價值。（附帶一提，有舉債公司的表現，通常比未舉債公司來得好。）

最後，靠多角化經營或藉由購併來擴張企業版圖，企圖降低經營風險的作法，也可能有損股東價值。經過仔細評估的合併與接管案子，卻常因必須支付過高的接管溢價，而被主張股東價值分析法的人批評為「等同於把錢送給流浪漢的慈善工作❼」。

所以假如企業與資本市場需要更趨於價值導向，它暗示著什麼呢？在新時代中，人們對成功企業的看法又是什麼呢？如果股東價值法則，是資本市場遊戲中的新規則，企業要如何贏得勝利呢？

顯然遊戲規則正在不斷地改變，卓越的產品與顧客滿意仍然是必須的，但是卻不一定有效；而只關注於營業利潤上也是不夠的。現在有一種新的經營趨勢，就是成功者必須要能維持良好的報酬率，又要有領先同業的成長率。結合報酬與成長的最佳化，還有主動的風險控管觀念，你將有一套媲美企業等級的嶄新策略目標交換理念。

上述這些質疑可能是新的，但某種程度上說來，也是舊有質疑的不同樣貌而已——風險、成長與報酬一直都是市場活動的中心要素。現金的重要性，以及投資者要求足夠補償其所承擔風險的報酬等經濟事實，並不算是新的想法，這從投資人基於對企業未來績效的預期來購買證券，而不是基於對既往績效的認知，就可以看得出來。在其他條件不變下，成長也通常代表好的情況。股東

---

❼Stewart, G. B. (Stern Stewart & Co.) (1991) *The Quest for Value*, New York: HarperBusiness.

價值理論，就是奠基於這些經濟事實之上。

矛盾的是，我們將要回顧過去的歷史。雖然資本主義體系，似乎一直是由為股東利益服務的基本架構所組成，但直到今日，由於在第一章所提到的全球趨勢的壓力增加後，股東價值才真正的被重視，終於在企業經營上，凌駕於所有事物之上。

實務上的股東價值法

雖然股東價值理論的某些部分與計算很複雜，但基本的股東價值模型則很簡單。它提出企業利用什麼資金來源、如何分配，以及在營運計畫中所可能賺取的報酬，三者之間的關係為何。

同時值得注意的，有 65% 的美國大企業，宣稱已採用股東價值為基本目標。事實上，假設這些企業未認真看待此課題，可能會引起本身投資者的憤怒與不滿，但顯然仍只有少數企業著手精細的股東價值方案，更不必說需要有多少耐心與寬容，才能夠等到它們完成方案。

在記錄上，已著手或已簽訂股東價值方案的企業，有可口可樂、百事可樂、桂格燕麥、路透社、Lloyds Bank、Veba、通用電器、Briggs and Stratton、ICI、Boots、Novo Nordisku 以及其他許多公司。這些公司之中有許多（但非全部）得到優於同業平均水準的股價表現，表示這些公司確實認真的看待股東價值。

那麼企業採用股東價值模型的理由是什麼呢？企業外部的原因，可以整理如下：

◎當面對來自投資者的強烈壓力時，這可能造成企業處於被接管威脅的處境之下。

◎當現任高階主管，面對一個瞭解股東價值概念的新總裁時。

◎當新總裁打算實施股東價值方案，以找出企業的問題所在時。

其他還有：

◎為授權較低階經理人的工作，激勵他們採用明確考慮股東價值的作為，以及符合授權下可說明與獎勵的方案。

◎為增加對顧問公司提出的其他方案的注意，確保新系統與股東價值目標

一致。

◎當子公司的績效與總公司的期望，有嚴重落差時。

◎當企業有信心此方案可以在預算內，適當且可靠的實施時。

實際上如果沒有上述情況發生時，則企業實施股東價值方案的可能性將較低。若企業高層在方案的執行上有嚴重的歧見時，企業可能會陷入動彈不得的狀況，最後可能造成不愉快的結果，而推翻了在董事會上脆弱的共識。

還有一些爭議，會影響許多顧問人員的看法，讓他們改變對企業的建言。例如考慮此方案取得的困難度，或者是高層的支持度不高，不能確保每個人都能配合，則企業可能會放棄股東價值方案。如果管理階層與員工都被說服，相信自己必須且能夠從裁員計畫中獲得益處，則股東價值方案將可以運作的更好。為了企業的成功，這樣的計畫將經常展開討論，決定企業方向以及決定合理的目標，進而提高企業的股東價值。

摘　要

本章中，我們簡述了有關於價值的各種歷史背景。沿著企業經營上的消費者價值導向的發展，股東價值理論從資金成本的學術著作中逐漸抬頭。在這些理論下，隱含一個信條：就是企業必須賺取超過一定數額的報酬，以補償企業營運所使用的資本。事實上，這個信條只是重申資本主義的其中一個基本經濟事實，即股東必須從投資中獲取報償。

最後，我們指出在目前的情況下，實務上著手或嘗試採行股東價值方案的企業。

第三章

什麼是你的資金成本?

聽起來不難，它可能是企業經營最普遍的現象之一——所有的企業都需要資金，而取得與使用資金必須付出成本。

雖然資金的來源各有不同（如權益或負債），基本上我們在這裡關心的，是企業股東所提供的資本，因為它是企業籌資最普遍的方式。當我們說資金不是免費的物品時，我們意指資金若未得到合理報酬，則會流失到別處，以獲取合理的報酬率。（有時候與機會成本的概念相通）

本章就是介紹關於企業的權益與負債資金，其實際資金成本的辨別方法。這些計算式的兩邊，分別表示資金的供給與需求，資金供給者尋找最低限度的風險調整報酬，以補償提供資金的代價；資金需求者，則必須確保能讓資金供給者獲得高於投資於其他地方的報酬。在下文，我們將把資金成本與一般的股東價值模型相結合，並介紹股東價值領航者的概念。

門檻報酬率

資金成本是很重要的觀念——事實上，它即是本書的中心概念。簡單的說，它有點像狄更生 (Dickens) 筆下 *David Copperfield* 書中所描寫的 Mr. Micawber：「年所得 20 英鎊，年支出 19 先令 6 分錢，讓人幸福；年所得 20 英鎊，年支出 20 英鎊 6 分錢，讓人痛苦。」資金成本的計算有點相似，有一條劃分幸福與痛苦的界線，那就是門檻報酬率，或企業在風險調整的基礎上，實際上必須達到的報酬率。

假設這門檻報酬率被設定為每年 10%（表示其資金成本），那麼如果企業的資產報酬率大於此（如 12%），則該企業正在創造股東價值；反之，若企業的資產報酬率低於此（如 8%），則該企業正在損耗股東價值。

從我們的經驗可知，企業的門檻報酬率可能差別極大。若因為政策性投資的關係，門檻報酬率可能很低，甚至不需賺取實質的報酬率，這種情況，通常發生於政府部門或是國營企業。它反映的，可能只是經濟社會對時間偏好的程度，或此社會延遲在今天的消費，換取可以在未來有更高消費的意願。低的門檻報酬率，也出現於當投資只是產出的中間過程，可以在別處取回時。

另一方面，企業可能用較實際的方式，也可能使用過於獨斷的數據（如在高通膨時代的數據），而從不修正為符合新狀況的較低數值。你也許會發現有門檻報酬率高達 25%，而與實際風險程度不符的情況。

全球的企業將門檻報酬率或折現率，用於其所有企業活動時，也會出現一

些奇怪的結果。因為企業內部充滿各種不同的計畫草案，單一的折現率，可能嚴重誤導了投資策略的正確方向。太高的折現率迫使企業採用風險較大的投資計畫，就算其實際上成功的機會微乎其微，而高折現率也將否決掉許多明顯無法達到獲利要求的計畫。我們傾向於儘量使用接近市場報酬率的門檻報酬率，因為從定義上這將接近於我們之前提過的機會成本。

傳統門檻報酬率的主要缺點，是它的計算不包含任何市場風險因素在內。而股東價值法在評估投資者的合理報酬率時，則包括了一個風險因子。所以它提供了更令人滿意的方法，用於評估企業使用不同的資金來源時，所應達到的合理報酬率，到底應該是多少。

CAPM：最主要的風險函數

當我們在第二章介紹資本資產定價模型 (CAPM) 時，你們應該讀到了「風險調整折現因子」。如同那時所說，這個折現因子表示企業將資本使用於某項事業時，所需要達到的報酬率。我們稱之為「權益資金成本」，現在我們仔細地來瞭解這個模型。

CAPM 的主要關係式，可以用方程式表示為：

$$r_i = r_f + \beta \times r_m$$

在此，r_i 表示個別證券的報酬率，r_f 表示無風險報酬率，而 r_m 代表市場風險溢酬，β 表示該證券的系統風險程度。

這個方程式的意思是說，個別證券的報酬率 (r_i) 是貝它係數 (β)、無風險報酬率 (r_f) 與市場風險溢酬 (r_m) 的函數。這描述了外部投資者所提供資金的機會成本，以及企業獲得資金所必須付出的代價，還有投資者對於報酬的合理預期應該是如何？接著讓我們將式中的這些因子，從無風險報酬率開始，詳細的去瞭解。

CAPM 的組成因子

⑤ 無風險報酬率

　　無風險報酬率的概念，對債券交易員或進行固定報酬投資的經理人而言，應該並不陌生，因為他們在債券存續期間獲得的股息，與債券到期價值正是這種情形。但基本上我們所關心的重點並不在此，而是債券給予其持有者的兩個承諾：依票面利率支付股息，還有當債券到期時支付給持有者債券票面價值。「無風險」在這裡指的，是債券發行者沒有違約或是少支付股息的風險，一般而言，只有政府所發行的公債可以稱為無風險，所以我們用政府公債的收益率作為「無風險」利率的基礎，因為它基本上沒有違約風險。主權獨立國家的政府（除一、二個例外）通常被視為會按時償付其債務，我們的重點是政府公債的利率是現在市場利率的標竿，而投資決策，至少要能夠達到超過這些利率的報酬率。

　　你應該已看出我們正插入一個資金成本上的不同觀點——以市場為基礎的觀點，它會隨市場狀況而改變，反映最新的借貸資金機會成本。然而，當我們往前看，我們將必須要知道，對應於我們所預測的未來現金流量，在未來不同時間點的無風險報酬率，應該各是多少。許多時候，用十年期政府公債的收益率作為利率指標，是一種方便的作法，這些債券有幾個吸引人的原因。

　　首先，十年大約是一個可行的計畫週期，有些人認為與證券市場的持續期間大約相同。另外，十年期公債的收益率，面臨非預期的通貨膨脹時，較三十年期等更長期的債券的波動要小。對於短期現金流量的預期（如五年），仍可以使用超出此期間的公債收益率，我們偏好使用較長期間的公債收益率，而非短期存放款利率的原因，在於短期存放款利率，在計畫期間很可能會改變，所以我們偏好使用長期公債的利率。

　　順帶一提地是當談到有效的市場利率時，我們要先確定是指哪一個市場而言。我們認為股東價值分析法，應該儘可能以企業當地的市場為主，而何謂當地，則以該企業支付股利的地方為準。投資的報酬必須以當地的貨幣計價，並且與當地市場存在一定的關係。當國際級大企業開始以多種貨幣進行借貸或是在多個國家註冊，情況則變得複雜許多。慣例上是以匯率轉換作為合理的估計

方式,試著將所有事物以本國貨幣來計算價值。

有些情況下,可能沒有明顯的長期無風險利率可供使用,這個問題可能發生在高通膨的國家,或是尚無長期公債發行的新興市場。我們的看法是,既然所有利息支付都是以名目上的價值計算,則股東價值模型中的所有現金流量,最好也使用名目利率,而非實質利率。使用實質利率有兩個缺點:大眾對實質利率的定義,並沒有普遍的共識,以及若把歷史的名目數值與實質的未來預測值相連結,將難以處理。在某些情況下,例如缺少可信的本國國內資訊時,將整個分析改為以美元或歐元等強勢貨幣為基礎,可能不失為是較佳的辦法。

$ 貝它 β_s

貝它 (β_s) 為什麼那麼重要呢?為何經濟學者對它有如此多的討論呢?貝它係數用於衡量個別證券與包含該證券的指數,兩者之間價格變動的相關性。它測量當投資者買入該檔證券所承受的系統風險,以及證券價格與市場同步變動的程度。當投資人藉由持有投資組合的方式分散證券個別風險時,還是會曝露於無法分散的市場系統風險之下,這點非常重要。

股票的貝它值越高,其系統風險也就越高:貝它值大於一的股票,其股價的變動程度更甚於市場,有時稱為攻擊型股票;而貝它值低於一的股票,股價變動程度較低,有時則被視為防禦型股票(見圖 3.1)。

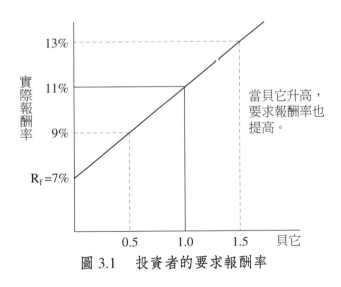

圖 3.1 投資者的要求報酬率

貝它對於股票的預期報酬有許多涵意,概略說來,貝它值愈高,股票的預

期報酬也愈高，而企業發行股票籌資的資金成本也就愈高。顯然地，貝它與股價向上與向下的波動都有關：大部分投資者都在尋求「好」(good) 的波動性，希望股價能比大盤上漲的更多更快。基於只看好不看壞的人性本質，雖然有一些相關的風險，投資者的期望，還是企業能持續有超越大盤的表現。

但是反過來看：這樣的股票在下跌時，也會跌得比大盤還要重。這種情況下，高貝它值是可能會有高跌價損失風險的投資信號，應該是投資者需要避免而非找尋的投資標的，這樣的企業必須提供較高的報酬，以補償投資者投資於該企業可能遭受的風險。

Friend 與 Blume 的研究，驗證了股票的貝它值與其績效表現有相關性 ❶——他們觀察股票的貝它值與報酬率，結果彙整於表 3.1，最具風險性的投資組合置於表的底部。

表 3.1　高風險高報酬——但比 CAPM 的預期低

投資組合	1939–69		1948–69		1956–69	
	β	平均報酬率 %	β	平均報酬率 %	β	平均報酬率 %
1	0.19	0.79	0.45	0.99	0.28	0.95
2	0.92	1.26	0.94	1.35	0.91	1.17
3	1.29	1.53	1.23	1.33	1.3	1.18
4	2.02	1.59	1.67	1.36	1.92	1.10

資料來源：Friend and Blume (1973)

從表中可以看出，投資組合的平均報酬率隨著其風險程度而增加。然而，有趣的是當風險高到某一程度後，平均報酬率就不太會隨風險提高而增加了，所以更高風險的投資組合，不一定會有更高的報酬率。另一個有趣的現象，是最高風險與最低風險投資組合之間，平均報酬率的差別，隨時間而漸漸縮小了——這支持了市場變得愈來愈有效率的看法。

另外由 Black、Jensen 與 Scholes ❷ 所做的研究中，檢視不同美國股票在 35 年間的風險與報酬關係，結論是每增加一單位貝它值，股票的月報酬率平均提高 1.08%（每年約 13%）。此研究對 CAPM 提供了良好的驗證，但是研究中所

---

❶Friend, I. and Blume, M. (1973) "A New Look at the Capital Asset Pricing Model," *Journal of Finance*, pp. 19–33.

❷Black, F., Jensen, M. and Scholes, M. (1972) "The Capital Asset Pricing Model: some empirical tests", in *Studies in the Theory of Capital Markets*, Praeger.

顯示貝它與報酬率兩者之間的關係中，只有約 75% 的變異是可預期的。這些學者對此實證的結論是：對於實際報酬率與系統風險值之間存在有線性關係的假設，提出了基本上的支持，而且顯示兩者在長期有顯著的正向關係。

此研究結果認為低波動性、低貝它值的股票，其平均表現會不如較具波動性的競爭者。換言之，只有當投資者願意將自己曝露在較高的風險下，才能獲取較高的績效報酬。

■ 貝它沒有效了嗎？

然而，這並不是整個故事的最後結局。在表 3.1 中也出現了幾個關於貝它有效性的疑問，如果貝它與股票績效的關係不像理論中那麼緊密，那是理論有缺陷，還是該丟棄貝它這個指標呢？

在經過嚴謹的實證檢定之後，Fama 與 French 在 1992 年的研究結果顯示，貝它與平均報酬率並非正相關❸。他們認為企業規模、市值帳面價值比 (market-to-book ratio) 等因素，才是決定投資組合績效的主要因素，例如小公司或高市值帳面價值比的企業通常有較好的表現，有些觀察家認為應該用它們來代替 CAPM 的貝它。

其他研究者則分別指出，財務槓桿 (leverage) 是決定股票報酬的重要因素，以及季節效應也會影響股票的報酬。

這些研究的結果與發現動搖了 CAPM 理論，但我們認為仍不足以推翻 CAPM 理論，誠如 Josef Lakonishok 說的：「由資料上，尚無明確證據顯示貝它已死；當 Fama 與 French 說貝它與報酬無關時，他們似乎把問題扯遠了。」提出知名的 Black-Scholes 模型❹的 Fischer Black，也站在支持 CAPM 理論這一邊，認為貝它具有一定程度的效力，有繼續使用的價值。我們贊同這樣的看法，繼續在本書中引用 CAPM 理論。

不過，讀者也應該瞭解其他不同的理論與想法。如套利定價理論 (APT)，將單因子的貝它，分割成一系列細分的因子，分別表示特定的影響因素，此理論顯得更為複雜，甚至很多使用它的人至今都未完全瞭解。而已被研究發現，通常與股票績效有關的因素包括：工業產出指數、實質短期利率、未預期的通

---

❸Fama, E. and French, K. (1988) "Permanent and Temporary Components of Stock Prices," *Journal of Political Economy*, pp. 246–73.

❹This model provides a way of calculating the value of options and has been important in the development of derivative markets (see Chapter 10 for more on options).

貨膨脹、違約風險以及長期通貨膨脹的估計值（如債券收益曲線）等等。

■貝它的估計

在進行貝它的估計時，比較直接的方法是運用歷史資料。我們假設與投資關係重大的貝它，可以衡量出股票相對於主要市場指數的波動性，並也遵循分辨無風險報酬率的原則，這大致上已很明確。在使用歷史估計值時，可以用五年移動平均 (moving average) 的方式計算，我們認為這是對未來貝它值的最佳估計，雖然並非總是最好的估計值：估計值的變異數或離散程度有時候可能很大，表示它沒有很高的信賴度。但我們檢定時，假設五年平均的時間長度在估計貝它值的時候，具有相對較高的穩定性。

然而，我們可以從很多資訊來源取得貝它數值，該如何決定其中何者較佳呢？這是十分合理的疑問，要謹記的是貝它不只隨觀察期間而變，也會因觀察的頻率不同而有顯著差別。必須注意他們使用的是日資料、週資料、還是月資料。週期愈短，貝它愈可能有較大變化──這也是我們偏好使用五年期貝它值的另一個原因，這樣的數值會比較穩定。

還有一些需要考慮的因素，首先是某檔個股的交易頻率可能太低，因此會得出不真實的貝它值。這點可以利用更仔細的基準 (benchmarking)，或是像產業同儕分析 (peer group analysis) 的方法來進行調整。還有在某些情況下，負債權益比 (debt-to-equity ratio) 的差異也會影響貝它值，依照其槓桿程度而做適度修正，有助於找出更真實的股票波動性之估計值。

最後，企業也可能正在轉變或歷經重組的過程，不再是幾年前的原先那家公司，這時候採用較短的期間來估計貝它，可能是較可行的方式。記住，最重要的是找出所要預測的未來某期間之最佳貝它估計值，所以也要把產業循環變化等因素考慮進去。

以上這些必要的修正工作，都是在應用 CAPM 理論的股東價值分析法時，所要注意的事情。基本的架構與機制並不複雜，但在實際運用時，卻充滿了容易令人犯錯的陷阱。

⑤ 市場風險溢酬

股東價值法是關於對未來可能結果的相互比較，其中最重要的方法是建立起一般化的資金機會成本，以及個別企業的權益資金成本，這得由估計所謂的市場風險溢酬來達成。市場風險溢酬或可說是投資者從投資股票上，所能獲得

比投資於無風險資產（如公債）更多的平均額外報酬。如同貝它，基本上依賴歷史資料，幫助我們找出未來風險溢酬的最佳估計值。

有兩種方式可以計算出市場風險溢酬：事後法 (ex post) 與事前法 (ex ante)，分別以股票已實現及預期的表現，相較於債券表現的差異為基礎。

■ 事後法 (ex post)：檢視歷史資料

事前法必須找出一段適合估計未來市場風險溢酬的歷史期間，在這點上我們運用兩種計算方式：股票超額報酬的算數平均法與幾何平均法。

我們要如何確定哪段期間最適合用來估計呢？答案可能有許多種，通常會依照可用資料的多寡而有所不同。在美國，證券市場歷史悠久且有可信賴的資料，則事後法可以有豐富資料去分析與計算，依此計算出在美國每年約有 7% 的股票超額報酬。

可想而知，這個方法也有一些困難之處。首先如表 3.2 所示，以每十年為基礎計算出的平均超額報酬，就有彎大的差異，其中有些年代的股市表現，與下一年代的相關性極低，大略檢視美國的經濟史，就可以看出許多造成這種現象的原因。在 1920 年代與 1980 年代時，美國的股票市場整體上有很明顯的高報酬，我們通常不預期以後還會見到股市有那樣的榮景。

表 3.2　市場風險溢酬（美國）

期間	百分比
1920s	7.0
1930s	2.3
1940s	7.8
1950s	17.9
1960s	4.2
1970s	0.2
1980s	7.9
1990s	12.1
總平均	7.4

資料來源：*Stocks, Bonds, Bills and Inflation Year-book 2000*, Ibbotson Associates, Chicago

在高通貨膨脹的年代，通常股價也會跟著水漲船高，但是從表 3.2 中的數據看來，卻並非如此。當通貨膨脹的情況，在 1960 年代開始加劇，或高通膨率

更顯著的 1970 年代，美國的股市表現卻很不好。在 1970 年代時，美國股市的市場風險溢酬，幾乎完全不存在。

讓我們以另一個角度來看歷史，表 3.3 使用移動平均法計算市場風險溢酬，可看出採用固定 30 年期間得出的股市超額報酬，其每年的幾何平均數值各是多少。

表 3.3　長期的平均市場風險溢酬（30 年）——S&P 相較於美國國庫券

年度	百分比
1986	4.4
1987	4.2
1988	5.0
1989	4.4
1990	3.7
1991	4.6
1992	3.8
1993	4.4
1994	3.6
1995	4.1
1996	4.4
1997	5.8
1998	5.9
1999	6.2

資料來源：*Stocks, Bonds, Bills and Inflation Year-book 2000*, Ibbotson Associates, Chicago and authors' calculations.

所以當我們使用固定長度的歷史期間，來估計市場風險溢酬時，實際上得出的數值，會較使用短期平均去計算時來的更為保守。

當然我們必須記住，到這裡我們只處理了美國的情況。當我們觀察其他國家時，可以更清楚發現美國的情況可說是特例。在我們的研究基礎上，除了英國、法國、瑞典與紐西蘭等國，較常得出正的市場風險溢酬外，在其他國家中，股票持續呈現良好投資績效的情況並不多見。在德國，股市的表現長期以來不如債市，可說完全推翻了風險性投資長期表現總是比較好的想法。在加拿大、澳洲、義大利與西班牙等國的情況，也比美國更不確定。

為何會是如此呢？部分原因可能是這些國家歷經長期的高通貨膨脹，與高

額政府赤字，政府投資對私人部門產生排擠效果。因為政府通常能夠提供投資者正的實質報酬率，而私人企業則往往辦不到。在提及到股市表現不如債市的國家，現在就說那真的是長期的現象，或許也還言之過早。

例如日本的股市，在 1980 年代末期以前一直維持著優越表現，但之後全面重挫。如果要記住股票市場的高風險，只要看看日本的例子就可以了。

■ **事前法 (ex ante)：透視未來**

用選定出的「正確 (right)」歷史期間去建立市場風險溢酬，可能過於複雜或者過於武斷。在所有的例子中，都是計算觀察到的已實現報酬，而非我們所關心的未來期間的要求報酬率或是期望報酬率。

那麼或許我們應該聽聽目前市場的意見，看看市場預期在未來的表現會優於債券的是哪些股票。我們已經如此做，也發現沒有什麼更艱深與快速的見解了。近期 PwC 的調查發現，對市場風險溢酬的估計低至 2.7%，高至 4.5% 都有。估計值的差異不只由於考慮的期間不同，也與估計者的角色有關連。常從事股票交易的人，傾向對未來抱持較樂觀的看法，而實際與基金管理有關的人（包含基金經理人與分析師），則對未來的股市表現，抱持較為謹慎的看法。

也有證據顯示市場風險溢酬，會隨著景氣循環而不同，如圖 3.2 所示。它也強調投資範圍的重要，可能是市場的參與者對市場風險溢酬的看法，依景氣循環而異。在景氣循環高點時，對於股票的未來表現預期，因擔憂其股價下跌而低於債券收益率，分析師在被詢問時，可能會提出較低的估計值範圍，例如 3%–4% 之間；而在景氣循環谷底時，相同的分析師可能對未來會比較樂觀，提出較高的估計值範圍，例如 6%–9% 之間。分析師在這方面的預測能力，可說是非常薄弱，我們寧願依靠對歷史資料作審慎而明智的解釋，以對預期的市場風險溢酬提供比較好的指引。

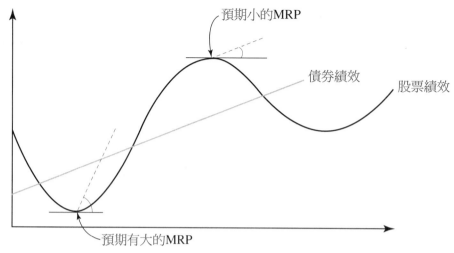

圖 3.2　景氣循環上各點對市場風險溢酬的預期

　　當使用事後 (ex post) 法時，股東價值的身體力行者必須瞭解，判斷是必要的事。目的是提出最適當的估計值，評量出企業在特定期間所必須的市場風險溢酬。一般在估計時都會結合對未來的預測，與過去的歷史證據一起加以考慮，這應該是公開且透明，且應該會與大部分分析師或其他市場觀察者的意見相去不遠，我們認為這種估計方式就不會過於武斷。

　　我們詳述市場風險溢酬這個課題，因為它真的非常重要。所有的折現現金流量 (DCF) 方法，都對折現率的決定非常敏感，所以必須很關注其正確性。不可避免的是估計存在著一定的誤差，如我們所見，市場風險溢酬的大小，隨著時間而不斷改變，某時期的觀察者，未必能夠對下一期的市場風險溢酬，做出良好準確的預測。

權益資金成本

　　在瞭解 CAPM 公式中的各個因子後，相對地在計算權益資金成本時，就比較容易。不得不特別強調這是期望的成本，與許多人認為的實際權益資金成本不同。權益資金成本結合了無風險報酬率、市場風險溢酬以及貝它因子：

$$R_e = R_f + MRP \times \beta$$

這表示出公司所預期的資金成本，與投資者的期望報酬率。

對於較傳統的投資人來說，權益資金成本可能只限於企業支付給股東的股利，因此只要看現在市場上的股利率就可以瞭解。但是由股東價值觀點，看法則有所不同，認為股利雖然重要但並非全部。投資者關心的是整體的報酬率，在股利支付之外還包含資本利得。我們將此點理解為完整股東報酬 (TSR) ❺——為某期間投資於某企業權益 (equity) 所要求的權益資金成本目標。它可以全部是資本利得，例如創投公司投資於新創企業的情形；也可能全部是股利，這種情況以成熟的傳統產業為主。所以，投資者關心整體投資報酬率，而不只是股利支付的多寡。

負債資金成本

在進行股東價值分析時，我們也必須計算出負債的資金成本。企業營運所需資金除來自權益資金外，也會對外舉債。如同權益有資金成本，舉債時也必需支付給債權人合理的報酬。但是，負債在本質上與權益 (equity) 有所不同。支付債權人的利息通常可以扣稅，所以有效的負債資金成本，會因為稅盾 (tax shield) 而降低。從企業內部的觀點，這使得舉債的成本，有低於權益資金成本的傾向。如同建立權益資金成本，我們儘量用接近市場基礎的觀點，來估計負債資金成本。

估計負債資金成本可以從之前提過的無風險報酬率開始，而且要基於投資水平 (investment horizon) 或是未清償債務的到期時間而定。之後我們會看到，用第一種方法可能比較簡單，避免了出現關於負債結構的複雜問題。之後，我們試著根據市場條件，加入加入適當的負債風險溢酬。估計負債資金成本時，有兩點必須加以考慮：稅盾的價值，與負債風險溢酬的價值。

我們說過，以舉債方式融資的好處是成本較低，這全是因為在稅賦上所造成的效果。企業能夠享受到的稅盾利益，端視該企業的稅賦負擔程度而定。所以長期而言，每個國家的情況可能會有極大的差異存在。在缺乏其他資訊之下，以固定稅率當作投資的邊際稅率與稅盾的計算，可能是最好的方法；但是，如果有證據顯示該企業在投資期間享有稅賦優惠，則應考慮另一種方法。例如考慮可能的未來有效稅率，作為計算負債資金成本時的邊際稅率基礎。

---

❺Cooper, I. (1995) *Arithmetic versus Geometric Mean Risk Framed: Setting Discount Rates for Capital Budgeting,* IFA working paper pp. 174–95.

　　然而稅盾這議題對投資人來說可能沒有影響性，或至少無法與對企業的效果相提並論。投資者可能會關心他們本身的稅後報酬率，所以也會考慮個人的稅率狀況。這是需以投資的現金報酬 (CFROI) 處理的部分，我們將在下一章詳述。

　　當企業已經有某些具公開報價的負債時（例如公司債的發行），則目前舉債資金成本，大概可以由市場價格與收益率報價上直接看出來。此方法將計算與實際的市場相連結，而當無法取得直接的市場資訊時，還是需要對負債資金成本加以估計。在此我們再一次從外部的市場觀點來檢視負債，並且詢問市場在某時間點上，對該負債的評價。穆迪 (Moody's) 與標準普爾 (Standard & Poor's) 這些國際評等機構，在此有很大幫助，它們的評等，讓我們可以基於目前市場利率結構 (yield structure)，來估計信用風險溢酬 (credit risk premium)。顯然地，我們必須建立正確的產業群體 (peer group) 以供比較之用。由於美國的公司債市場較其他地區要來得成熟，所以可以經由計算，找出很漂亮的殖利率曲線；而當歐洲債券市場隨著歐元出現逐漸發展後，也有愈來愈多來自歐洲的債券評等機構所提供的資訊可以取得。

　　依照之前估計無風險報酬率的邏輯，我們可以按照國際信用評等機構，對該企業的競爭者與相關部門的評價，對特定企業發行的公司債，加上一定的風險溢酬。聽起來很簡單，但實務上還牽涉到許多的判斷，尤其是當企業有不同到期日及不同貨幣的債務時。其他如認購權證 (warrants) 與可轉換公司債 (convertibles) 等混合型的融資方式，也讓一切變得更為複雜。這表示我們必須瞭解企業的債務結構將會如何發展，特別是當我們知道某項融資工具，在預測期間將會被淘汰時。

　　然而，我們應牢記於心的，是除債信評等 AAA 的債券之外，在中期 (medium term) 時有忽略公司債評等，與負債風險溢酬升高的趨勢。還有，要強調此方法與世界上以市場為基礎的觀點不同，它試著以評量權益資金成本的相同方式，去評價負債的機會成本為何。這不需要與企業現有的利率結構完全一致，它評量企業實際的利息支付相對於市場利率的情況，以瞭解在股東價值上是否存在任何總體的利益。

加權平均資金成本

　　計算權益與負債資金成本的重點,就在於整合出加權平均資金成本,如圖 3.3 所示。在此假設的例子中,已經建立了目前市場上負債的無風險利率 5.5%,我們以此圖決定來假定企業的權益與負債資金成本。在權益資金成本方面,我們把 5.5% 的無風險報酬率加上(市場風險溢酬 4%×該企業的貝它值 1.2),得出 10.3% 的權益資金成本。在負債資金成本方面,我們只採用無風險利率 5.5% 加上企業風險溢酬 2.5%,得出 8% 的負債資金成本。然而,假定此個案的稅率水準為 25%,企業的負債資金成本會因稅盾而降低,有效的負債資金成本為 8%×(1–25%)＝6%。若該企業的資本由 38% 的負債與 62% 的權益所組成,我們依此比率分別乘上有效的負債與權益資金成本,得出 8.67% 的加權平均資金成本。

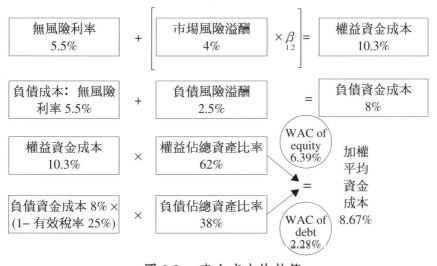

圖 3.3　資金成本的計算

　　我們必須清楚 WACC 的一些重要特性。如同估計其他數值一樣,你可以使用歷史法 (historical approach) 或是期望的 (expected) WACC。如果使用最新的市場利率,那麼我們在利率方面的計算就不可以更動。假定使用我們認為在此投資水平下,對未來貝它的合理估計值,我們也不可以更動貝它值。我們可以改變的是資本結構中,權益與負債的相對權重。

　　我們可能使用企業最近一期的負債權益比率,但是在採用之前,應該要檢查其是否可以合理的代表企業過去的情況,或許並非如此。

　　另一種方法是使用企業的目標資本結構 (target capital structure) 去計算

WACC，它衡量將來最可能的負債比率與自有資金比率。目標資本結構的估計，可來自於觀察產業平均水準，或是與同業競爭者的標竿 (benchmark) 比較。

　　WACC 的重要性是如何都強調不完的。股東價值模型需要穩定的 WACC 去運作，所以對此選擇的數值必須有詳細的考慮。所有關於上述提到預期中未來資本結構改變的問題，在此都有其重要性。可能也應該注意你的企業在預測期間，是否可能會把資本耗盡（若預測有穩定的現金流量，這個可能性應該極低。），這種情況下應該假定必須再到資本市場增資，並建構出將來權益與負債方面所到達的水準。如同股東價值法的其他組成要素，看起來簡單的東西，在實際進行時可能反而十分複雜。在討論相關議題之前，先讓我們談談 WACC 到底告訴了我們什麼。

ⓢ 成功的衡量 (A measure of success)

　　WACC 表示出企業為符合其使用的金融資本所需賺取的報酬──換句話說，即是使用中資本的機會成本。它完全是市場導向的 (market-driven)：如果資產無法獲取那樣的報酬，則投資者最後將會抽離他們的資金。相對於市場，股價將會下跌，而企業之後可能淪為被接管 (take-over) 的目標。延伸到最後，即無法賺到其資金成本的企業，將導致其管理階層被取代。

　　從管理者的觀點，WACC 建立市場有關於衡量成功的門檻報酬率。它是經過風險調整 (risk-weighted) 的衡量值，特別包括了一個投資風險性的衡量值。我們曾說過，企業在長期要能夠存活，賺取的報酬必須同時超過權益與負債的資金成本。要注意這與其他衡量財務成功的評量方式不同，權益資金成本不同於股利支付成本，而負債資金成本，也與實際流通在外負債支付的利率有所分別。

　　事實上，股東價值法所談的，是對管理者而言更重要的一些事。它不只是去確定企業賺取的報酬是否等於其 WACC 的問題，如果企業要在長期時很成功，就必須有超過於 WACC 的報酬率。而只有達到這個條件時，我們才可以談論股東價值的創造。

　　最後，我們必須記住目前為止提到的每件事，大都集中於已公開發行的公司，而我們的分析，也假定為全部的公開發行公司或整體。但這個方法也可以調整為適用於企業的子公司或各個部門。而由於無法取得我們所需要的直接資料，在處理私有企業或國營企業時會比較複雜。確實有必要設立一個「替代變數 (proxy)」來表示企業的資本結構，說明企業是否掌握於股東手中。偶爾可以

找出資本結構，就算現任管理者完全沒有注意到此，或許也能夠提供我們開始分析的良好基礎。雖然此方法更為複雜，但是最後能為被分析的單位，找出無風險報酬率、貝它與市場風現溢酬的最佳估計值。

摘　要

　　強調了計算出你真實資金成本的重要性──不同於傳統的門檻報酬率(hurdle rate)──然後我們檢視了計算式中的各個因子：包括無風險報酬率、市場風險溢酬以及衡量股票波動性的貝它。它們是 CAPM 公式的各個部分，用於決定企業的加權平均資金成本 (WACC)，是市場有關於衡量成功的門檻報酬率。

第四章

盈餘只是參考；現金才是事實

得出良好的資金成本估計值，是進行股東價值分析時基礎的第一步。然而，哪些現金流量應該用於評估價值的創造呢？在第一章，我們指出了傳統會計方法的缺點。我們在本章將對它作更詳細的考慮，另外也檢驗大型機構投資者，在股票市場如何評鑑企業的市場價值。

會計盈餘

圖 4.1 顯示推導得出會計盈餘的主要過程與會計定義，可以看出有許多的因子，會影響最後計算出的盈餘或淨利。除非能夠很清楚盈餘被如何定義，否則將很難瞭解盈餘與淨利的變動。

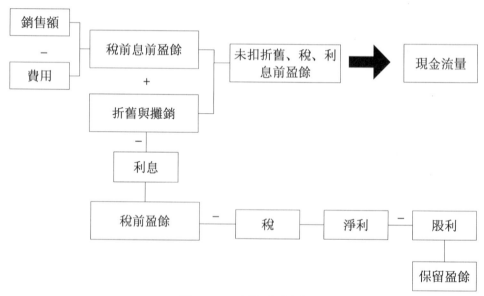

圖 4.1　盈餘示意圖

當然，由盈餘數字可以得出每股淨利 (EPS)，而 EPS 長期以來，一直被投資經理人視為評價股票的捷徑。問題在於 EPS 的計算與股東價值的衡量並不一致，也與股價的變動呈低度相關。就算都以會計盈餘為基礎，但是不同國家使用的會計方法各有不同，會有難於比較盈餘數字的缺點。

表 4.1 每個國家的會計盈餘各有不同

	最可能的盈餘	盈餘最大值	盈餘最小值
	(Ecu millions)		
比利時	135	193	90
德國	133	140	27
西班牙	131	192	121
法國	149	160	121
義大利	174	193	167
荷蘭	140	156	76
英國	192	194	171

資料來源： Henley Management College

考慮表 4.1，彙編自 1990 年代早期管理訓練習題的一部分。在這裡，給每個經理人一組關於某企業的資料，然後請他們用自己國家的會計原則，去揭露該企業的盈餘數字。由結果可以直接看出許多事情，例如英國對盈餘數字的觀點特別寬容，其最可能出現的盈餘數字，與可能的最大數值相當接近。這裡部分是由於英國與美國在會計基礎上的不同，與稅的計算以及投資者方面無關。然而，由歐陸國家的觀點，英國的會計師，或許太傾向於揭露別的地方會謹慎地持保留態度的盈餘數字，甚至當保留的主要動機是為了節稅。

另一個顯著的現象，是其他國家盈餘數字的範圍非常寬，因此其最可能的數值變化很大。最明顯的是德國的經理人與分析師，從 27 到 133 都是可能的盈餘數字。這當然會讓人懷疑用於分析的基本資訊，包括盈餘與淨利等等數值的可用性與可信度。

為了在會計實務的領域上，產生能夠相互比較的平臺，人們已經付出了可觀的努力。有兩種會計標準，似乎愈來愈被國際投資者所普遍使用——國際會計準則 (IAS) 與美國的一般公認會計原則 (USA's GAAP)。國際間的投資者，將會檢視個別國家會計系統所允許的某些細節與習慣，其中某些在進入 21 世紀後將逐漸被廢除，但目前仍然有許多領域，需要將不同的系統加以整合。

其他的指標： ROI 與 ROE

附屬於以盈餘為基礎的各項比率中，另外有兩個指標仍然被用於評量公司績效：投資報酬率 (ROI) 與權益報酬率 (ROE)，但它們也與我們之後發展的股

東價值分析法不一致。ROI 有如何定義投資的問題，計算方法可以有好幾種，也要看它是使用總額 (gross) 或是淨額 (net)。毛投資 (gross investment) 包含所有固定資本支出與資本財折舊 (depreciation)，淨投資 (net investment) 則是會計上作業，與考慮稅負的折舊原則混和後的函數，因為折舊並無實際現金流量。在租賃或其他會計項目上，也有不同的資本化方法，這些都表示 ROI 比率，可以藉由降低投資的有效價值而操弄。

ROI 也常被使用於單一期間的績效評量指標，但在預測未來表現上並不理想。就算使用多年的 ROI 比率資料，仍然只得出錯誤的結果。當 ROI 與 DCF 法的指標相互比較時，ROI 比率相對於 DCF 法的評價，有時低估有時高估，彼此的系統相關性甚低 ❶。

權益報酬率 (ROE) 也有一些缺點，主要是它容易被企業的槓桿程度所影響。一般來說，槓桿程度愈高，ROE 比率也會愈高，是很少出錯的法則。資產周轉的程度，也會影響 ROE 比率的高低，通常資產周轉得愈快，ROE 也就愈高。

在我們的看法上，盈餘的改變，或 ROI、ROE 的變化，不可能與股東價值的改變有很密切的關係。盈餘數字無法考慮營運風險與財務風險的程度，也無法考慮營運所需的固定資產與營運資產的數量。ROI、ROE 與盈餘等指標都會受不同的會計慣例所影響，而大都並非基於實際的現金流量。所以，這些指標並無法反映企業的股東價值。

連結股價變動與現金流量

雖然聽起來令人訝異，但即使基本的盈餘數字，可以被視為具有合理的準確性，仍然無助於我們構建股價或計算股東價值。圖 4.2 戲劇性地呈現德國 EPS 資料與股價資料之間，明顯的不一致性。

圖上每一點表示企業股價變動與 EPS 變動的組合，EPS 變動是在 1 月時對 1994 年的預測值，股價變動則是該年中實際所發生，斜線代表我們所希望存在的關係。理想中，在其他條件不變下，正向的預期 EPS 變動應該會沿著 45 度線，伴隨正向的股價變動。不規則的黑點，表示那年在德國 EPS 變動與股價變動之

❶Solomon, E. quoted in Rappaport (1986), *Creating Shareholder Value*, Ch. 2 (New York: Free Press).

間，存在很微弱的關係。

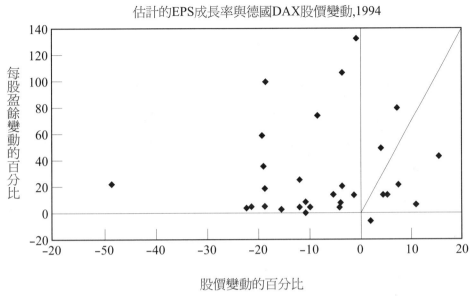

估計的EPS成長率與德國DAX股價變動,1994

圖 4.2　　EPS 不是理想的股價預測指標

　　這個結果也被其他的研究所支持，如果有什麼所謂共識存在的話，就是以盈餘為基礎的觀點，對股價與股東價值的預測能力很差。如果這是事實，為什麼仍有那麼多人繼續使用 EPS 的方法呢？

　　這個問題沒有簡單的答案。然而，簡短的綜合大多數的觀點與經驗，我們勉強承認繼續使用盈餘，是由於相對上它們較容易計算，因此在選股這門艱深的藝術上，可以在相對較短的時間內提供可能的幫助。自從股東價值法第一次出現後，愈來愈多的投資銀行機構使用股東價值方法，大部分主要金融機構的分析師，使用現金流量技術評價企業；雖然他們的分析結果，可能仍以盈餘項目來表示，但是常常有一系列包括現金流量的模型，去支持這些預測。

　　現金流量模型在區別企業是否在盈餘與現金流量同時成長上，仍然非常好用。本書後面有一些比較短的實際案例，特別是在經濟衰退時期。

　　那麼，現金流量模型與股東價值之間有什麼關連呢？同樣地，這也沒有簡單的答案。我們必須先決定我們所謂的股東價值是什麼，我們偏好的一個指標，是整體股東報酬 (TSR)。對經常要被評鑑本身績效的基金經理人來說，這也是一種主要的指標。TSR 有容易被理解的優點，而且在本身價值不斷被市場評估時，更具有「動態性 (dynamic)」，畢竟所有股價都置身於包含個別股票以及市

場整體的資訊與看法之中。在任何時點上，TSR 將會被所有因素的混和效果所影響；某些因素是屬於公司特有的，在這些公司特有的因素之中，與產生現金流量的能力有直接相關的因素，將對 TSR 產生影響。

連結瞬息萬變的股市與變動較緩慢的會計世界，雖然這個任務已經被嘗試了許多次，仍然沒有容易的方法。用於計算股東價值的資訊，大都是歷史資料，關鍵的是許多學術文獻上所做的檢驗，也大量取自這個集合之中。這裡的困難，是假如我們要成功的展現股東價值法是有效的，我們需要有時間系列的過去預測值 (time series of past forecasts) 與實際的結果相比較。在缺乏此種資料的情況下，我們只好寄託於各種股東價值指標，與企業市值帳面比變化之間的相關性。

Rawley Thomas 與 Marvin Lipson ❷ 在 1980 年代的著作中，檢視股價（以市值帳面比為替代變數）與數種經常被用於解釋績效的會計比率之間，所存在的相關性。結果呈現於表 4.2，顯示以現金流量為基礎的數值（特別是 CFROI，或投資現金流量報酬）對美國股市的市值帳面比，有良好的解釋能力。

表 4.2　對 S&P 指數市值帳面比變異數的最佳解釋是什麼？

Variable	R^2
EPS	< 0.1
ROE	0.19
ROI	0.34
Real CFROI	0.65

其他值得注意的研究，包括 CSFB 對零售部門所做的研究顯示，在經濟價值（權益加負債）對投資資本的比率和資本報酬與成本的落差之間的 r^2 高達 0.94 ❸；而 Copeland 等人的研究，在對 35 家公司的市值帳面比，與 DCF／資產帳面價值進行迴歸分析後，也得到 r^2=0.94 的結果 ❹。然而，這些研究有趣的是他們傾向於提出一種部分的觀點，而不解釋在現金流量或其他股東價值指標發展時，股價究竟是如何反應。到此為止，證據仍然有點模糊。

學者們繼續辯論到底是現金流量或是盈餘資訊，能夠提供對股價變動與企

❷Thomas, R. and Lipson, M. (1985), *Linking Corporate Return Measures to Stock Prices*, Illinois: Holt Planning Associates.

❸CSFB report, May 1998.

❹Copeland, T., Koller, T. and Murrin, J. (1996), *Valuation*, 2nd edition (New York: John Wiley).

業價值有較好的解釋。但是兩邊似乎都不能說服對方，有一個學派普遍認為現金流量指標優於使用盈餘的方法，其他人則沒有那麼肯定，或認為在實證時，很難區分盈餘與現金流量的指標。

我們經驗已顯示出，使用股東價值法的現金流量模型，在連結市場預期與公司股價上表現優異。有趣的是，他們也可以找出何時以及何處市場犯錯的例子：檢視 3 至 6 個月的期間，就有許多市場與模型所指出的價格相同的情況出現。我們也發現此模型在成熟產業上的預測特別準確，在巨大的結構或商業的變化方面表現良好。然而，在價差與 TSR 之間的連結上，有時候則較我們理想中的狀況來得不明確。

同樣地，我們被說服以現金流量為基礎的指標，更貼近於股價的變動，而且真的可以比其他指標，更圓滿的解釋這些變動。

投資者的新焦點

那麼，大型機構投資者是如何評估企業的經濟價值呢？顯然他們正從盈餘基礎的報酬計算，轉為基於風險、成長預期與投資資本的現金流量報酬，等較原先更為複雜的評估方法。普華企管顧問公司（PricewaterhouseCoopers）委託的獨立市場研究，對 50 名全球最大的投資經理人與他們的股票評價方法加以分析，研究結果證實了這樣的趨勢。對這些公司來說，現金流量基礎的經濟模型，已成為極其重要的評價方法。

如同一位美國投資經理人提出的：「我們覺得在緊要關頭時，最重要的就是現金。」(We feel that when push comes to shove, it all comes down to cash.) 另一人評論道：「我們認為市場在短期是被我們不重視的因素影響，但是在長期時，市場確實被我們重視的因素 —— 投資的實質現金報酬所影響。」(We think that the market is influenced by things that we don't tend to look at in the short run, but in the long run it is influenced by precisely what we look at — real cash-on-cash returns on investment.) 還有第三個人也強調對現金的關注，他說：「現金才是我們真實掌握的東西，你可以握著它或者再拿去投資；你可以把盈餘再投資，但是如果你的現金超過盈餘，那你就有能力做更多投資或償還掉更多負債❺。」(Cash is

---

❺From "Value Transformation: Driving Shareholder Value Throughout the Organization," *PW Review*, June 1997.

what you actually have. You can take your cash and you can reinvest it. You can reinvest earnings, but if your cash is in excess of your earnings, then you have the ability to make more investments or pay down more debt.)

反映機構投資者焦點之轉移，證券公司的股票分析師，也已經修正他們價值分析的方法。例如，CSFB 的股票研究團隊評論道：「本益比 (P/Es) 作為預期的粗略代理變數可能有其價值，但無法解釋價值的基本決定要素。在企業經營上，有多少、多好、多長的資本可以成功地被重新配置，決定於其是否明確地符合自由現金流量模型。」

換句話說，自由現金流量 (FCF) 是關鍵。顯然地，現在是介紹以現金流量為基礎的基本股東價值模型的時候了 —— 這就是我們在下一章所要做的事。

摘　要

使用近期的歷史資料，我們呈現了如每股盈餘 (EPS) 等會計項目，在對股票價值的指引上如何的無用。反而是，愈來愈多投資者使用現金流量，作為預測企業未來績效表現的指標工具。

第五章

股東價值: 定義

在前二章我們已經建立了三件事：瞭解資金成本的重要性、以現金流量法去解釋股價的變化及公司的價值，還有投資者傾向以現金流量法去分析公司價值的趨勢。我們必須將焦點放在能導致公司成功，及創造正的現金流量之關鍵因子。

為此，我們將介紹 Alfred RappaPort 在 1986 年出版的書《創造股東財富》(*Creating Shareholder Value*) 的第二章中提出的觀點。自由現金流量與股東價值模型所使用的七個驅動因子在此書中會導出分析公司經濟價值的架構。如下列圖 5.1 所示：

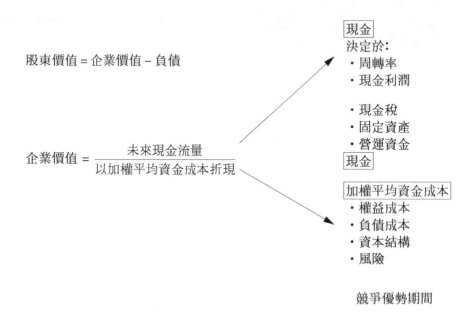

圖 5.1　自由現金流量模型與股東價值

風險、成長、報酬以及七個價值驅動因子

股東價值被定義為公司價值扣除負債所得的餘額，而公司價值是未來現金流量（或自由現金流量），以加權平均資金成本折現所得之總和。換句話說，股東價值是公司在債權人行使求償權之後的剩餘價值 (residual value)。自由現金流量是公司在具有競爭優勢的期間，每年的現金收入，而剩餘價值及其他相關細節如下列圖 5.2 所示（更多有關剩餘價值的資訊請見第六章）。為什麼要取成自由現金流量模型，是由於這種現金流量在期末不需再經過調整，而能夠完全地增加股東的價值，因此才給予「自由」二字。如圖 5.2 所示，經過更進一步地改進現金流量的定義，我們所定義出的自由現金流量，已變得相當明確。

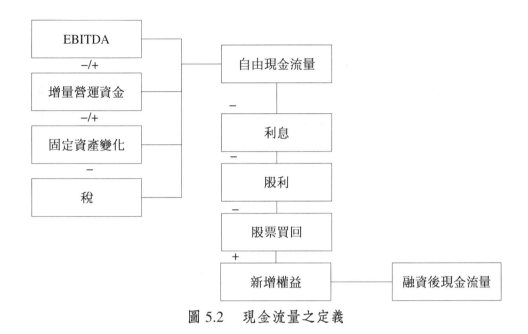

圖 5.2　現金流量之定義

　　讓我們以三個角度來看股東價值模型。你可以將它看成三件事——成長、報酬和風險。這個觀點可由圖 5.1 的七個「價值驅動因子」(value drivers) 來解釋，這七個因子分別為：

◎銷售成長（或周轉率成長）
◎現金利潤邊際（EBITDA——稅前息前折舊前攤銷前盈餘）
◎現金稅率
◎營運資金
◎資本性支出（或固定資產）
◎加權平均資金成本（WACC——經風險、通膨調整過後）
◎競爭優勢期間

⑤　成　長

　　成長可從三個因子來分析：銷售成長、營運資金的投資以及固定資產的投資。收入成長是企業體是否能成為一線大廠的決定因素，而自由現金流量的模型也將焦點放在此處。我們在下一個章節可以看到，我們可以將影響收入成長的因子細分成不同產業（特殊個體）的因子。同時，這些因子能影響售價、銷

售量、產品組合。

　　成長對於股東價值能產生顯著的影響，如圖 5.3 所示，股東價值會經由改善效能或改變投資策略，而顯著地上升。這張圖也顯示出，假使有某一個投資策略可產生的投資報酬（固定資產或是營運資金）可達到 20%，在這種情形之下，如果這家公司在相同的情況下，另一個策略的資本報酬 (ROIC) 只有 10%，那公司顯然會選擇第一種可達 20% 報酬率的投資策略。這種分析方式，能夠讓我們清楚地區分出不同投資策略產生的效益。

　　當公司規模愈來愈大時，伴隨而來的是營運資金的增加，這會使公司的自由現金流量減少。同理，當公司的規模縮小時，這些資源也將被釋放出來。此時，我們會有一個疑問產生，到底要使用多少的資本去創造股東價值？我們可能會使用過多的營運資金去支援銷售量，事後證明這一個策略並不值得。

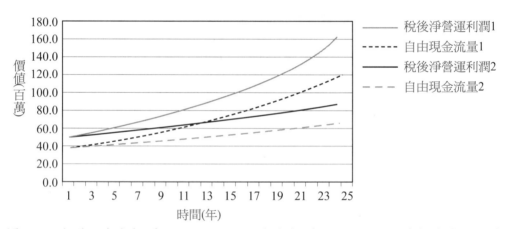

圖 5.3　分別以資本報酬 (ROIC) 20% 和資本報酬 (ROIC) 10% 的投資專案來顯示其對於自由現金流量 (FCF) 與稅後淨營運利潤 (NOPAT) 的影響

　　固定資產投資是另一個重要的因子。不論是將資金用來投資在廠房、設備或者是機器，這都算是公司自由現金流量的減項；如果這項支出愈小，股東的價值即愈高。但是所有的企業，都需要藉由現在的投資，去維持未來持續地成長，所以問題在於，到底需要投資多少在固定資產上，才能達到股東價值最大。過多的投資往往會導致浪費資源及資源使用不效率；反之，過少的投資，則會使企業錯失未來成長的大好機會。股東價值模型將會說明正確的投資水平。

　　不容置疑的，我們已經進入了知識經濟的時代，在無形資產方面的投資：例如 R&D 或是智慧財產權，漸漸成為一個重要的價值驅動因子。對於該如何投

資？投資哪些資產？這些定義都持續地被修正、擴大。全新的定義即我們所稱的「價值報告」(Value Reporting)，在第三篇中會有詳細說明。

(S) 報　酬

關於報酬，有二個相關的因子。其中最重要的是現金利潤邊際 (cash profit margin)，因為它能創造大量的股東價值。報酬通常被定義為稅前息前折舊前攤銷前盈餘或者是 EBITDA。這樣的定義，意謂著現金利潤邊際將重心放在稅前的營業收入，並排除利息費用及折舊對盈餘的影響，如此一來，即可避免盈餘因會計制度而扭曲。這種作法，可以讓我們很容易的作企業與企業間，在跨國面以及橫斷面方向的比較。

利潤邊際可從二個方面所組成：其一是定價策略及產品組合策略；另一面則是成本結構。當企業有能力增加 EBITDA 的同時，並不能以此作為藉口而不致力於降低成本。

並且，利潤邊際也是所得稅的驅動因子。雖然所得稅相較之下，並非是最重要的因子，但所得稅卻可直接地減少企業內部的自由現金流量。即使我們最關心的部分是現金進出企業的狀況，但若單純只考慮所得稅驅動因子，則我們必須將注意力放在所需付出的所得稅總額。換句話說，我們需要確認出所得稅會發生的某些特定時點，並列入考慮。如此可以解決某些遞延所得稅，對我們造成的影響，只在遞延所得稅發生時再加入計算。這指出了價值導向的會計方法，與傳統上應計基礎之下的會計方法最大不同之處；一般的財務報表是使用傳統方法編製而成，所以我們在參考這些財務報表時，應加以調整才不全扭曲真實。

關於「稅」這個問題，其實是公司理財中常被討論的話題，當「稅」的考量佔整個自由現金流量的比重甚小時，我們可以將「稅」和 WACC 做一個連結。這時「稅」的影響力立刻變得相當強大。當我們計算 WACC 時，所算出來的值，深受稅率大小的影響；而 WACC，同時也是影響股東價值極為重要的因素。

(S) 風　險

最後我們要介紹的是風險，在此所指的是「適度的風險」而不包括投機式的冒險嘗試。在這裡我們採用 WACC（資金成本）為驅動因子，成為市場評價股東價值的決定性因子。這個因子並不只有反應市場對投資標的未來表現的期

望，還反應了企業內部的融資結構。稅盾的好處，在此佔有一個極為重要的地位，而風險也會隨著事業體的不同，以及地理位置的不同而改變，若要更進一步的探討，會發現有很多有趣的方法能降低資金成本。

附帶一提的是風險能採用很多不同的方法來考慮。有些風險被視為企業現金流量的變異程度，或是它的波動幅度。我們將不同的策略產生的可能結果進行估計，其後能發展成一連串的決策，最終形成實質選擇權的評價基礎（詳情請見第十章）

其他能被考量在風險內的因子，為成長存續期間 (growth duration) 和競爭優勢期間 (competitive advantage period)。這二個因子涵蓋了公司的動態行為、公司和競爭對手的互動與其他總體經濟因子。我們繼續看其他細節時，讓我們先來看看假如需要達成企業目標，得先滿足哪些條件。而股東價值模型很擅長指出，哪些條件是企業所需達到的。

⑤ 成長與公司規劃

誠如我們先前所強調的，一家公司只有在資本報酬超過資金成本時，才能創造股東價值，而自由現金流量模型能幫助我們瞭解，哪些是影響公司未來表現的重要因子，以及如何解決公司有可能會面臨的困境，而讓公司在競爭優勢期間，維持報酬與成本的差額 (spread)。圖 5.4 與圖 5.5 顯示出在不同的再投資報酬率、資本支出率之下，可以維持的盈餘成長率。「再投資報酬率」，在此是指 NOPAT（稅後淨營運利潤）再投入於公司營運的部分。

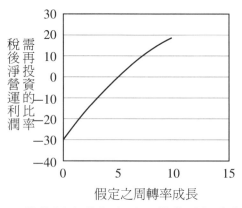

圖 5.4　維持固定差額所需改變的再投資報酬率

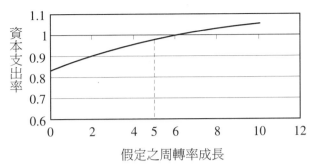

圖 5.5　維持固定差額所需改變的資本支出率

我們一開始的範例為 5% 的周轉成長率，需要 5% 的 NOPAT 再投資報酬率，以維持住固定的報酬與成本的差額；當周轉成長率向上提升時，NOPAT 的再投資報酬率也會隨之快速上升，以維持住報酬與成本的差額。

圖 5.5 說明了同樣的情形，但在這裡所使用的解釋變數，為和銷售成一定比率的資本支出率。相同地，假使要維持住報酬與成本的差額，資本支出率也需隨著周轉成長率的上升而上升。因此我們推論，如果無法持續性地增加資本性支出，勢必會導致資本報酬 (ROIC) 開始下降。

圖 5.4 及圖 5.5 也顯示出，當周轉成長率無法達到預期的目標時，以再投資報酬率的觀點看來，應該立即釋出資源、儘快出售資源，以求維持住報酬與成本的差額；就資本支出而論，可採取穩定降低資本支出率的方式，或者減少資產項目。這個模型所強調的，是企業往往在不景氣時，仍抱持著樂觀的心態，持續地進行投資計畫；假設景氣一直處於低迷狀態，則企業將會陷入因投資過多，而無法維持報酬與成本的差額的困境，這種作法會嚴重地侵蝕股東權益。

我們可以開始從一段時間來觀察不同的周轉成長率，會需要何種條件以維持住股東價值，並且在針對不同的企業時又會有何差異。在此我們若採用較快速的周轉成長率，公司勢必得加速投資的腳步，即使公司已經達到差額，也是需要加速投資，以創造更多的股東價值。若成長低於預期目標值時，管理階層需立即確認股東價值，有無開始大量流失的跡象。站在歷史的觀點，大多數的公司即使在公司無力賺取正的報酬之時，卻還堅持資本性支出；相同的故事一再上演，也發生在模型中不同的因子上。

$ 競爭優勢期間

現在我們回到七個關鍵驅動因子中的最後一個，競爭優勢期間。這項因子，

通常被定義為企業未來的現金流量，在經過 WACC 折現過後，淨現值為正的這一段期間。圖 5.6 是根據產業調查的研究結果，指出實際上企業的競爭優勢期間，通常比管理階層所認定的還要短得多了。在第三篇當中，我們可以看到不同產業的成長存續期間，會影響我們如何去應用股東價值模型。

當我們仔細地想到個別的專案，或者是個別產品時，圖 5.6 所表示的競爭優勢期間變得相當複雜。然而，一個很有趣的現象，是當一家公司跨足許多領域時，這個企業是否能得到全面性的成功，完全取決在少數的產品，是否能得到相對優秀的表現。我們的工作，是要以市場隱含的競爭優勢期間，去分析不同的公司。這個概念與先前的介紹有些微的差距，所以我們再重新來看股東價值模型衍生出的意涵。

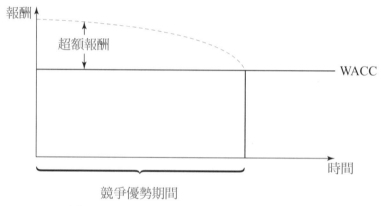

圖 5.6　成長存續期間及競爭優勢期間

我們以企業的估計價值和現有的市場價值比較，並找出一共有多少年的自由現金流量以及企業的剩餘價值（已扣除負債），持續到我們所估計的價值和目前市場上價值相等為止。雖然這種作法找到的期間，和我們所定義的競爭優勢期間並不完全相同，但已經有了一定的接近程度，且能引領我們得到一個有趣的結論。

之後，我們將分別以四個代表性的公司作為我們研究的案例（皆為真實存在的公司），圖 5.7 中的這家公司的期初評價大於市場價值，而在前幾年中，公司的評價持續上升；然而，競爭廠商卻伺機而起，進軍市場，此時公司的市佔率下滑，先前坐享的超額報酬也隨之減少。我們對於這家公司所作的評價，也會在二十一年之內向市場價值收斂，此處的二十一年是我們認為公司能夠享有的競爭優勢期間。

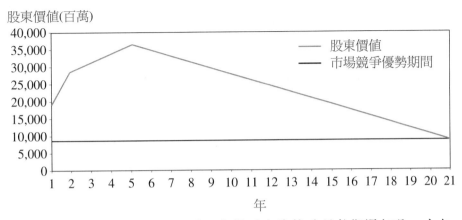

圖 5.7 穩定型 (stayers) 公司：市場隱含的競爭優勢期間超過二十年

　　我們稱這種類型的公司為穩定型 (stayers)，一開始的估計價值相當樂觀，遠超過市價，但市場對企業長期策略的預期，所給予的評價並非一開始的高價。接著來看第二種情況（圖 5.8），這種類型的公司一開始的估計價值就高於市場價值，和穩定型類似，但市場的預測不認為未來會有超額報酬。更確切的說，它的邊際利潤低於資金成本，所以這家公司會以穩定的狀態向市場價值收斂。圖 5.8 顯示出在沒有發生任何重大改變之下，股東價值逐漸往下的現象，而通常企業的競爭優勢期間，會比圖中所顯示的更短，我們稱這種公司為下滑型 (slider)。在降低投資金額之後，股東的價值可得到提升。

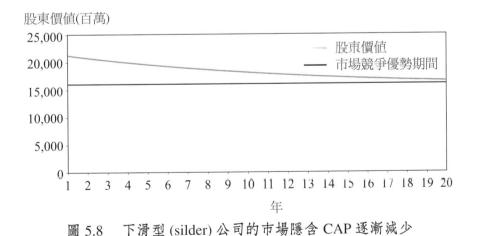

圖 5.8 下滑型 (silder) 公司的市場隱含 CAP 逐漸減少

　　現在我們將上述二種類型的公司，和成長型 (riser) 的公司作比較，成長型的公司，一開始的估計價值遠低於市場價值。就這個例子而言，公司的內含價

值，將會在第六年時與市價相等，這種類型的公司，大多屬於資訊產業 (IT) 或者是網路股。但往往在獲利看好的同時，市場上的競爭對手如雨後春筍般的出現，意圖搶掠市場大餅。這時企業無可避免的進入「衰退」(fade) 階段，也就是指此階段的報酬將低於成本，且估計價值會向市場價值趨於一致。

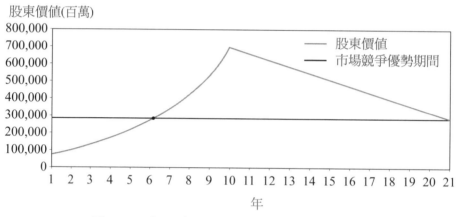

圖 5.9　成長型 (riser) 公司的市場隱含 CAP

最後，圖 5.10 顯示出的這種類型為失敗型 (loser or depressive)。此種類型的公司一開始估計值就低於市價；但我們預測這家公司未來可能在某一段時間內享有超額報酬。但是由於這家公司在大部分的期間當中，資金成本高於投資報酬率，所以股東價值不斷的流失。在真實的世界裡，存在很多類似失敗型 (loser) 的公司，而股東價值模型可幫助這種類型的公司，認清真正的股東價值，並重新制定投資決策。

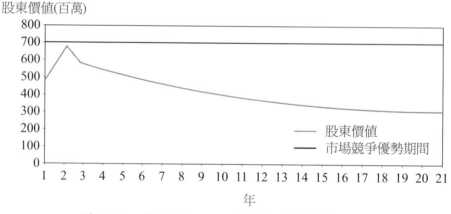

圖 5.10　失敗型 (loser) 公司的市場隱含 CAP

⑤ 一般性架構

現在將七個驅動因子放在一起來思考——銷售成長、現金利潤邊際、現金稅率、營運資金、資本性支出、加權平均資金成本和競爭優勢期間，這些因子提供了不同事業體的規劃平臺，連結起企業內部的財務規劃、企業運作以及決策制定。讓企業不論在市場、顧客與產品等領域中，均得到明確的解決方案。舉例來說，一個以顧客服務為導向的事業體，應將重心放在具有高附加價值的顧客群中，藉由市場滲透、客源取得、產品擴充，以維持企業生命存續。若是一個以創新為導向的事業體，應將重心放在 R&D、智慧財產權及市場同步策略。在這二個例子中，我們將特定的企業經營策略，轉換成財務價值驅動因子來分析。在連結營運與財務價值驅動因子之後，可使分析股東價值的模型架構，與市場反應出的價格趨於一致。

比較與敏感性分析

可利用歷史或估計出來的資料（可能來自市場估計或是產業研究），計算出現有資本額和股價的標準差。使用這種比較市場價值與內含價值的手法可看出，市場對於這家公司的未來預期，相較於管理者的觀點，是較樂觀或是較為悲觀。有時這種方法能為管理者帶來意想不到的結果，對於之前尚未使用股東價值模型的管理者，能提供一個聯繫市場與企業的溝通管道，並讓管理者對市場走勢的掌握更有信心。

在本章最後，必須提到一點是關於股東價值模型的優點，即是可以衡量出在這段存續期間內，股價對這些相關的價值驅動因子的敏感性。在圖 5.11 中描述的是一家假設性的公司的股價表現，若將每一個價值驅動因子變動 1%，那股價會有什麼樣的變化。瞭解這二者的互動關係後，能幫助管理者在增進股東價值這部分，作出更正確的未來預測。

這個技巧，我們通常稱作敏感性分析，它提供了一座橋樑，連結起財務的世界和管理的世界。在股東價值模型裡，提供一些想法使管理者認知企業內部可以做出什麼樣的改變，以及這些改變會對整個企業帶來什麼樣的影響。即使在一個相對一般性的分析中，結合敏感性分析和「市場借鏡」(market mirror)，可提供企業未來發展的洞察力，從而衍生出後續的策略方案。在第二篇會有更

詳細的探討。

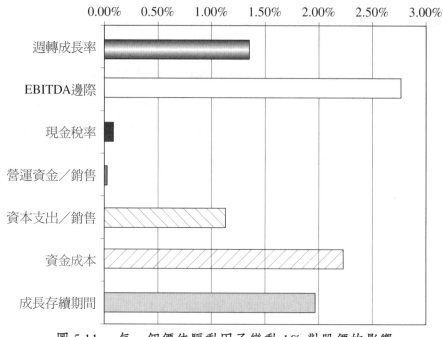

圖 5.11　每一個價值驅動因子變動 1% 對股價的影響

基本上，任何對公司發展有建設性的方案，都能以評價標準來衡量，在此「衡量」的意思，為扣除成本之後資本可利用的程度。

摘　要

在本章節裡，我們探討了自由現金流量模型 (FCF)、七個和股東價值有關的價值驅動因子，以及風險的衡量、成長和報酬。這七個驅動因子包含了銷售成長、現金利潤邊際、現金稅率、營運資金、資本性支出、加權平均資金成本和競爭優勢期間，我們可透過敏感性分析，評斷現有策略對公司未來的影響力，所以這七個因子可說是提供一個分析公司績效的架構。在探討競爭優勢期間時，我們將公司大略分成四種類型──穩定型、下滑型、成長型和失敗型──並以市場隱含的競爭優勢期間，去解說這四種類型的概念。

第六章

股東價值：
單一模型或一般性架構？

到目前為止，我們專注在解釋如何提升股東價值，以及影響股東價值的經濟原素：現金流量和資金成本。許多企業和一些顧問公司，一直在尋一個單一模型 (single metric)，去簡化將股東價值模型應用到整個組織的過程。他們試圖用一個共通的分析方法，來分析所有的營運策略、投資策略、公司績效的衡量和報酬。

除了已經討論過的自由現金流量 (FCF) 模型之外，另外還有二種方法。第一種是由 Stern Steward 所創立的顧問公司發展出的一套方法，運用到經濟利潤的觀念，稱作經濟附加價值或者是 EVA；另一種方法是現金流量投資報酬 (CFROI) 模型。還有一種較不為人知的方法，是現金附加價值法 (CVA)，這個方法著重在投資的決策品質，我們將在這章依序檢驗這三種方法。

依照過去的經驗，使用過一些股東價值模型的高階管理者，都能瞭解這些建立在經濟學基礎上的因子，在價值創造的過程，扮演很重要的角色。舉例來說，經濟利潤能運用來追蹤衡量企業或事業體的績效表現；現金流量投資報酬 (CFROI) 模型，可用來評估企業長期策略和資源配置方式。而自由現金流量 (FCF) 模型，則提供了一座連結核心策略和營運目標的橋樑。之後，再藉由財務因子，促使管理者達到價值極大化的營運目標。現金附加價值法 (CVA)，對於檢視策略性和非策略性的投資對公司價值的影響力，相當有幫助。

自由現金流量 (FCF) 模型

在自由現金流量模型中，我們可以看出在管理者洞察力和市場預測值的基礎之下，觀察一家公司如何發展，甚至將這種方法延伸成多期的模型。自由現金流量模型的好處，是讓我們連結起公司可能的成長路徑，和可觀察到的總體經濟因子及產業趨勢。自由現金流量模型完全以未來為導向，它假設沒有過去的資產 (opening capital) 或是資產負債表，並將未來的現金流量以 WACC 折現。假如我們以建立市場對公司競爭優勢期間——七個驅動因子——的看法作為一個起步，我們需先決定未來現金流量的期數。我們可以將前一章提到的市場隱含競爭優勢期間 (MICAP)，用來補充我們的分析方法。誠如我們曾說過的，自由現金流量模型，基本上看起來對股東價值有很大的影響力，它結合起對公司總價值（總負債加股東權益或是經濟價值）的觀點，但這並不是自由現金流量模型所要著眼之處。

最後，需提到的是自由現金流量模型可能是在資料分析方面最有效率，或者是最經濟的作法。在後面的介紹當中，我們會看到自由現金流量模型，可以被應用成會計調整現值 (APV) 以及實質選擇權評價方式。

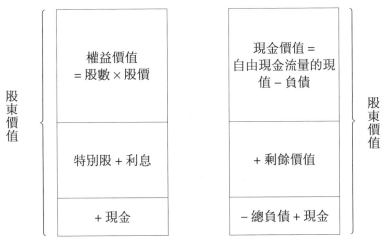

圖 6.1 股東價值的二種形式

SVA 模型：資本與計算

　　SVA（或者是 EVA）模型的主要概念，是單一期間內公司所賺取的經濟利潤，和生產過程中所使用的資金成本的差額 (spread)。然而，SVA 模型並不是以一段很長的時間作為基準，而是採用年度的作法。未來各期的經濟利潤和資金成本差額 (spread) 的總和，會和之前提過「由上而下」(top down) 的多期模型計算出的正淨現值相當。

　　SVA 模型或經濟利潤模型，需要一個基於公司未來有可能的各種資本需求，所編製出的資產負債表。這種資產負債表，並非完全和一般的資產負債表相同，「價值」的調整是必要的。

SVA 的定義可由下列公式表達：

$$SVA = 總資本 \times (總資本報酬率 - 加權平均資金成本)$$

這裡的總資本，定義成股東權益加淨負債及其他資本。

　　SVA 是以年度作為基準，所以當我們在每個預測期間結束時，再根據每期的結果，來計算公司的這幾年來的價值變化。假設公司有再出售價值，我們可以很簡略地算出市場附加價值 (MVA)，也可以寫成下列的式子：

$$市場附加價值 = SVA + 剩餘價值$$

和

$$股東價值 = 市場附加價值 + 過去資本 (opening\ capital)$$

在圖 6.2 中，提供了另一種計算某一年度 SVA 的方法，若累積多年的 SVA，即可求出公司的 MVA，接著算出股東價值。

$$ROCE=NOPAT - (Capital\ employed \times WACC)$$

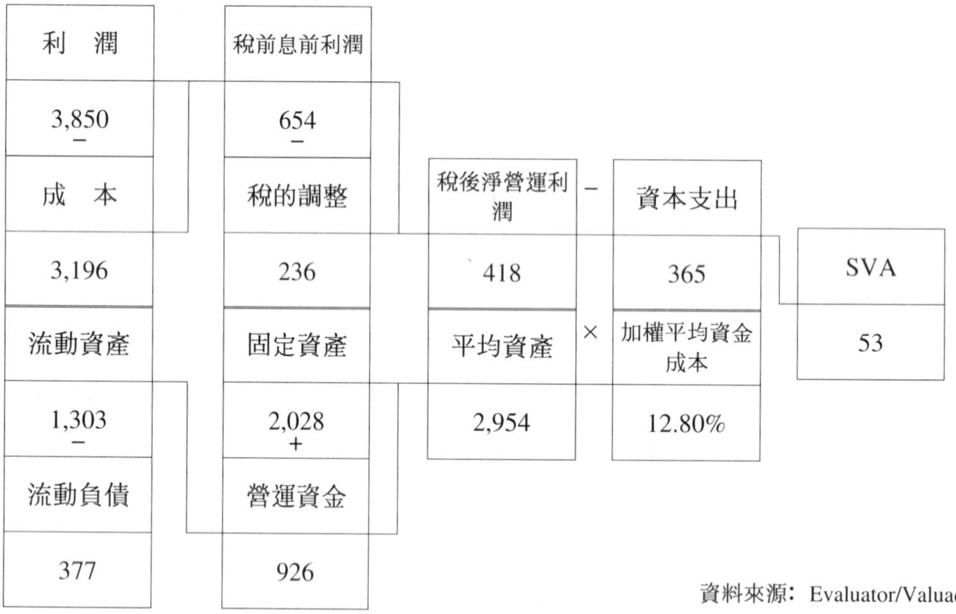

利　潤	稅前息前利潤			
3,850 −	654 −			
成　本	稅的調整	稅後淨營運利潤 −	資本支出	
3,196	236	418	365	SVA
流動資產	固定資產	平均資產 ×	加權平均資金成本	53
1,303 −	2,028 +	2,954	12.80%	
流動負債	營運資金			
377	926			

資料來源：Evaluator/Valuad

圖 6.2　SVA 計算的範例

在 6.3 圖中描述的是長期的情境，你可以從資產的價值（SVA 的現值或者是 MVA）看出市場價值和帳面價值的不同。這個差別可以解釋成資產帳面價值，並無法實際去表達資產的真實價值。而這裡的財務報表為資產負債表，但其實只是一張約當營運資產負債表，其中有些項目需經調整，才能維持平衡。

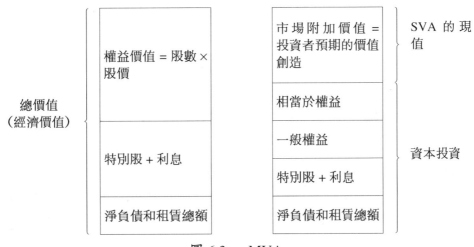

圖 6.3　　MVA

在 SVA 模型中最重要的一點,是找出公司盈餘和經營公司必需付出的資金成本之間, 二者的差額。在這裡我們所用到的公式, 是針對我們使用資本的經濟報酬或是經濟性 ROCE, 可寫成:

$$ROCE = NOPAT - (\text{Capital employed} \times WACC)$$

NOPAT (稅後淨營運利潤), 是第五章中我們介紹的價值驅動因子的函數。企業應該將策略的方向, 定為增加經濟利潤和資金成本的差額 (spread)。並且可利用一個經濟指數, 去觀察企業是否有效率的去執行這個工作。

$$\frac{\text{經濟性 ROCE}}{WACC}$$

這個比率的意義, 相當接近市價與帳面價值比。

SVA 是一個需要大量資料的研究方法。換句話說, 我們會需要許多關於公司的分析資訊。如先前所述, 這個模型需要過去的資產負債表和損益表 (profit-and-loss statement)。但並不是直接採用原始資料, 而是需先調整其中某些科目。比如說某些會受到會計制度扭曲的科目, 或者是一些會影響股東價值的項目, 但管理者沒有記錄在財務報表當中。接下來我們會看到一些需要調整的項目:

⑤ 通貨膨脹和資產調整

我們首先要注意的是, 通貨膨脹對於不同入帳期間的資產, 會造成的不同

影響。若想明確地得知此公司是否有創造股東價值，有一點要注意的是管理者是否已經合宜地鎖定 (fix) 現有資產的重置價值。股東價值方法非常依賴公司過去的資產負債表，而當中包含許多不同入帳期間的資產。在資產負債表上的資產，大部分以入帳時的市價作為其帳面價值，所以「入帳期間」變成一個具有影響力的因子。即使在一個溫和通貨膨脹時期，一些老資產的帳面價值，通常顯著低於它的重置成本。

既然我們是以資產為基準來計算企業的投資報酬率，那麼愈少的資產，自然會帶來愈高的經濟報酬率。因此，這個分析方法的第一步，是調整作為基數的資產，使資產價值和它的重置成本相當。因為你不可能在這個時點，仍去重置和過去一模一樣的資產，所以針對每個資產去做特別的調整以達重置的價值，是一件不容易的事。結果你可能在一開始，就決定改用別種分析工具。

但記住一件事，現有的績效衡量系統中，企業內部的老舊資產可能會賺取很高的報酬。一旦這些資產被重新估價後，在過去很容易得到高報酬的資產，如今卻需付出更多的代價以維持以往的績效。

另外一個結論是當使用 SVA 方法時，必然會用到很多公司細部的資產負債表的資料，這也增加了 SVA 使用上的困難度。若公司的資產負債表，可依照不同的部門或事業體來編製，SVA 方法會發揮更大的功用。

⑤ 其他調整項目

以 SVA 的現金觀點來看，還有一些扭曲，是來自會計的應計基礎方法，所以必須根據預期可能會發生的一些利得或損失做出調整。之前曾提到過的現金流量法，基本上著重於調整某些影響財務報表很大，但在實際的現金流量卻很小的科目。這意指調整的工作，有可能加進某些金額，也有可能刪去某些金額。

其中一個調整項目，是企業中的「經濟性」資產的計算，通常定義為經過稅盾效果調整後的總額。所以當我們考慮把未來稅盾的好處扣除時，需把遞延所得稅的條款，加進權益項目的計算中。同樣地，NOPAT 的計算也需要改變。基本上，這個作法可以看成公司將稅盾對營業利潤帶來的好處這個部分的金額，也視為成本考量。其他的調整包括 R&D（資本化的作法優於費用化）、商譽（相同作法）以及存貨的評價方法。

如果這些作法仍然不夠，比較仔細的想法，是注意未來資本結構，可能會隨著公司發行權證、可轉債而改變，及整合其他資產負債表外的項目。或者公

司可考慮在第一次使用時，採取簡單的價值導向的分析架構，而不考慮這些特殊項目。

由於這些資料來自不同的部門，使得總結果模糊難辨，我們可以將這件事視為這段過渡期間的雙軌作法 (horses for courses)，因此，股東價值計算法和一般法定的會計作法會持續並行。然而，傳統會計學轉變成價值基礎的會計原則，會是未來幾年中會計領域上的主要工作之一（這個主題在此書最後，會再繼續討論）。

現金流量投資報酬 (CFROI) 模型

第三個方法，我們稱它作現金流量投資報酬法 (CFROI)，是由 Holt Value 公司發展出以 IRR 為主的分析技巧。IRR 代表的意思是未來的現金流量，以多少報酬率折現之後，會和期初的投資金額相等。IRR 和代表投資人利息費用的市場折現率二者之間的交互作用，是 CFROI 的核心點。當 CFROI 大於 IRR 時，我們的經濟利潤和資金成本會有一個正的差額，企業也會呈現成長狀態；反之，CFROI 小於 IRR 時，股東的價值則是處於消弭的狀態。

CFROI 能評估公司的投資報酬率有多少，包含債權人的投資報酬。這是以公司整體的財務可行性觀點來看，而非單以股東的角度（雖然我們都知道這二者有密切的關聯性）。CFROI 可以允許通貨膨脹造成的影響，且利用投資者報酬率算出產業能達到的平均值，並以此為比較標準，擬定企業獲利性的策略。我們可將企業視為一個很大的「專案」，使用由上而下 (top-down) 的觀點，來衡量公司整體的表現。

另外有些要注意的，是 CFROI 和其他衡量股東價值方法的不同點。讓我們開始來介紹（或定義）其中的一項：稅後營運現金流量 (OCFAT)。假設：

利潤－成本－現金所得稅 =NOPAT

接著

NOPAT+ 折舊 + 其他調整 =OCFAT

我們須先區別出折舊性資產和非折舊性資產，因為非折舊性資產從一開始

到最後都以名目價值估算，但實際的價值需要再經過通貨膨脹的調整。假如我們現在要估計折舊性資產，包括了廠房、土地、設備、無形資產和累計折舊，皆以通貨膨脹率來調整過後，這些可稱作毛資產 (gross assets)，之後即可使用下列的公式：

$$CFROI = \frac{OCFAT}{Gross\ assets}$$

我們知道毛資產之後，能計算出該公司的 CFROI，也就是它的 IRR——將未來的現金流量以 IRR 來折現，使現值扣除期初投資後等於零。最後我們可以算出 IRR 和 WACC 的差額，這是類似於 SVA 方法之處。

但在實際運作上更為複雜。第一，這個分析方法是計算出對公司所有資本持有者的報酬率，所以並沒有辦法看出稅盾的好處，而此模型中負債的資金成本，相對高於權益資金成本。所以，稅盾的效果對於債權資本這方面的投資人，有較大的影響力；相較之下，對公司而言比較不受影響。

接下來看第二個困難點，我們在看差額 (spread) 時，是參照預測期間的 IRR 和 WACC，這裡的作法和競爭優勢期間的 SVA 模型與 FCF 模型的關係有相似之處。

因此，有二個重要的觀點需要考慮，即為預測期間的長短與投入資本的多少。因為預測期間的長短，會影響到我們決定以多少投入資本，來作計算基數。

要定義投入資本，需先區隔出折舊性資產和非折舊性資產，並依照資產真實價值，來作調整的動作。有些資產，例如土地會隨著時間的經過而增值，也有些會貶值。然而，在進行折舊時最常面臨到的問題是，這項資產的使用年限有多久，亦即資產的經濟壽命。

若以一個現金流量為正的投資案來看，預測期間愈長，IRR 必會隨之愈高。為了掌握這種情況，CFROI 方法引用了「衰退」期間的概念，也就是在這段期間內，IRR 會向市場折現率趨近，也會根據不同的產業而有不同的「衰退」期間。因為在產業發展一段時期後，會有新進廠商加入競爭行列，使得利潤下降至長期平均利潤的水準。從圖 6.4 可看出，分為「保持」(hold) 期間和「衰退」期間 (fade)。「保持」期間，是指企業能保有超額利潤的期間；而「衰退」期間，則代表超額利潤已逐漸下降。

「保持」期間的概念，和第一章討論的競爭優勢期間類似，它假設這段期

間內，公司可享有固定超出 WACC 的報酬。這是根據美國股票市場的觀察所得知。而且大部分的公司，無法持續的打敗 (beat) 市場達七、八年以上；另外值得一提的，實質報酬率的預估值大約每年 7%，實質資產成長率，約為每年 3%。

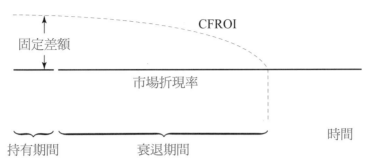

圖 6.4　現金流量投資報酬 (CFROI) 的「保持」(hold) 期間和「衰退」(fade) 期間

　　經過七、八年之後，公司的表現會逐漸地衰退，直到 IRR 和 WACC 相等之時。我們稱這段期間為「衰退」期間，通常可維持超過八年的時間，甚至有些公司可以維持二十年之久。這不僅連結了現金流量和權益市場的行為模式，也道出了競爭優勢期間的短暫。在其他的模型當中，「衰退」期間也可作為估計剩餘價值的函數（見以下有關剩餘價值的說明）。

　　實際上在計算「保持」和「衰退」期間是非常複雜的一件事，特別是需要調整作為基數的資產。不過，原則上可以使用圖 6.5 的方式，來分析 CFROI 所需要的驅動因子。

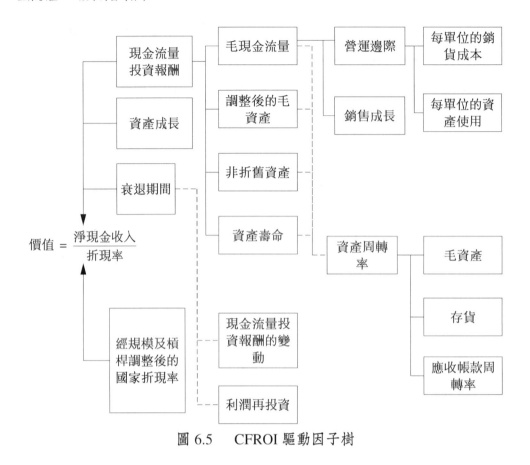

圖 6.5 　 CFROI 驅動因子樹

這個方法深受機構投資人的喜愛，這些人對於哪些因素會影響未來的預期報酬很有興趣。但對於那些只對融資方面有興趣的機構投資人，經驗法則顯示這個方法不容易被實行。因為有太多的外生變數，難以去掌握。CFROI 方法對於變數的選擇相當的敏感，所以管理者應更小心的檢視結果。

現金附加價值 (CVA) 模型

最後，我們回到另一個衡量股東價值的方法，但這個方法的重點，放在投資決策的細節。特別的是，這個方法發展出評估個別投資專案，對股東價值的影響力，我們以圖 6.6 中幾個一般性的定義，來作為開場白。一個企業的價值能分成三個部分：現金剩餘價值 (cash surplus value)、重置價值 (replacement value) 以及策略性價值 (strategy value)。現金剩餘價值的意思，是指一家企業在持續經營的狀態下，管理階層並沒有採取任何較大的動作，例如說大型的投資案（這就像是一架飛機關掉引擎後，任由飛機持續下滑直到降落）。所以，所謂現

金剩餘價值，簡單地說，就是在現有的資產基礎下，預期未來可以創造出來的現金流量❶。

當然，公司內部一定會有動作的行為發生。CVA 方法在此區隔出公司不同類型的投資。在圖 6.7 當中的重置價值，意指為了使企業順利運作而投資的金額。換句話說，是由投資案產生的邊際現金流量 (marginal cash flow)，而這個金額相當於折舊（並非是會計上所說的折舊，而是以經濟的角度來看）。由這個區隔的方式，可以讓我們學到一個重要的技術概念，以區別邊際投資 (marginal investment) 和從投資中的邊際現金流出 (marginal cash flow output) 二者之間的關係。而且這個關係，並不一定像我們所計算的現有資本存量相同。

另一個關鍵點，是重置投資並不是定義成產能或支出的增加，但可以說是成本的降低：意思是重置投資的邊際利潤或邊際效率，可以和原本投資有所區別。經營上來說，這可以算是「策略前」(pre-strategy) 的企業價值。

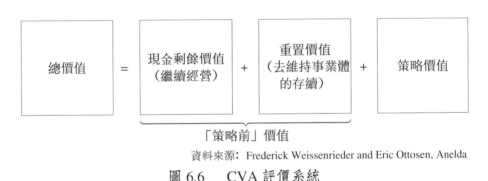

資料來源：Frederick Weissenrieder and Eric Ottosen, Anelda

圖 6.6　CVA 評價系統

最後，我們來探討「策略」價值，經由投資所產生的邊際現金流量，而這項投資真的能夠引起公司利潤或是銷售額的變化。由這三部分加總而得的總價值，我們稱作內含價值 (intrinsic value)，這個數字可能不會和公司的經濟價值完全一致。這個研究方法最大的好處，是能夠提供我們一個途徑，去探討個別投資方案，對於發展公司股東價值有何影響。

⑤ 營運現金流量需求 (Operating Cash Flow Demand) 與 CVA

當一家公司決定要投資時，必會對這個投資方案能夠創造出多少「價值」

---

❶Weissenrieder, F. and Ottosen, E. (1996), "Cash Value Added: A New Method for Measuring Financial Performance," Gothenburg University Working Paper, 1996:1.

感到興趣。而營運現金流量需求 (OCFD)，是組織估計這個新投資案，需要融資多少現金流量的一種計算方法。而營運現金流量需求是由投資總額、資產的期望經濟年限和通貨膨脹率，所構成的一個函數。它是有關每年公司需求的現金流量，且在經濟年限結束時，資產的淨現值會正好等於零。這和內部報酬率運用在 CFROI 方法的道理是一致的，只是在這裡我們只考慮投資的部分。可以將 OCFD 和營運現金流量作一比較，即可得知哪一個投資案較具有生產力。這可從圖 6.7 發現，它所描述的情況，是策略性投資所能產生的現金流量（指營運現金流量），要比營運現金流量需求 (OCFD) 還要快速。用營運現金流量和營運現金流量需求計算出的比率，稱作現金附加價值 (CVA)。在圖 6.7 的個案當中，這個比率是大於 1 的。如果現金附加價值 (CVA) 比率大於 1，代表這個專案的淨現值為正，且具有價值創造的功能。當現金附加價值 (CVA) 比率等於 1 時，代表此專案的淨現值為零，且期望報酬會恰好等於內部報酬率 (IRR)。

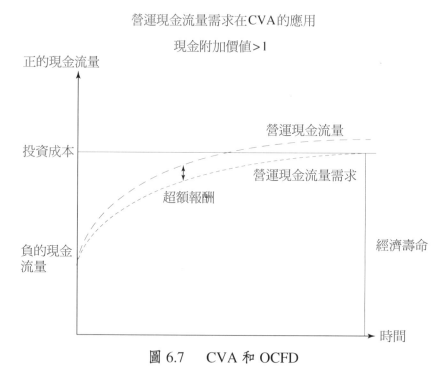

圖 6.7　　CVA 和 OCFD

　　現金附加價值 (CVA) 方法，可有效地看出未來的投資可帶來何種利潤，以達增加股東價值的目的。這個方法同時也將重心放在投資細節上，以幫助管理者，決定哪一個投資專案，是能夠幫助企業長期生存的重點性投資。實際上，

這是需要大量關於企業在某些情境之下資產基數的資訊，這對於分析者來說，是相當困難且昂貴的。一般的狀況下，它能夠被改進為有效地去解釋資產的經濟壽命。

評估策略

　　然而，在看了以上介紹的許多方法之後，是否能在你制定決策之前，瞭解每個決策的背後，所可能帶來的影響力？依照我過去的經驗，使用股東價值模型時，公司必需區隔出哪些資訊，是企業內部的控制系統所產生的，進而從這些整理過的資訊當中，獲得管理上的幫助；但是這個問題真正要問的，是哪些人、哪些事真正能夠創造，或者是侵蝕公司的價值？同時，你也有可能在這麼多的細部資訊當中迷失。反觀企業的歷史，總是充滿著由一些電腦分析出的半成品，來分析不同的企業制度和策略，會對股東價值帶來的影響。像這樣的分析，大多數時是無法以宏觀的角度，去創造股東價值。我們發現，若一開始即有一個標準化的方式，去評估股東價值的效果，會優於每個人都採用不同的方法。

　　其中一個幫助我們能夠保持宏觀的角度的方法，是使用 PricewaterhouseCooper's ValueBuilder 1.4™，一種由上而下的模型——以比較出公司現有的市場價值和未來採行某種策略後，有可能的改變。因此我們可以利用這個方式，去比較各種不同的策略。另一個也是很好的方法是 Alcar 法，它是一個相當仔細且穩定的模型。並且它和 ValueBuilder 模型類似，需要和 Rappaport 方法合併使用。

　　這個模型有許多優點：它能專注在現金流量上，且可以很容易地將股價波動，和我們的分析做一個連結。並且，它也十分注意成長率和資本支出這二個驅動因子。若使用大量的數據，例如是 EBITDA，即可很輕易地作出跨國性且有趣的比較。它的缺點在於相當依賴固定的折現因子，也就是加權平均資金成本。最後，剩餘價值的計算在評價當中也佔有一席之地。

　　改以 SVA 的觀點來看，Evaluator 模型是另一個衡量不同策略對公司影響力非常有效的工具。它最大的優點是專注在單一期間的各種細節當中，以及檢驗許多資產負債表上細部的資訊。SVA 模型的目標，是得以對個別決策的執行，相當敏感地反應出結果，而且能夠激勵管理者以價值為管理基準。相對而言，

這個方法可以非常直接地建立起與內部管理資訊系統之間的介面，以取得公司績效即時的反應。主要的缺點，則是 SVA 模型高度依賴資產負債表的調整工作，這個工程對一個跨國性的公司，可說相當的困難。單一期間的分析方式，也是它的缺點之一，這樣比較不容易去捕捉到動態的趨勢。

另外有二種分析方法，CFORI 和 CVA 對於不同的投資決策和成長情境，也能發揮很好的效果。

⑤ 投資的價值報酬 (Value Return on Investment)

有幾個技巧我們能用來檢測未來的策略是否合宜。這可從二個方向來看：第一點是找出任何增量投資 (incremental investment) 和報酬率的關係。簡單的說，就是檢驗是否能增加價值？第二點是觀察市場上對公司策略的反應是正向還是負的。關於第一點，我們將使用投資的價值報酬；而第二點則會使用 Q 比率來衡量。細節請看表 6.1。

表 6.1　VROI 和 Q 比率的範例

WACC of 15%	Year 0	Year 1	Year 2	Year 3	Year 4	Year 5	Year 6
稅後利潤	16.0						
資產使用（名目）	80.0						
增量現金流量		12.0	14.0	12.0	14.0	18.0	12.0
折現率		0.9	0.8	0.7	0.6	0.5	0.4
現　值		10.8	11.2	8.4	8.4	9.0	4.8
剩餘價值							200.0
剩餘價值之現值							80.0
現金流量之現值							52.6
策略前價值之現值	106.7						
策略後價值之現值							132.6
通膨調整後的資產使用（假設為 3%）							95.5
增量淨投資	37	5.0	8.0	6.0	7.0	8.0	3.0
增量投資現值	24.5	4.5	6.4	4.2	4.2	4.0	1.2
增量投資總現值							24.5
VROI 的計算（策略後減策略前）							25.9
$VROI=\dfrac{策略後-策略前}{增量投資現值}$							1.1
$Q 比率 =\dfrac{策略後-策略前}{總資產}$（經通膨調整）							1.4

我們從檢測公司「策略前」(pre-strategy) 的價值開始，也就是檢驗公司現有的現金流量資本化後的價值。從表 6.1 中可以看出在第零期時，「策略前」價值的現值是 106.7。有時你可能會考量短期有被扭曲的情形發生，所以採用這五年來的平均現金流量，來和「策略後」(post-strategy) 作比較。「策略後」的價值係考量增量現金流量之現值總和（表 6.1 中 52.6），以及剩餘價值（此例為 80），將二者相加可知「策略後」價值為 132.6。因此「策略前」和「策略後」二者的差額為 25.9 (=132.6−106.7)，而 25.9 即代表這個策略的執行價值。另外，這個方式有一個困難點，是關於如何計算出這個策略需要多少的增量投資金額，在本例中這個數字是 24.5；我們可依此計算出 VROI 比率：

$$25.9/24.5=1.1$$

或是

$$VROI=\frac{「策略後」價值 - 「策略前」價值}{投資案之現值}$$

這個決策法則相對而言，是屬於較直覺性的方式；當 VROI 大於 1 時，這個策略即創造了股東價值；但當 VROI 小於 1 時，代表相反的意思——股東價值遭到侵蝕——即為此策略產生的增量現金流量，小於所需使用的增量投資流量。以我們這個例子而言，以五年為觀察期算出的 VROI 值是 1.1，表示這個投資能幫助股東價值的增加。

如同其他的衡量系統，使用 VROI 時也有一些注意事項。這個分數的分子在公司的「策略前」價值相當小的情況下，可能會相當不穩定，比如說此公司過去一年的盈餘為負。而且，使用 VROI 時也需要有相當的資本支出，假設此公司的資本支出很少，那麼也會導致這個比率異常地高。

⑤ Q ratio

有關哪些個策略較能創造股東價值，哪些則無法創造？這個問題的第二部分的答案，來自諾貝爾經濟學獎得主 James Tobin，首先提出有名的 Tobin's Q 理論。Tobin's Q 比率是以市場價值作為分子，現有資產以當時貨幣衡量的重置成本為分母，計算而得的比率。以總體經濟的觀點，若 Tobin's Q 大於 1，則代表

股票市場對這家公司資產的評價,高於該公司的真實成本;若 Tobin's Q 小於 1,代表的意思則相反。一家擁有高 Tobin's Q 值的公司,會有較大的誘因去投資新的廠房和設備,因為市場對每一單位的投資,給予比實際成本還要高的評價。而一家擁有低 Tobin's Q 的公司較不會有投資的動機,但會引起別家公司購併的動機,容易在股票市場遭到購併,因為其他公司在金融市場只需付出較少的代價,即可得到在商品市場售價較高的同等商品。

　　同樣的想法可以用在個別公司。公司的價值可分為二個方向去想:第一是將公司當成債券去評價。一張債券會有債券面額和一連串的債息,假若債券的票面利息高於市場一般水準的利息,如此一來這張債券的市場價格會高於面額,因為投資人願意多付出溢酬去購買這張債券。相反的,如果這張債券的票息低於市場上的一般水準,那麼這張債券會折價出售。以相同的觀點來看公司的價值,假設公司的投資現金流量報酬 (CFROI) 高於投資人的要求報酬率,那麼此公司的市價會高於帳面價值。反之,若這家公司的投資現金流量報酬低於投資人的要求報酬率,那這家公司的市價會低於帳面價值。換句話說,公司有一個正的投資現金流量報酬差額,它的 Tobin's Q 值必會大於 1;相反的,公司的投資現金流量報酬差額若為負,它的 Tobin's Q 值必會小於 1。當 Tobin's Q 值正好等於 1 時,可以得知預期的投資現金流量報酬,正好等於投資人的要求報酬率。這些關係在圖 6.8 會有一個總整理。

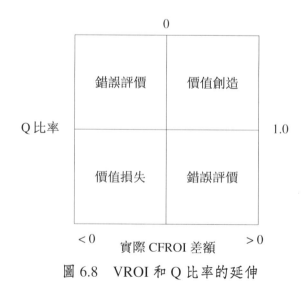

圖 6.8　VROI 和 Q 比率的延伸

接著來看第二個方向,投資現金流量報酬分析法並非以實質的觀點,而是

以名目折現率去折現未來的現金流量，以求得公司目前的市場價值。因此這種評價方式須建立在許多假設之上，比如通貨膨脹率、資產的使用年限，以及用這些資產所能產生的報酬。這些都會合理的解釋目前我們在市場上觀察到的企業價值（負債加上股東權益）。

現在我們將注意力放在投資現金流量報酬分析法和 Tobin's Q 分析法上，我們可以發現這二種方法，能夠解釋許多市價與帳面價值比率 (market to book ratio) 的關係，從而解釋股價行為。若我們可以將實質成長和實質 ROI 差額（實質 ROI 扣除 WACC）一起考慮，可發現他們對由 S&P 400 指數計算出的 Tobin's Q 之變異值，有超過 80% 的解釋能力❷。從圖 6.8 中可以很清楚地看到 Tobin's Q、實質 ROI 差額，和股東價值的創造三者之間的關係。而這也可以應用到判別不同策略的適用性，和即將於第七章介紹的價值圖 (value map) 有異曲同工之妙。投資現金流量報酬分析法，不僅規避了會計上應計基礎的困擾，同時也解決了通貨膨脹的問題。

或許這不是一個完美的評估方法，但完美的方法其實並不存在。接下來我們來看 Tobin's Q 法的缺點。

從表 6.1 中可以看出，在假設通貨膨脹率為 3% 之下，我們需要計算的不僅是公司「策略後」的報酬，還需要計算出公司資產的重置成本。在調整公司的資產價值過後，我們計算出 Tobin's Q 值為 1.4。這代表了市場願意為這家公司的資產付出很可觀的溢酬。Tobin's Q 值的另一個功能是可以建議何種策略能提升股東價值。

這種分析方式也有可能產生「錯誤評價」(mis-pricing) 的情形，也就是當目前市場上的 Tobin's Q 值和投資現金流量報酬的差額並不互相配合。依照我們過去的經驗，市場最終還是會回歸至現金流量法，而非其他方法所評估出的價值。

剩餘價值

我們在第五章介紹剩餘價值 (residual value) 時，只有簡要的估計在一段預測期間終了，繼續經營公司的期望價值。剩餘價值的計算，需先建立一些關於在期間終了時企業價值的假設，他們對於整個股東價值分析方法的描述相當重

---

❷Reimann, B. C. (1989), *Managing for Value*, Planning Forum/Blackwells.

要。的確，在某些情況中，剩餘價值的多少，將攸關分析股東價值的主要結論。

另一個看待剩餘價值的方法，是假設公司將在這段預測期間後被出售，這種情況下，我們需預測最終的價值會有多少。另有些股東價值模型的實踐者，或許會認為應該將不同事業體分開來評估其剩餘價值，之後，再將全部的價值相加，得到可出售的價值。但這個方法顯然沒有考慮到時間耗損的概念，因為我們通常是依照當前的盈餘乘數，來推估十年後的乘數會是多少、亦或想像會有多少的銷售額。但在未來的十年中，必然會有通膨的情形，而通膨的走勢又並非是相當平穩可預期；這種情況下，有些資產跌價或漲價的速度，可能會比其他資產還要快，這些都是我們無法預估的變數。

另外還有一些問題，資產出售後相對於帳面價值是溢價或者是折價也不明朗。有時在購買整個資產的控制權或者是一大筆資產時，會有溢價的情形。一般來說，整體的價值高於個別出售價值的總和（這是所謂的綜效，在第八章會有詳細說明）。

我們在計算剩餘價值時，通常會儘量避開這些困難，這意謂著我們將採取一種求取均衡解的作法。傳統的計算方法，是以公司理想的長期資本結構為標準，來計算出加權平均資金成本，再用加權平均資金成本來折現均衡的現金流量，這就是長期均衡的計算方法。

當然，可以依賴剩餘價值使得計算更為精確。如圖 6.9 所示，隨著投資期間的長短，總價值的配置也隨之變化。也就是當投資期間愈短，剩餘價值的影響力也就愈大。

有些股東價值的實踐者習慣性地將成長因素，納入剩餘價值的計算當中，原因可能是持續的通膨、GDP 成長及其他種種「好處」。但是大家往往會忽略一個更真實的原因，就是剩餘價值通常受到人為的操控，使其達到分析者心中的目標價值，通常是目前股票市場的價值。可從降低資金成本，明顯看出對剩餘價值產生很大的影響。圖 6.10 顯示出成長率為 5% 的公司，能夠使剩餘價值在期末整整增加了 50%。如果使用更大的成長率，必能得到更大的一個數值。

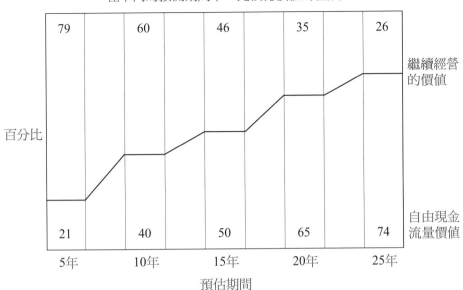

圖 6.9　剩餘價值和投資年限的關係

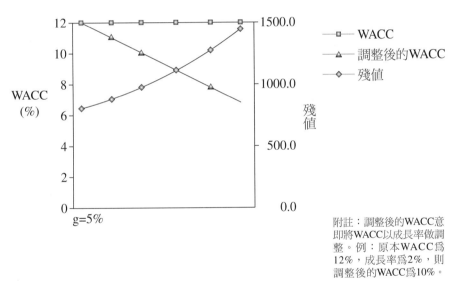

附註：調整後的WACC意即將WACC以成長率做調整。例：原本WACC為12%，成長率為2%，則調整後的WACC為10%。

圖 6.10　成長因素對剩餘價值的影響

　　若將之前「競爭優勢期間」的看法融入此處，我們認為這比單純以某種穩定均衡的方式求解剩餘價值還要好。假若它無法達到原先預定的投資期限，那我們可以將期間延長至一個較可能為穩定狀態，而不是加進一個主觀的成長因子。我們偏好儘可能排除成長因子的影響，以一個較小心謹慎的方式來介紹這個部分。

⑤ 對剩餘價值的其他解釋

假若剩餘價值提供一個快速簡便的方法，去瞭解企業的繼續經營價值，它同時也提供我們一些機會。其中一個是我們可以從較精確的角度，去觀察剩餘價值的決定因素，包括不同產業特性對剩餘價值的影響。站在財務的角度來看，剩餘價值可能會和不同債務的償債年限及相關義務有關，比如說是人壽保險的一些政策。就資源的角度來看，一些資產或準備 (reserves) 會依照不同的年限，而以特定的比率調整。就這二個觀點，我們能接受剩餘價值的計算，需考慮到組織資源在這段估計期間之後，還有受到哪些條約限制。

在高科技的領域裡，也是需要估計剩餘價值。在 PricewaterhouseCoopers 的方法裡，我們學習了在市場評價高於企業本身評價，或者高於剩餘價值時，如何連結價值缺口 (value gap)。就是去看在科技快速轉換時，公司的因應彈性。還可以使用實質選擇權評價法，去評估高科技產業如何去增加股東價值。

優點與缺點

到目前為止我們所看到的所有方法，皆是用來判定出何種策略可以增加股東價值，這當然也是這個章節的重點。然而，我們必需考慮到在某些情況下，我們的條件似乎太過於嚴格。有些評估後不是相當吸引人的投資案，在景氣相當好的時期，可能會增加股東價值。比方說，一些較老舊的資產可能會得到風險的懲罰，而被給予相對較高的實質成本。同樣的問題也存在 SVA 模型中，在僅有一次的調整，對公司內一些老舊的資產，也會有同樣的問題發生。雖然這個事業體依然可以產生正的現金流量，而資產也仍然可以繼續使用多年，但很可能在 CFROI 法或是 SVA 法的分析中，衡量不出它們的價值。

另一點是這種分析並不能如我們所預期，以很確切的方式指出哪些是值得投資、哪些是應當棄卻的專案。例如，以一個成熟的產業來看，是否應該繼續投資的問題，Tobin's Q 往往不能導出最佳解答。在前面提過的 VROI 分析法若碰到分母的金額相當龐大時，此時需要很高的現金流量才能使 Tobin's Q 值大於 1；或者是淨現值大於 0，此時管理者可能會因為此專案無法得到足夠的現金流量，而放棄這個專案，如果可採用實質選擇權的方式（請見第十章高科技部分），可提供一個較有彈性的價值評估法。

所以，在探討過相關影響因子後，我們認為辨別不同投資案的價值高低，最好的方法是使用市場價值作為衡量基準，這也是為什麼會使用自由現金流量法的原因了。而且在很多的案例當中，我們也無法證明使用通膨調整（或是價值調整）的方法，會比市場直接判斷資產價值來的好。

我們已經很深入地去思考這些方法的優缺點，現在讓我們下個結論。我們認為最重要的事是去模擬投資人的行為模式，特別是受投資人所重視的預期報酬。這些分析模式，提供了很多以過去會計應計基礎的觀點，也提供了一些可以連結公司產生現金能力的方法，這些都能讓股東瞭解到股東價值是否有增加。

你可以將股東價值模型想成是一個濾嘴，有許多的統計或財務資料或從這個濾嘴進去，但真正能通過這個濾嘴的是一些有價值的資訊，能幫助我們瞭解如何去創造股東價值。股東價值模型是一個對外部金融環境有信心的模型，意指當策略被組織執行時，管理者會認為此策略所發揮的影響力，會如同管理者所判斷的一般。

在此階段，我們並不想直接了當的說股東價值模型優於其他模型。但依照我們使用過其他模型的經驗，可發現雖然不是全部，但至少對大多數的模型而言，股東價值模型較佳。我們並非只以某個觀點來評判這些模型，也不試圖引起爭論。但你可以發現在某些情況當中，有些模型的確比其他模型好用。舉例而言，經濟利潤模型能用來追蹤整個企業和個別事業體的績效表現；CFROI 較常被使用於評估企業的長期策略和資產配置；FCF 模型能以財務的價值驅動因子，來協助企業的核心策略目標，並具體說明事業單位的營運目標。在第二篇中，我們將更清楚地看到如何去運用這些方法。

或許這是一個很複雜的工作，但以專業經理人的角度來看，股東價值模型能為企業提供洞察力，使經理人能夠滿足投資人；若是站在投資者的角度來看，也能幫助他們瞭解如何去監督經理人。所以股東價值模型不論是對退休基金或者是其他機構投資者，甚至是你或我，都有很大的幫助。

摘 要

在本章當中，我們檢驗了幾個關於股東價值的論點，特別是 SVA、CVA 和 CFROI 三種分析方法。並且可以用衡量報酬率的概念，如投資的價值報酬 (VROI)、營運現金流量需求 (OCFD) 和 Tobin's Q 比率，去思考公司應如何去作資源的應用、選擇何種策略，以達增進股東價值的目的。

第二篇

價值原理的運用

第七章

運用股東價值於
企業的轉型

在第一篇中，我們談到為何股東價值會成為眾所矚目的焦點。你會發現市場正邁向自由化，全球機構法人投資者的影響力提升，電腦在製程中的重要性與日劇增。在這篇我們要觀察價值的觀念是如何形成的，介紹衡量價值、現金流量和資金成本的主要因子，並詳細解釋三個主要但不同的方法（FCF、EVA 和 CFROI），來判定經濟價值。

什麼是公司管理階層首先要判定的？又為什麼公司策略必須放在增加股東價值上？奇異公司總裁 Jack Welch 在 1999 年回答了這個問題：

「管理在過去的十年間，因為資本市場的緣故而變得相當容易，這是不容忽視的事實。假如你在一個很差的市場裡表現不佳，在道德責任上可能還過得去；但假若這個市場處於一個很熱的狀態，管理者的才能相對而言不是那麼的重要❶。」

管理階層必須進一步確認，公司的股本是否和競爭對手保持同樣的步調，若非如此，公司可能會成為被收購的目標。另一個佐證是指出幾個企業如 Lloyds Bank、奇異公司、BP Amoco、 Novo Nordisk 有管理股東價值的動機。這些公司從圖 7.1 至圖 7.4 可看出，在股票市場表現超過競爭對手，當然也有一些我們沒有提到的公司，著手於增進股東價值的策略。

在第二篇裡會看到一些公司嘗試去實行一些增加股東價值的策略，我們把重心放在詮釋股東價值模型在實際運作的過程中，如何去分析、制定、運作和溝通，並進一步呈現在投資者的關係和價值報導上。同時觀察股東價值如何整合，以及價值的創造和實現。

在本篇中，我們不僅會看到股東價值模型如何應用到持續成長的事業體中，也能在企業面臨收購合併的情境，以及一些重新創造價值的事業體中，使用這種價值基礎管理 (value-based management)。最後，我們將看到這些實際所面臨的問題，與如何避免遭遇危機。

在此章裡我們不僅會提供一些實際問題的個案討論，也會在股東價值世界提供一連串的價值圖。規劃這份價值圖的同時，我們將採用 PricewaterhouseCoopers 關於股東價值系統的經驗。可以確定的是接下來的內容，會圍繞在實用性的管理層面，而非只著重理論，當然除了一些專家或顧問提供，可應用於真實世界的理論。

---

❶ *Financial Times*, 9 November 1999, p. 27.

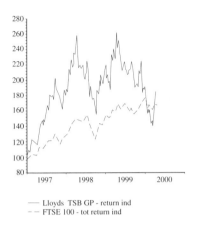

圖 7.1 Lloyds-TSB 的股東
價值創造

圖 7.3 BP Amoco 的股東
價值創造

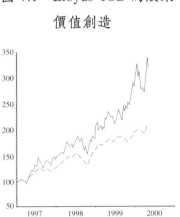

圖 7.2 General Electric 的
股東價值創造

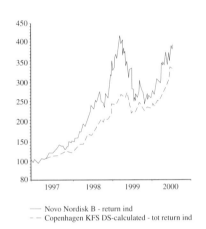

圖 7.4 Novo Nordisk 的股
東價值創造

價值和轉換

讓我們回到此書一開始提到的那二個字：「價值」。假如你可以做到的話，試著去忘掉那些複雜的計算；選擇一個計算股東價值的方法，不論是 SVA 或是 CFROI 都可以。這樣一來，才不會混淆股東價值這個理論的基本原理：市場提供的報酬可能會大於、小於或者是等於機會成本。

Warren Buffett 是美國一家相當成功的投資公司——Berkshire Hathaway 的總裁。喜歡尋找一些被市場所低估的投資標的，他曾說過：「真正攸關的因素是內含價值，雖然我不能說出一個很明確的數字，但是基本上能估出一個大概的

金額。」這是他 1994 年在 Berkshire Hathaway 的股東大會上所提的年度報告，他繼續補充說明：

「瞭解內含價值對於一個管理者或者是一個投資人都是相當重要的，當管理者進行資產配置的決策時……，這是一個相當具有挑戰性的決策，管理者須要做到增加每股內含價值，並防止其逆轉侵蝕股東價值。主要的原則看起來相當清晰，但我們卻常發現這其中的不確定性。且在錯誤配置發生時，股東價值立即受到損傷。」

假如「瞭解內含價值」是一個至高無上的原則，那麼在股東價值分析中只要謹遵此法，便能保證不會有「錯誤配置」的情況發生，但事實上並非如此容易。將股東價值理論應用到實際的案例中，可以幫助公司快速改善經營績效，以達到股東要求的績效目標。以我們的觀點來看，謹慎的使用這個數學方法，將會導致公司營運戲劇性的改變。

如何落實這個方法，事實上，在圖 7.5 中顯示出一個三因子分析法。在分析（Warren Buffett 的「瞭解內含價值」）之後應該採取行動，也就是將你的經營目標和股東價值作一個連結；最後則是和市場進行溝通。

這三個因子反應出，要達成股東價值極大化，需經歷的步驟，而企業的每一個構面都需落實這個方法，才能看出效果。另外值得注意的一點是，持續地提醒你自己，以股東價值的概念來經營企業，如此一來，企業會由於不同的經營理念而煥然一新。這章主要的重點在於價值基礎管理 (value-based management)：它結合了策略、政策、績效評估、獎勵、組織、過程、人員和系統這些因素，去達到增進股東價值的目標。

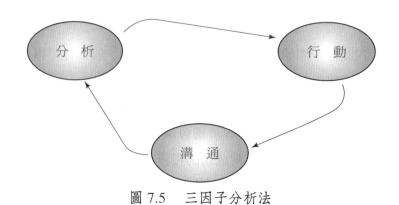

圖 7.5　三因子分析法

想要在價值轉換的行動中成功，管理者必須瞭解策略和營運的關聯，以及我們在第四章介紹過的價值驅動因子的重要性。但創造或者是保有這些價值並非是單靠分析或規劃而來。若想要建立組織的長期價值，你需要將人力資源、企業文化和生產過程轉換成股東的價值。換句話說，你必需採取行動 (action)。最後，你需展露一流的溝通技巧，和內部每一個層級與外部投資人作一個良好的溝通 (communication)。

CEO 究竟是如何讓股東相信，價值產生在一連串的組織運作過程中？這是另一個三階段的過程，我們相信這對於任何想介紹價值基礎管理 (value-based management) 的公司，都佔有一席之地。在圖 7.6 中顯示了它的三個原素：價值創造 (value creation)、價值保持 (value preservation) 和價值實現 (value realization)，這三個必要原素，正好描述出從你的顧客端創造出價值，而最後傳送至你的投資人手中這個過程，而此過程會貫串整個章節。有效率的完成這些步驟，會使你達到股東價值的任務，及確保你可以履行你對投資人的承諾。

圖 7.6 股東價值連結了顧客和投資人

(S) 衡量的問題

若你認為股東價值研究方法，和管理者經營公司的手法完全一致的話，那前面所提到的三階段過程，將會不僅只有三個階段。公司的績效表現，如何和一些可衡量的目標作連結？Robert Kaplan 和 David Norton 曾對此問題作出回答：「你所衡量的即為你得到的 ❷」。

奇特的是，雖然我們可以計算股東價值至小數點第三位，但是要將這些運算和企業行為達成連結，卻是非常困難的事。的確，在追求一個均衡的評估績效方法時，全依賴管理者決定，把評估重心放在哪些因子和指標上頭。這個章

---

❷Kaplan, R. S. and Norton, D. P. (1992), "The Balanced Scorecard-Measures that Drive Performance" *Harvard Business Review*, January-February.

節的重點，是以外部股東的觀點，來簡化這個分析過程。在先前的分析過程中，大多把重心放在會計基礎的調整，或者是一些過去的經驗，但是真正攸關公司的營運和生存的，是公司未來的表現，所以在此章中，我們強調以前瞻式態度來看財務變數。

股東價值分析法，一如 Warren Buffett 所提的「內含價值」分析法，都將分析的重心放在未來可以做到什麼，而非過去曾做過什麼。我們相信這種方法較可能指出對公司價值有所貢獻的決定因素，也能使評價結果與現有市場相互對照。

經營情況良好的公司，例如奇異公司或者上述曾提過的那幾家，都力行這種分析方式。而在不同的時期裡，這些公司都曾在特定的股東價值方案中，將管理者的注意力移轉至提升股價上。為了達成這個目標，有些較積極的公司不僅只在短期提高股價作努力，而是將股東價值方案，作為公司長期經營法則。譬如說奇異公司的副執行長，曾經很極積地尋求將目前實施在生產線上的策略，也應用到奇異公司的其他分公司。如此一來，一些原被隱藏的組織綜效才得以顯現。一般而言，管理者會從整體企業及個部事業單位二方面，來觀察股東價值的來源，而最後只會選擇能使股價上揚的策略。

價值三階段

什麼是使股東價值法成功的公式？讓我們回到價值三階段：價值創造、價值維持和價值實現。價值創造，是公司保有報酬大於資金成本的這段過程。這個正的「差額」，能夠由股東決定繼續投資企業，或者是將價值轉到股東手中。

價值創造涉及了一些事，可能是產品或是服務，目的是使你的消費者或顧客在某個情況下，能夠接受你的價格，而你也能確保可獲得正的「差額」（在第二章曾簡單地介紹過顧客價值）。你的企業必須在成長存續期間裡贏得正的「差額」，成長存續期間愈長，股東價值愈高。業主為了加強「競爭優勢」，竭盡所能的研發專利、使用較有利的成本結構或者是在生產、銷售方面改進，使企業運作的更有效率（下面會介紹更多有關競爭優勢的內容）。

然而，價值創造並不意味著成功。另一個相當重要的工作是價值維持，也就是確保在前一個步驟中，創造出的價值沒有輕易地被浪費，或者受到不效率的管理所侵蝕。因此你得再採取幾個步驟，以確保能達到有效率的管理、資源

配置、現金和稅務管理系統。企業需能有效的做到風險管理、知識管理以及人力資源管理，特別是風險管理。企業往往以很狹隘的眼光來從事風險管理，也因此常錯失良機。管理者需以三個範圍來考量風險❸──冒險、機會和不確定，並以規劃、管理的方式，控制這三個領域的風險。

很遺憾的是，最近有些公司（特別是金融服務業）因為不當的風險管理而損失慘重。另外還發現到在某些國家，因為稅務的疏失及貨幣控制不當，而落入價值的陷阱中；因此我們可以得知，管理不當會導致股東價值的損失。

最後一個步驟是價值實現，這是最常被企業所忽略的一件事。投資人很瞭解透過股價的上漲或者是股利的支付，投資人藉此得以實現價值。在某些研究中發現，大部分的投資人的報酬是透過資本的增值。假若市場的效率性僅和它所能得到的資訊有關，那麼除非市場能完全瞭解企業的策略和所創造、保持的價值，否則投資人很難由資本市場回收報酬。企業為免於被市場低估，會主動提供可信的相關資訊給市場。而管理者也深知，有效地管理市場對企業的預期，能使市場真實的反映企業價值，而一個不好的市場溝通者，只會使企業價值受到隱藏。

在近幾年來，有些市場給予錯誤評價的公司開始採取一些行動。為了增加資訊透明度，這些公司特別針對組織裡的某幾個事業體發行「追蹤股」(tracker stocks) 或者是分割該事業部門，讓這個部門自行發行股票。這樣的行動最大的效益是建立一個溝通管道，讓市場能更清楚的反映真實價值。這也可算是溝通的例子（企業表達了什麼？），我們可以再把組織結構的改變（企業採取什麼行動？）與之結合，以探討價值實現的過程。

Jean-Pierre Tirouflet 是 Rhone-Poulenc 的財務長，他在歐洲財務長的會談當中曾指出：「我們必須改變我們的組織結構，以使股東價值評估法能更有效率的使用。」這意謂我們需要重新將公司組織改成利潤中心制，使我們能合理地找出營運資金與設備資產的經濟意義❹。

❸For more detail see Puschaver, L. and Eccles, R. G. (1996), "In Pursuit of the Upside: The New Opportunity in Risk Management, " PW Review, December, p.7.

❹Quoted in *CFO 2000: The Global CFO as Strategic Business Partner*. Conference Board Europe 1997, p. 14.

⑤ 達成價值轉換的挑戰

■ 三階段

成功地使用股東價值方案，並不是一件容易的事。企業以很廣泛的方式來增加股東價值，先從瞭解開始，之後涉入，最後達到效率。依我們的經驗，大型企業會經由三個階段達到價值基礎管理 (value-based management)。

第一個階段企業的角色是一個「傳達者」(talker)，這些企業的管理階層熟知評價方法，他們可能會將股東價值當成一個企業目標，但卻又沒有一個很明確的想法，指示他們如何去接近這個目標。位於這個階段的公司通常會在股東會討論股東價值這個議題，但卻發現這個議題很難更進一步的深入。的確，有些公司很激烈地討論這些方向是否可行，但事實上這是一種虛擬，而非實質的價值轉換過程，所以，處在此階段的公司通常沒有實質的成長率。

第二個階段企業是「部分接受者」(partial adopters)，這個階段的管理者已經被說服朝著股東價值的這條路前進。但此時管理者只有針對企業的某些領域改善，而非全面性地去考慮整個企業。此時，我們若使用前述的方法進行價值轉換，通常不會有太大的成功。

在最後一個階段中，企業所扮演的角色是真正的「價值轉換者」(value transformer)。此時，管理者已認知到需要整合企業每一層面，並以這種哲學驅動企業運作，直到企業的最低層面。價值轉換的過程若要受到公司每一分子的認同，需要廣泛的教育並且歷經幾個商業循環，才能完整的實現整個價值轉換。

現在要做的工作是推動企業歷經這三個階段──促使公司從價值瞭解開始，之後以幾個價值元素作為公司的經營目標，最後真正的去轉換價值。

■ 基本要求

從「傳達者」(talker) 至「價值轉換者」(value transformer) 這段過程會經歷許多挑戰。成功的轉換過程意指規劃、執行一連串相關的行動，關於這個過程，我們將提出幾個我們認為重要的基本要求。

首先，由於這是一個多年的計畫，它會對組織的中央運作產生很大的影響，所以你得先取得執行長的認可，而且執行長也很願意幫助你從事這項改革。另外，其餘高階經理人和董事會也都願意給予支援。在這裡再重新強調溝通活動的重要性，而內部溝通的關鍵點在於你的執行長和財務長。若沒有這些高階主管的背書，你的改革行動失敗的機率會相當大。

在價值轉換活動裡，你需要一個轉換團隊，而這個團隊的成員，應來自公司每一個主要事業單位的代表。像這種團隊的存在，能建立企業成員的參與感，而企業內不論是哪一個單位、哪一種層級的員工，也會較支持股東價值方案。這個團隊也可肩負起教育管理者和事業單位的責任，讓他們都能瞭解如何衡量和管理企業的經濟價值。

另一個關於價值轉換過程的挑戰是「動機」──激勵員工作決策，並以行動支持這個價值哲學。大多數的時候，這可由系統的報酬 (compensation) 來達到激勵的功效。我們會在此章最後討論這個議題，而我們也會提供幾個方法，去解決在價值轉換過程中，可能會遇到的障礙。

五個核心價值過程

為了要達到價值創造過程中的三個目標：創造、保持和實現，在此歸類了五個關鍵過程。在圖 7.7 當中，很清楚地分類為：建立企業的價值策略與目標、資源配置和規劃、績效管理、報酬和價值溝通與報導。若只有五個簡單的概念來傳達即為──目標、規劃、衡量、獎勵以及溝通。這五個過程是必不可少的，它們能確保企業有創造從顧客端到股東端的價值連結，並且確定它是一個穩固的過程。

圖 7.7 五個核心價值過程

你能藉由這五個步驟，來整合公司的價值，以達到大幅度地增進公司創造價值能力的目標。然而，若這幾個核心過程將和公司長期價值連結，你需要專注地整合股東價值在每一個項目中。

⑤ 企業的價值策略與目標

我們的股東價值分析將從這個主題開始，企業策略給我們四個解答，據我們的觀察，這四個答案和價值創造、價值保持和價值實現的過程息息相關。

◎什麼是你的企業目標？
◎你經營的事業是何種類型？
◎你如何成功？──例如達到你的目標。
◎你如何能確定你可以贏得正的報酬，以獎勵你的股東。

這些公司遵行的策略必須是和股東價值有很接近的連結性，因為除非股東價值被整合入這些策略的發展過程中，否則企業不可能長期都能達成將創造出的價值，由顧客手中傳送到股東手裡的目標。

策略的制定通常會考慮到的條件，大略是市場、產品、技術以及競爭動態等。這些都是必要的輸入值，但是仍然不夠。問題出在價值的創造，是需要全面性考慮公司的每一個構面。換句話說，要達到一個有效率的策略，你的公司必須整合股東價值於策略的發展過程中。這個層面的涵意是，價值可由下列三個基本要素引導而出。

◎只選擇投資報酬大於資金成本的專案（報酬）
◎投資基數和事業體的成長（成長）
◎接受並管理適度的商業風險（風險）

當你思索企業策略時，你可以採用報酬、成長和風險三個方向，去有效的衡量多種可實現股東價值的方案。

一家公司必定會設有一個長期的目標：例如是「未來的五年中，能夠在同業間達到最高的投資報酬」，而 Lloyds Bank 就是一個達成目標的好案例。以外部的觀點來看，企業目標必須滿足競爭市場的預期，也就是投資者的預期；以內部的觀點來看，企業目標需具有挑戰性，且能定義出事業體的策略優先順序。

當你思索策略發展過程時，這能幫助你找出真正的限制和策略的先後順序，並確保企業內部資源的分配，能和價值的創造與傳送有一致性。

經濟模型需針對現金、資本和報酬，作出一個完整分析，而策略的制定也需聚焦在市場、科技、競爭態勢和顧客。在此，你得針對你的事業，建立一個嚴謹的成功因子，並明確地定義。同時也可以參考我們在第二章曾經提過的：核心競爭力和競爭優勢期間。

■ 核心競爭力和股東價值

建立企業的核心競爭力是相當重要的一件事，但更重要的是能夠將核心競爭力，引導成創造股東價值的動力。有時候我們形容這是「整合許多不同的技術，去促使企業能帶給消費者某種特殊的利益❺」。核心競爭力來自於組織內部學習，特別是包含了不同組織功能的管理層面。一個核心競爭力應該是競爭對手難以模仿，並且能明顯地為顧客帶來利益。從這個角度來看，核心競爭力對股東價值而言，是一種有形的挹注。

核心競爭力不只需要簡單的技術，它們也可以被定義成市場瞭解度、know-how、營運能力的強弱或是運送的速度。將這些特質轉化成商品，可幫助你建立品牌、顧客的忠誠度、配送通路和企業形象。大部分世界級的廠商擁有三到六個核心競爭力。譬如說 Canon，擁有三項核心競爭力，第一是精準的機器，如相機、彩色印表機；第二是優質光學儀器，如錄影機，另外還有一項是微電子儀器，如數位相機、計算機。

同時你必須注意你對於核心競爭力的詮釋，是否太過狹隘（僅針對某種產品）或過於寬鬆。我們在下一章會指出，綜效可能會發生在購併其他事業體之時，但也可能不會有綜效產生。第一個提出核心競爭力這個概念的學者，是 C. K. Prahalad 和 Gary Hamel，他們認為：「長期看來，競爭力是來自於能力的一點一滴的建立，可能是較低的成本，或者是進步的較競爭者快。久而久之，這些核心競爭力會蘊育出意料之外的產品❻。」

正如我們曾說過的，核心競爭力應該和股東價值的創造有關連性：簡單的

---

❺ Price Waterhouse Change Integration Team, *The Paradox Principles: How High-Performance Companies Manage Chaos, Complexity and Contradiction to Achieve Superior Results.* Chicago: Irwin, p. 46.

❻ Prahalad, C. K. and Hamel, G. (1990), "The Core Competence of the Corporation," *Harvard Business Review*, May-June.

說，如果一家企業的核心競爭力是製造一些沒有需求量的產品，那麼根本無法提升股東價值。企業的核心競爭力，應是能夠建立持久的競爭優勢期間。

為了強化企業的競爭力，所有的組織都會表露出顯著的競爭優勢，或者是賣點。為達成這個目標，組織會依顧客需求的不同，進行產品或是服務的差異化。當然，經過一段時間之後，這些競爭優勢會在競爭對手不停地進步之下而漸漸弱化。所以，當我們在計算成長存續期間或競爭優勢期間時，會將這個特點納入計算考慮。組織常為了滿足顧客需求而發展核心競爭力，身為一個具道德觀的管理者，當企業發展新產品時，應該仔細評估這項新產品可能帶來的風險。

雖然建立核心競爭力是策略的決定要素，但是仍然不夠。依據這個觀點，企業需要定義明確的策略，並且和另外四個價值過程相互連貫，以求提高最終顧客的滿意度，且達股東價值極大化的效果。

■ 風險因子

在我們離開目標設定這個章節之前，我們得回到前面所討論過的風險／成長／報酬模型，以不同的觀點來看風險。這是可以被忽略的範圍。在發展和評估一些專門改善股東報酬的策略裡，我們常巧妙地操作二種策略性的價值槓桿(levers)──經濟報酬與成長。若擁有未來可能成長和經濟報酬（投資的淨現金報酬扣除資金成本）的充分資訊，企業就能有信心地預測未來的股東價值。假設經濟報酬為正，成長對於股東價值是正面幫助；若經濟報酬為負，成長對於股東價值則是負面損害。

然而，在使用這二種策略性的價值槓桿 (levers) 時，至少有一個顯著的限制；它無法在創造和實現股東價值的同時，適切地考量風險的影響層面。有些股東價值模型的實踐者，利用調整後的資金成本，來作為經濟報酬計算式的折現因子，但是這只能考慮到企業的總風險，不能表示不同事業體或專案的風險。更重要的一點，策略性的價值槓桿不能描述出成長和風險之間的關係。

目前有很多的公司都積極地追求成長，殊不知承受風險，是享受成長和報酬的必要條件。企業在規劃策略之時，必須整合詳盡的風險評估方法，以期能發現股東價值和成長目標所需求的組織結構、企業文化和財務的改變。

Ⓢ 資源配置和規劃

一旦企業決定策略之後，下一步是分配資源運用至策略之中──包括人力

資源、智慧財產和財務。由於每一個別專案都希望能達成更高的報酬，因此，身為一個主管，你得決定如何分配這些資源去支援策略和達成整體報酬極大的目的。

　　若採用股東價值模型作為實行計畫和資源分配的標準，那不論是母公司或者是其餘的事業單位，都需在這個架構下運作。我們也相信，這樣的作法會達到更好的決策。然而，管理應當是以達成目標績效為主：假若這項投資案並不違反價值基礎目標，那儘可放手去做，而資本也能投資在最具效能的產品專案上。

■ 使用價值驅動因子

　　關於資源配置的主題可使用很多分析技巧，包括了敏感性分析 (sensitivity analysis)、衡量基準 (benchmarking) 以及價值圖 (value map)。此時，我們需要用到第五章的七個價值驅動因子。任何股東價值的計算都需使用這七個因子，我們通常形容這七個因子為總體因子 (macro drivers)，和以下我們將提到的個體因子 (micro drivers) 作為區隔。事實上，這些因子能提供一個基本的分析工具，用來分析不同部門、產品線和事業單位。利用這些價值驅動因子的歷史資料，計算出公司在不同事業部門或產品的投資報酬，接著再和公司的資金成本做一比較，即可得知公司過去的股東價值是增加抑或減少。然而，想要真正的瞭解價值的涵意，投資人所該注重的，應該是未來的績效表現。

■ 敏感性分析

　　在企業決策、價值驅動因子和現金流量之間，有一個明確的關係存在。藉由分析這三者的關係，你可以得知如何去增加股東價值。可能變動其中一個因子，之後再分析這會對股東價值產生怎麼樣的衝擊。比如我們可以檢驗，在不同的風險的假設值之下，會反映出較高或較低的資金成本。同樣地，你也可以檢驗不同的策略對公司的價值有何影響，例如增加利潤、降低銷售量或行銷成本、不同額度的營運資金投資。「本質上，任何能改善企業經營績效的想法，都可經過資本使用可行性和成本的考慮之後，衡量出它的具體價值。」

　　在第五章所看到的敏感性分析：可將這七個價值驅動因子鍵入在電腦模型中，並測試這些因子對於股價的影響。例如圖 5.11，若我們將每一個因子都變動 1%，會造成什麼樣的結果。像這種分析方法，能夠幫助我們決定管理過程的先後順序。

　　一旦你發現了這些價值驅動因子，對於股價是有多麼強大的力量後，你會

很難去決定如何去適度地控制它們。假如可能的話，下一個問題將是：這個策略是否能有效的溝通並傳送至市場？不論這個答案是什麼，敏感性分析都能描繪出在最佳策略達成時，股東有可能會增加多少價值。

■ 衡量基準 (benchmarking)：外部計分卡

衡量基準通常是指，有系統的比較自己與競爭對手的組織結構、活動和功能。但是在這裡，我們對於競爭對手的定義較廣。大多數的管理者認為，競爭對手是和自己生產相同或是類似產品，位於同一族群的公司。但是投資人卻不這樣想，他們感興趣的是能得到的投資報酬。在股票市場中，大家是以資本來競爭，所以投資人的觀點是遠遠超過管理當局的想像。若管理者有空去觀察投資人所分類的公司群組，會很震驚的發現，有許多是和自己完全不相像的公司，甚至有些是從來沒有認真當成競爭對手考慮過的公司。

我們需要好好思索這一點，因為投資人是以這個角度來看公司的績效表現。我們也知道有時候投資人只關心在這個產業的龍頭公司曾經達到過哪些目標，而不管公司目前的競爭對手正在做什麼。

衡量基準能以不同的方向來延伸，例如，你或許會對你的供應商、顧客、策略聯盟的夥伴的績效特別感到興趣。在衡量基準的分析中，你能夠和你的競爭對手作一個比較，特別是一些頂級的企業，而這也是任何一個分析方法很好的起始點。

我們建議你從外部的計分卡開始，而我們使用的技巧和一些分析師的方法相同。在圖 7.8 中可以看到，外部計分卡能加強管理者的洞察力。競爭對手已被分類，且有關競爭者的策略也已經過仔細地分析。他們的每一個價值驅動因子，都會和我方公司作比較。經過分析後，可看出價值落差。比較之後，會發現有些結果可能是認同公司目前的作法；另一些結果則顯示競爭對手表現較佳，公司應採取更好的作法。這種分析方式，也能適用於加入跨國企業之後（例如 PricewaterhouseCoopers Global Benchmarking Alliance），在更多的競爭者之間得知最佳策略。

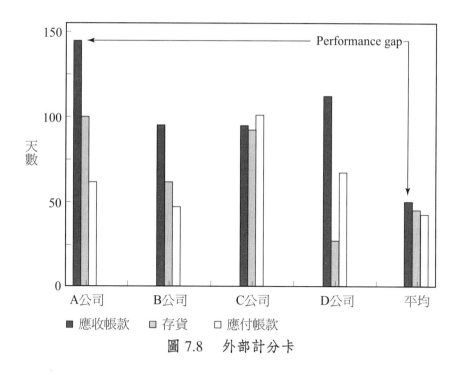

圖 7.8 外部計分卡

　　然而，在你完成以上的程序後，衡量基準的工作能幫助你瞭解最佳策略，但更重要的是，你必須很有自信地貫徹你的想法，來改善公司內部的價值驅動因子，以增加股東價值。

■ 價值圖 (value map)

　　在價值基礎管理之下，另一個對資源分配很有用的工具是價值圖 (value map)，圖 7.9 是其中一個例子。它能以圖表的方式來顯示出企業中，哪些部分能為價值帶來挹注；而哪些部分不能。為了達到這個效果，你必須將企業分割成數個價值的構成中心，每一個部分代表了某一個部門或事業單位，而下面掌控了收益與資金成本。

　　假設這種作法是可行的，你可以根據每一個單位所創造出的價值（以縱座標來衡量），及所使用的資金成本（以橫座標來衡量），在圖中畫出所在的位置。通常不同的事業單位會有不同的市場定位，而每一個事業單位的資金成本，是根據它所處市場反應出的系統風險來計算。

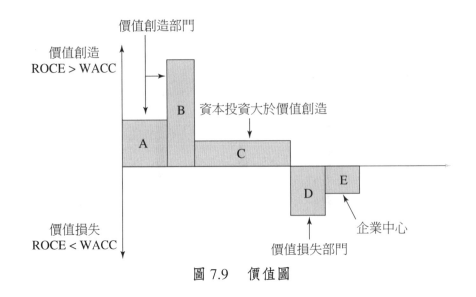

圖 7.9　價值圖

　　當然，我們必須很小心的定義每個項目的涵義，因為在不同的問題下，會有不同的價值圖。若這個價值圖主要考慮的方向，是對所有的資產持有者而言，這些事業單位是否有創造價值的可能性。在那個時候，我們則需畫出自由現金流量的現值，和總資金成本的關係。若我們現在想要縮小考慮的範圍，只站在股東的立場考慮。這時我們需要計算出，股權部分的自由現金流量，再扣除支付給債權人的利息，然後和我們所使用的總權益資本作比較。所以，當你使用股東價值模型時，需注意的一點是，在不同的情境之下，需搭配使用不同的計算方法。

　　圖 7.9 顯示出的價值圖當中，有四個不同的事業單位，也有四種不同的績效表現。A 單位創造出的價值約當於它所使用的資金成本；B 單位創造出的價值大於它所使用的資源；C 單位是資本使用者，只能創造出極小的價值差額；最後是 D 單位，當它在消耗資源的同時，股東價值也隨之減少。所以這個企業創造出的總價值可由這四個長方形的面積：A＋B＋C－D 求得。

　　不論你是使用何種方法來衡量價值圖；亦不論價值圖的目的為何，我們可以很容易地由這些方形圖，看出最能提升價值的事業單位。接下來，我們會面臨到一個問題：若對價值有負面影響的長方形是像一間平房般，低平但是很寬廣，我們要如何找出「損益平衡點」？而在繪製價值圖時相當重要的一點，你和你的顧問群是如何去定義、計算出現金在每個事業單位的進出。若缺少了這份資料，那麼價值圖分析法仍然存在著缺陷。

　　這種分析模式並無法指引我們，未來要採取何種行動或應選擇何種投資標

的。有些事業單位尚未完全發揮效能，需要投入更多的資本來創造更多的價值；另外有些會損傷股東價值的事業單位，即使你再怎麼做，依舊會損傷股東價值，所以最好的方法是裁撤整個單位。是否高價值創造的事業單位就值得你一再的投資呢？答案是不一定。若這個事業體已邁入成熟期，市場已經處於飽和狀態，更多的投資只會導致過多的產能而損害股東價值。

另外，如果你的價值圖分析法能夠和衡量基準分析作一個結合，在計算分析的過程中，引入外部相同產業的企業，換句話說，其它公司將會幫助你指出在這個產業中，你的績效落差和最佳策略。同樣地，也適用於跨國比較分析。

⑤ 績效管理

■ 制定標的

正如我們所說，企業分析必須遵照企業設定的標的。首先，你必須找出企業能夠達到的水準，接著確認出哪些事業單位是侵蝕或創造股東價值。下一步，你必須將總體的目標，轉換為更區域化或更明確，以方便組織的作業層級能夠瞭解。

同時，你須找出七個價值驅動因子對公司目標的影響，之後才作規劃和編製預算的行動。績效衡量和誘因系統，是本章最重要的二個主題，稍後會作更詳細的介紹。很多獲利能力很強的跨國性企業，常以股價作為達到股東價值的目標，因為股價是一個很容易被股東瞭解，且容易溝通的方式。

譬如，管理者將目標定為：「在未來的五年內，將公司的股價由每股£20提高全每股£30」。為了達到股價上漲50%的目標，我們可以利用第一篇介紹的現金流量法，推導出七個總體價值驅動因子該如何調整，才能達成目標：

盈餘成長率	增加 12% – 15%
營運邊際成長 (EBITDA)	8% – 9%
現金稅率	減少 33% – 31%
營運資金／銷售額	減少 10%
固定資產／銷售額	12% – 8%
加權平均資金成本	13% – 11%
競爭優勢期間	增加 8 年至 10 年

用這種方法，公司即可將資本市場的分析法，轉換成管理者未來所要達到的績效。

■ 連結與模型

接下來的動作，我們需要將這些目標，轉換成更區域化的價值驅動因子。策略、作業與報酬系統的連結 (linkage)，需要確定能得到內部的一致認同。因為這個連結最重要的目的，是能夠將組織目標的變化，融入管理過程的一部分，並能刺激管理者的行動。績效衡量在這個連結中扮演關鍵性的角色，在很多方面它的確是策略執行的核心。

若沒有相關的價值衡量方法，組織會發現根本無法結合策略與欲達成的目標。但假設這些領域，都能藉由很好績效衡量模型來連結（以圖 7.10 為例），那麼管理者將能掌握一切執行策略或達成目標的需求。在這個階段，我們需要花一點時間來確定，哪些是我們需達成的目標。

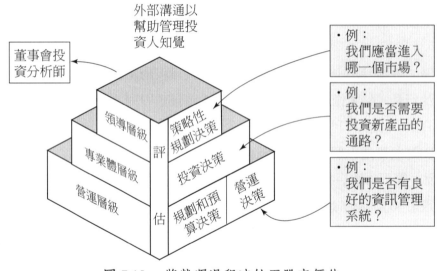

圖 7.10　將營運過程連結至股東價值

績效衡量（或績效管理）連結了整個組織由上至下的價值，它需藉由一些企業特定、經營面的因子，來連結由上而下的公司目標。所以，我們必須知道在股東價值中，站在第一線或是位於中間的成員，須作出哪些決策。如此一來，績效衡量與獎勵系統才會反應且強化股東價值。

在圖 7.11 中可看出，不同的組織層級會負責不同的決策制定。以策略來看，像是有關公司應該進軍何種市場？是屬於 CEO 或是 CFO 的決定。而下一個層

級，是關於策略性的事業單位資本支出或投資的決策：應發展何種產品、是否該取得新通路？最後一個是作業層級，負責決定一些計畫的細節和預算控制方面的問題。我們把這種決策方式想像成「瀑布」，這些策略由上而下地流過組織。不過，不論你是屬於哪一個層級，你都需要遵求價值基礎管理的原則：建立一個明確的策略，並且確定每個人都能瞭解，並且監控策略執行、有效評估績效，最後有效的獎勵價值創造者。

這些不同的層級與策略可從圖 7.11 中看到，大略分為策略、財務和作業面三個層級，另外還有一些驅動因子（有時我們稱它們為個體因子），這些都藉由六個總體因子和風險／成長／報酬模型相互連結。這個圖以三個企業基本目標為起始：風險、成長、報酬。然而，更重要的事是跳脫框架，建立起三個層級的連動關係，包括了一些總體因子，以及在圖最下方所列出的許多個體因子。

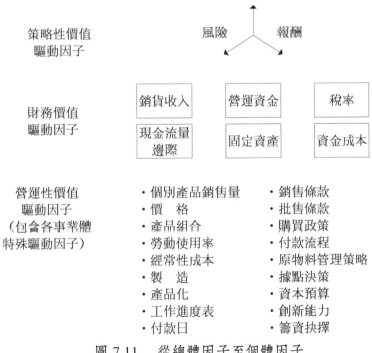

圖 7.11　從總體因子至個體因子

■ 使用個體因子

對於大部分的企業而言,很難將七個驅動因子連繫到企業每日的例行事務。如同 Copeland 和他的同事在書中提到的 ❼：「總體價值因子缺乏具體性，因此

❼Copeland, T., Koller, T. and Murrin, J. (McKinsey & Company, Inc.) (1996), *Valuation: Mea-*

無法落實於基層營運方面。」

其中一種解決方式是利用經濟的觀點，去模型化管理者評估會影響股東價值，與個別事業體的關鍵營運變數。此時，你可以介紹你所用到的因子，如價格、員工水準、行銷成本、債務人和資本支出。

在總體因子使用之前，這些營運價值驅動因子，能被用來投射出各種事業單位的財務狀況。圖 7.11 中提供幾個有關營運價值驅動因子的例子，大略可分成二類：總體因子與個體因子，利用這二種因子建構出評估事業體的模型。讓我們先列舉幾個例子，來看各種在總體因子之下的個體因子。

在此，有幾個例子是應用到我們曾經提過的全球事業的股東價值，我們會列出有哪幾個總體因子是會受到影響（有些活動會影響到不止一個因子）。

盈餘成長率

◎確信具有獲利性的成長並會增加價值

◎考慮進入新市場

◎發展新產品

◎全球化事業

◎推展顧客忠誠度計畫

◎以新的配銷通路提供價格優勢

◎以差異化為廣告重心

營運邊際成長

◎工作流程現代化

◎提倡員工多重技能

◎藉由共享服務和外包來降低成本

◎中央化並整合後勤工作室與財務功能（國庫券、稅、公司財務、財務系統）

◎以 IT 系統再造企業流程，包括整合付款、顧客服務、成本控制、資料庫、網路管理與結構。

現金稅率

◎考慮跨國控股結構

suring and Managing the Value of Companies, 2nd edition. New York: John Wiley.

◎開發智慧財產權與品牌

◎稅額極小化

◎建立協調中心

◎關稅與定價規劃

◎外國稅與保留稅 (withholding tax) 極小化

營運資金

◎實施營運資金檢討

◎改善債務管理

◎介紹供應鏈管理系統和即時存貨控管系統

資本支出

◎發展資本評估，使用專案融資技巧

◎權衡租貸與購買決策

◎發展避險與風險管理系統

加權平均資金成本 (WACC)

◎建立管理者對資金成本的認識

◎計算出最適槓桿倍數

◎計算特殊事業單位的 WACC

◎考慮股票買回和非核心事業的分割

競爭優勢期間

◎提供財務績效預測以建立投資者的良好關係

◎改善事業體的現金流量資訊

◎核心競爭優勢的報酬

◎高階主管報酬與股價表現連動

◎讓每個員工都有機會分享公司的經濟報酬

◎組合風險管理的程序

一旦你決定將公司的總目標，細分成許多具體且可以量化的目標後，如上所列舉的那幾項。此時，你已經建立了一座橋，橋的一端連結了營運決策；而橋的另一端則連結了股東價值。如圖 7.11 所顯示的，不同種類的決策，應由最

能發揮功效的層級來制定。

■ 瞭解價值鏈

在介紹有效的績效衡量方法時，最重要的步驟是記錄企業內創造價值的流程。這個過程，我們稱作價值鏈 (value chain)。如圖 7.12 所示，同時也指出此公司的關鍵價值功能，而每一項功能都必須是能被衡量出的績效。一旦你同意了價值鏈的看法，公司所發展的關鍵策略與決策，都會與提升股東價值方案的策略相互呼應。

先以藥廠為例，作出五階段的價值鏈，第一階段是以 R&D 開始，之後將 R&D 結果傳回總部，然後進行生產和分銷的工作。若是以服務業來看，五階段應為確認出市場、發展新服務；然後徵求人才、培訓、保留專業人才；接著採取有效的行銷運作；最後是留住顧客的心。

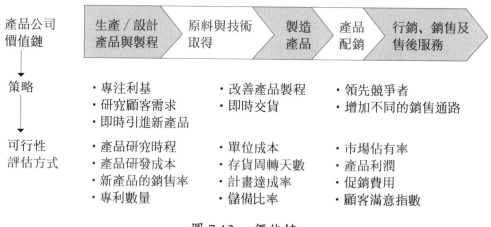

圖 7.12　價值鏈

■ 實際執行 (Practical implementation)

假如你一開始就採用價值基礎管理，你將會專注在短期的改善方案，並實現一些屬於早期的機會。但若以長期的觀點來看，價值管理需透過更完善的方案來履行，如圖 7.13 所示。

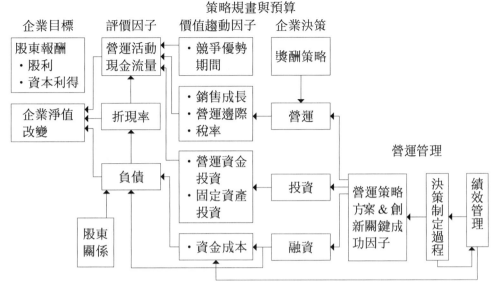

圖 7.13　SHV（股東價值）和 VBM（價值基礎管理）的應用

　　我的結論是，你必順根據組織內每個不同的事業體，量身訂作績效衡量的方式，以增進股東價值，而且這些方式必須是每個事業體有某種程度的控制力量。同時，這種衡量方式得滿足組織內的短期與長期目標，這也能視為連結企業策略和標的的方式。這種績效衡量方式，建立在事業單位的關鍵總體與營運驅動因子之上，並且結合價值計分卡的財務和營運衡量方法。我們會在最後一章回到「計分卡」的使用。

　　有些績效衡量的方式能作為早期的預警訊號：顧客的報告書、市佔率與銷售趨勢等，都是相當有效的訊息。然而，其他財務衡量方式只能追蹤過去資料，而你也需要花上一些時間去調整資料。

Ⓢ 報酬 (Compensation)

　　在圖 7.13 當中，有二個我們尚未討論到的元素分別為：報酬策略與溝通。為了使價值基礎管理專案能完全落實於企業內，你將需要一些動機，以結合你的報酬系統和價值創造。我們認為一個成功的價值基礎專案，會需要用到大量的管理：只有願意承擔風險的人，才是屬於值得被獎勵的人。我們相信報酬和價值創造的連結，會引導出企業著重績效的文化，而且以企業所有權作為獎勵股東價值極大化的行動，會激勵員工將公司視為自己的事業去努力經營。這樣的系統，將確保股東與員工的利益皆受到保障。

　　一間大型的美國企業的財務長特別強調一種企業文化❽：「在 1995 年，我們建立了獎勵績效的計畫，而這個計畫由上而下的推行，範圍包括公司內部的每一名員工，並且也以股東的報酬和盈餘成長作為基準。之後，公司內的每一分子，都很關心公司的股價發展。」

　　一位高階管理者也認為這種方法能創造股東價值，因為當企業達到預計目標時，不管是管理者或是員工，都會因為這些增加的價值而受到獎勵❾。

　　然而，沒有一個衡量方式能適合每一層級，也沒有任何一個架構，能適用於每一個人。但任何一個建立在創造價值上的誘因報酬系統，都會與一些較傳統的誘因計畫有許多不同之處。這個誘因報酬系統是以經濟績效來衡量，著眼於所投入的資本，能創造多少現金流量與所使用的成本。而且會劃分不同的時期，讓短期與長期的績效都能並重，達到價值極大的目標。它也能幫助高階管理者採用長期展望或目標，去達成股東價值的目標；而中階管理者和一些基層工作人員，則採用短期的價值目標。

　　我們需要小心地設計價值基礎的誘因計畫，它包含了適度的風險和報酬，而公司也能激勵所有的員工為增加價值而工作，不管是任何的決策或是行動，都符合這套價值哲學（以圖 7.14 為例）。在一個正確的績效衡量系統之下，每一層級的任何一個人都須瞭解，其所負責的價值創造部分以及須達成的目標。為了使每個人都有很強烈的動機，去從事價值創造的工作，而訂出下列目標：

　　◎直接連結至管理者與員工每日例行工作。
　　◎在短期和長期目標之間取得一個平衡點。
　　◎達成組織的策略性目標和股東價值的目標。

---

❽Quoted in *CFO 2000: The Global CFO as Strategic Business Partner*. Conference Board Europe 1997, p. 17.

❾In 1999, Jack Welch vetoed the idea of rewarding staff according to the profits made on investments: "If we are trying to maximize collective intellect we can't have people in separate rowboats." Defending the priniciple that all GE compensation should be tied to GE stock, he said, "They can have more compensation but everyone should be tied to one currency...There's no single business and no single person that's going to change the company, including me." *Financial Times*, 9 November 1999, p.27.

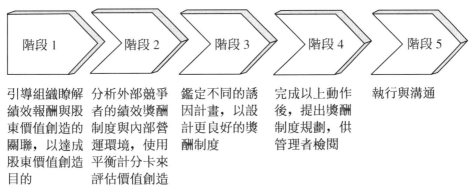

階段 1	階段 2	階段 3	階段 4	階段 5
引導組織瞭解績效報酬與股東價值創造的關聯，以達成股東價值創造目的	分析外部競爭者的績效獎酬制度與內部營運環境，使用平衡計分卡來評估價值創造	鑑定不同的誘因計畫，以設計更良好的獎酬制度	完成以上動作後，提出獎酬制度規劃，供管理者檢閱	執行與溝通

圖 7.14 實行績效獎勵專案的五個步驟

這裡沒有太多的時間讓我們仔細介紹各種特殊的報酬計畫，包括了 LTIPs（長期誘因計畫）、股票選擇權和虛擬股票計畫 (phantom stock plan)。在美國和英國，給予管理者相當高的績效報酬，已完全改變了過往績效報酬的方法❿。

Ⓢ 價值溝通與報導

即使你的公司能夠創造及保持價值，但若沒有透過有效的溝通管道，投資人並無法瞭解真正的價值。這樣的價值溝通程序，同時擁有內部與外部的目的。就內部而言，企業教育它們的勞動階層，關於企業的策略和目標，並將生產面（他們所作的）和報酬面（他們所能得到的）作一個連結。這個教育的過程將教導每一名員工，以同一種方式去思考和溝通，即為將目標和行動結合。

你的教育過程將需要示範給管理者及其員工瞭解，市場為什麼會需要這些？如同 Barry Romeril，Xerox 的財務長曾說過：

「一個投資人若能遇見一個宏觀的經理人，那會是件好事；但是對一個宏觀的經理人而言，更有幫助的是能夠知道這個市場中，誰作出購買決策、什麼引發了他們的決策，以及他們的思考過程⓫」。

同樣的，和投資人溝通，需要確定他們真得瞭解公司的價值基礎策略和目標，並且他們對管理者有相當的信心，相信管理者將目標轉換成價值的能力。在正確的資訊之下，投資人可利用公司提供一些關於成長、報酬和風險的假設，

---

❿ *Financial Times*, 11 April 1997.

⓫ *CFO 2000: The Global CFO as Strategic Business Partner*. Conference Board Europe, p. 11.

預測未來價值。但是當投資人不相信或不瞭解管理者將目標轉換成價值的能力時，那麼公司的價值，將會低於管理者原先預期的價值。

換句話說，假如你希望市場能真實的反映出你的內含價值，那你需要清晰地將你的策略和執行計畫向投資者溝通。這種結合了過去管理者是否能成功地達到預期目標的資訊，對於投資人是相當重要的。

不只在美國和英國，連歐洲大陸裡，一些很成功的企業它們都認知，必須要很積極地傳達企業的目標和功績，如此股價才能真實反映。德國的 Daimler-Benz 1994 年想在 NYSE 上市時，深深體會到與投資人建立良好關係的重要性。在和美國分析師會面之後，瞭解到與投資人建立良好關係，不僅能夠增進企業形象，另一方面也可以降低股權資金成本。

分析師和一些機構投資人都同意，能建立和高階的經理人交流的管道是相當重要的。從 Investor Relations Society 的調查中指出，有超過 60% 的財務長與超過 45% 的執行長，都需要花費顯著的時間，來與投資人建立良好關係。因此，企業內部的管理者發現，擁有優秀的溝通、表達技巧，是目前投資環境裡，企業經理人的必要特質。

某投資關係專家曾說過 [12]：「在德國或者是歐洲的任何一個國家，新一代的經理人都知道，國際資本市場對他們的期望，也就是接納所有能建立投資關係的管道，不管是巡迴說明會、研討會或市場調查，都能給管理者帶來最新的觀念。」

連繫和障礙

在圖 7.7 當中所列舉出五個價值創造的核心過程，如果企業的目標是創造長期且持久的價值，那我們必須在這五個價值過程裡，每一個都塑造起牢固的連繫。譬如「報酬結構」應該和「績效管理目標」緊密結合；而「投資人溝通」需和「企業目標、價值策略」緊密結合。牢靠的連繫才能保障圖 7.6 所提到的價值三個元素：價值創造、價值維持和價值實現。

達成價值轉換並非是件容易的事，價值創造的過程中，無可避免地會在一些行動、議題與挑戰浮現不同的問題，這些都是我們需要去面對與討論的。這些挑戰不只源於一些負面的動機，有些只是很簡單的反映，人們拒絕改變而傾

---

[12] Bill Stokoe, investor relations specialist at Brunswick.

向維持現況。因此，你需要用心在不同價值轉換的生命週期裏，考量會面臨到的企業文化的慣性。表 7.1 簡單地列出幾個主要的轉換階段，以及可能會面臨到的障礙和可行的解決方案。

表 7.1　主要過程的轉換挑戰

主要轉換過程／挑戰	成功解決方案
評估／想像	
◎高階主管並不支持專案	◎以得到 CEO 的支持為首要之務
◎改革管理活動時，忽略了工作的規劃	◎加入專案規劃過程
◎限制專案目標的溝通	◎建立內部／外部的溝通體制
◎無法判定對股東價值的影響力	◎將價值分析加入管理過程中
◎視績效衡量方法為事後的想法	◎使用價值驅動因子來定義績效衡量
◎收到顧問的建議	◎加入專案團隊
授　　權	
◎參與者不願意改變	◎加入專案團隊
◎參與者不認同價值創造過程	◎報酬／誘因計畫皆以價值為基礎
◎參與者的接受程度沒有機會來得快	◎專注在快速成功、小型計畫的勝利
◎決策與解決方法並不即時	◎確認出支援者／決策者
◎不同團隊裡，都存在問題	◎建立問題解決系統
◎團隊成員不能承擔責任	◎選出適當人才
作　　業	
◎團隊會議所達成的協議過於廣泛、一般化	◎和領導人溝通——建立明確的議題
◎沒有一個系統性的方法去解決問題	◎使用一般語言、工具箱、訓練等
◎顧客需求和價值因子的假設並無事實根據	◎重新聚焦在顧客服務／關鍵價值因子

持續性的價值基礎管理

不管發生什麼，所有的市場參與者，特別是機構投資人都會不停地評斷企業經營團隊的表現。你和你的同事在發展、執行及傳達價值創造策略時，所表現的好壞，將會嚴格地受這些投資者的裁定。所以現在有愈來愈多的 CEO 和 CFO 在面臨決策制定時，都會將策略方向和整體股東價值目標趨於一致。

在這一章裡，我們提到了價值基礎管理 (VBM)，它能連繫企業的策略和執行面，可作為一個良好的企業經營模式。股東價值理論提供我們一個架構，有關這五個價值核心過程的檢驗、變化和如何相互連結。

這些改變都能促使企業的策略、資源分配、績效管理、報酬系統和溝通，找到一個新方向。即使對一個相當成功的企業，實施這種價值轉換過程，可幫助企業在決策制度化的過程裡增加股東價值。

未來的走向？

科技持續地演進，而近幾年來在資訊技術及網際網路領域的重大突破，都對股東價值有很大的衝擊，並且也對企業的運作模式產生很大的改變。我們也認為，以目前企業不同的控制系統無法互相配合的情況，在下一個世紀會變成一個愈來愈古怪的情形。以我們的看法，未來的企業應該整合不同組織內的不同控制系統，創造一個虛擬管理的世界。

目前，企業通常採用不連續且獨立的系統進行預算、規劃、會計和績效衡量的工作。這些系統基本上會隨著時間不斷的推演而成長，可能你會思索這些系統是如何被整合，或者是否真的需要被整合。

未來的成功企業不再需要花費很多的精力，去對付組織中各個獨立且未整合的分析系統。而當決策和規劃的時間縮短之後，企業將會多出許多時間進行分析，將大量資料整合成有價值且即時的資訊，並且也能找出公司最近的績效表現。以我們的看法，這可以稱作是管理資訊系統、會計資訊系統或者是其他能作為規劃、預算編列的工具。組織利用這些工具能夠即時地解讀，企業是否正在創造股東價值，或是侵蝕股東價值。

這種趨勢已經愈來愈鮮明，而會計資訊系統也變得能和企業流程互相配合，並且這種作法也能配合投資人喜愛即時資訊的需求。在美國通常會要求每季出具財務報表，日本或其他歐洲國家也開始有這項要求，因此企業需要加快資訊報導循環的速度，並且以最快的速度解讀、分析任何可能的資訊。由於潮流所趨，現在大部分的企業都儘量滿足投資人的需求，建構一套完整的企業管理系統，以符合金融市場的現代企業的要求。我們所描述的是類似圖 7.15 的流程：

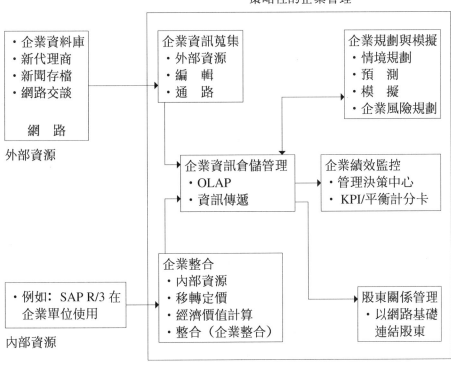

策略性的企業管理

圖 7.15 策略性的企業管理

　　圖 7.15 顯示策略性企業管理如何掌握企業內龐大的資訊，以及為企業過程的數位化，找出實用性高的解決方案。而當可行的資訊變得愈來愈多的同時，企業會需要一個特殊高階資訊室，如同飛機內部的駕駛艙，這可以提供 CEO 和他的幕僚人員，在組織內所有重要的資訊。

　　這也強調瞭解組織內部流程和股票系統的重要性，以及它們的動態內容。在過去主導作業研究的部門和高級訓練系統專家，原本對一般員工而言是遙不可及的人，但透過這個系統，他們可以擁有更多的觀眾。另外有一些相當複雜的模型，應用在不同的程序中，可以從圖 7.16 中看出。

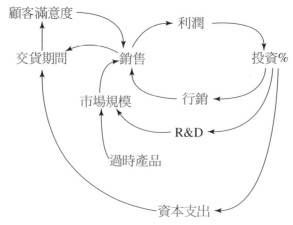

圖 7.16　企業內部的動態過程

　　當這些技巧被廣為傳播之後，我們對他們的瞭解也會隨之增加。所以擬訂出可增加組織綜效的策略對於管理者而言，變得更容易了，組織也會更積極地採取某些行動去增加報酬。相對而言，我們也需要瞭解組織內某些目標是互斥的，同時進行會使效果大打折扣。不過，股東價值模型在所有的過程裡，都是描述特定策略能為組織創造多少效益的衡量方法。

摘　要

　　在本章中，我們看到了股東價值方法如何去考慮到價值的持久性，以及創造、保持、實現階段。我們藉由五個核心價值過程，顯示出如何從宏觀角度的總體因子，深入量化與質化細部標的，並能運作於作業層面。我們也提出有可能會遭遇到阻礙我們實行這些方法的挑戰，和我們建議的因應之道。最後，我們點出股東價值模型，是如何將「虛擬」企業的想法運行於未來。

第八章

股東價值的戰爭：
企業購併

為何我們要認真看待股東價值的觀念？其中最令人信服的理由之一，就是投資人已經非常重視股東價值的影響。換句話說，就如同我們之前主張的，股東為了本身的利益，會函欲知道市場是如何看待自己所持有的公司；尤其是當一家公司試圖接收 (take over) 或合併 (merge) 另一家公司時，這樣的說法更是正確。

在這本書中我們已經提過一些接收 (takeovers) 的觀念──大部分是以受害者的角度來看待他們。當我們前面討論（第三章中）公司須保證投資人的報酬高於其資金成本時，已經隱含了避免成為被接收的標的是很重要的──公司可藉由持續且一致性的分配高報酬給股東，來避免成為被接收的對象。但是若公司的資產無法賺取高於股東資金成本的報酬時，我們認為股東最終將會撤回他們投資的資金，使這間公司成為被接收的標的。

這個觀點在認真看待股東價值與價值基礎管理 (value-based management) 的市場中更是無可懷疑的。不過現在我們要從不同的角度來看整個購併 (M&A) 的活動──從股東及潛在收購者的角度來觀察。

當投資人依照一間公司的表現，來調整他們對此公司的預期時，也許以「便宜地」價格購買一間公司的機會會上升。投資人和管理者都可以利用本書第六章介紹的 Q 比率 (Q ratio) 來衡量哪一種比較划算：投資於新資產，或從其他公司手中買進價值低估的資產。

在本章中我們希望能更詳盡的說明，應該如何利用股東價值理論的內涵，來做好何時該收購 (acquiring) 或賣掉 (divesting) 一間公司的決策。我們相信股東價值法能提供較優越的基礎，來評估合併或接收過程的中期會受到哪些衝擊。實質上，股東價值法可以幫助我們確認某一合併或收購個案，是否能為買方公司的股東帶來利益──到目前為止買方公司的股東，在購併活動中一直沒有得到令人滿意的報償。

合併與經濟景氣循環

隨著進入一個新的千禧年，大量的購併活動仍然繼續的進行著，且輕易的超過 1980 年代景氣循環高峰時的購併數量──見圖 8.1。現金水位很高 (cashrich) 的企業相信，若能為手中現金尋找其他獲利出口──不論是將資金投資於新的領域，或是在現有市場中增加市佔率──它們的營運將更昌盛。便宜的資金成本及對未來樂觀的預期，也為這一股合併浪潮帶來推波助瀾的效果，我們可以從市場樂意接受所有的合併案件得到驗證。

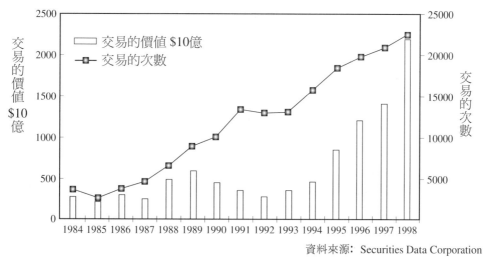

資料來源：Securities Data Corporation

圖 8.1　1984–98，全球的 M&A 活動

　　1980 年代的購併熱潮與 1990 年代相比，有相同點，也有相異處。這兩個時期的購併熱潮背後，都具有股票市場狂飆與銀行擴大貸款，使企業融資得以順利進行的經濟背景。但是以下的趨勢卻透露出不同的情況。由於 1970 年代盛行的企業集團，在 1980 年代時逐漸解體，因此一些以敵意收購方式來奪取經營不善資產之價值的活動遂行產生。此類交易的經濟觀點，大部分是基於解決企業過去過多經營成本的問題。

　　另一方面，1990 年代的購併活動，卻是與增進企業核心價值的發展策略息息相關，例如：擴展成為全球性的規模，或是追求最高的營收成長。這是因為當時的經濟情勢轉變為低通貨膨脹的環境，這使得一些面臨財務困境的公司，無法將他們的經營成本，以提高價格的方式轉嫁給消費者。這期間，企業購併的目的仍然是降低經營成本，但是與經濟蕭條的 1980 年代末期及 1990 年代初期，大部分企業所面對的超額成本 (cost of excess) 情形不同，此期間的購併行動，是藉著結合性質相似的商業活動，來獲取利潤。

接收前與接收後

　　在我們討論合併與收購實際上可能，及應該發生什麼事之前，讓我們先回顧過去此類活動所產生的影響。股東價值理論認為購併活動，對於確保資金使用在最需要它的地方而言，是一種很重要的機制；也就是說，資金將會自己找

出具有最高報酬率的投資標的，且回報給冒著風險的投資者可觀的報償。但是這樣的情形真的會發生嗎？就目前的實證資料顯示，現實情況並非如此。

表 8.1 列出由許多學術研究建立的，不同年代的購併案件中，主併公司的超額報酬分析。其中，不論購併活動是以合併或公開收購 (tender offer) 的方式進行，所有購併事件都可以觀察到這樣的趨勢：在 1960 年代，主併公司有些微的正超額報酬，但到了 1980 年代，卻呈現負超額報酬的趨勢。

表 8.1　合併及公開收購活動後的超額報酬分析：擷取自近期的研究 ❶

研究名稱	交易類型	在各時期與市場報酬比較的超額報酬		
		1960 年代	1970 年代	1980 年代
Loderer and Martin (1990)	公開收購及合併	1.7%	0.6%	−0.07%
Jarrell, Brickley and Netter (1988)	公開收購	4.41.2	−1.1	
Bradley, Desai and Kim (1988)	公開收購	4.11.3	−2.93	
Asquith, Bruner and Mullins (1983)	合併	4.61.7	N/A	

McKinsey 對 1980 年代購併活動的研究 ❷ 也指出，在美國的收購公司中，僅僅只有 37% 的公司在股東報酬率的表現上優於其他同質性公司。另一篇在 1996 年由 Mercer Management Consulting ❸ 在美國所完成的研究中，透露出一些較令人高興的局面，他們發現 1990 年代交易額超過 5 億美元的 300 件購併交易中，53% 的收購公司在接下來的三年中，有優於其他同性質公司的表現，但這也隱含著，仍有 47% 的收購公司的表現，劣於或僅相等於其性質相似之公司。更近期的研究中指出，在接收事件的消息宣告時，56% 的收購公司的股價呈現下跌的反應；更令人抑鬱的是，有超過 2/3 的接收案件，收購者的股價在事件

---

❶ Loderer, C. and Martin, K. (1990), "Corporate Acquisitions by NYSE and AMEX firms: The experience of a Comprehensive Sample," *Financial Management*, Winter, pp. 17–33; Jarrel, G. A., Brickley, J. A. and Netter, J. M. (1998), "The Market for Corporate control: The Empirical Evidence Since 1980," *Journal of Economic Perspectives,* 2, pp. 21–48; Bradley, M., Desai, A. and Kim, E. H. (1988), "Synergistic Gains from Corporate Acquisitions and their Division between Stockholders of Target and Acquiring Firms," *Journal of Financial Economics,* 21, pp. 3–40; Asquith, P., Bruner, R. F. and Mullins Jr, D., "The Gains for Bidding Firms from Merger," *Journal of Financial Economics,* 11, pp. 121–39.

❷ In Copeland, Koller and Murrin (1994), *Valuation,* 2nd edn. New York: John Wiley.

❸ "Why too many mergers miss the mark," *The Economist,* 4 January, 1997.

發生的一年後的表現, 低於市場的表現。

這些大型交易事件的效應, 對經濟基本原理的應用產生了一些矛盾, 也留下了許多問號。若是市場都是以公平且獨立的基礎, 來做企業價值的評價, 那麼與收購案件的經濟內涵, 就產生了不一致的現象, 因為一般來說, 為了得到被收購公司的控制權, 收購者都會多付 25%–40% 的溢酬。以股東價值的術語清楚的說, 收購者忽略了購併活動中相當大的利潤, 而將好處讓給了被併公司的股東。若是說收購公司的股東, 能從購併活動中得到什麼好處, 收益的成長和成本的節省, 都是應該考慮的。

以下以 1980 年代後期發生的一件廣為人知的敵意 (hostile) 收購案件作為例子, 當時一家美國的大型公司, 以高於市場謠傳市價的 69% 的溢酬, 收購了一家製藥公司。任何人都可以從這筆交易內容預測出, 贏家是被收購公司的股東。因此, 當此消息在市場上宣告後, 投資人必定立即狂殺此收購公司的股票。雖然這可能是一個極端的個案, 但是一般而言, 收購公司的股東, 相較於被收購公司的股東, 仍然很少因為購併事件而獲得利潤。

阻擋其他公司敵意收購 (unwelcome bids) 的公司股東, 也沒有因此而獲利。Scottish Amicable 在 1996 年做的研究❹, 他以過去十年中 15 家成功擊退敵意收購者的英國公司為研究對象, 實證結果顯示, 這些公司在成功擊退收購者後的股價表現, 低於市場表現 25% 以上。

由以上這些數字可以看出, 許多公司在進行購併之前, 對於此購併行動是否真能幫助增加公司股東價值的問題, 並未做充分的考量; 他們忽略了, 增加股東價值, 應該才是進行購併活動的主要目的。公開收購或收購 (merge) 其他公司的行動, 應該替收購公司提升股東價值, 但是許多公司卻無法保證能做到此點, 這提醒我們, 購併活動有時反而是提升股東價值的障礙物。

我們可以更清楚的從表 8.2 來說明此觀點。表 8.2 以合併事件所付的溢酬, 與付出之溢酬所要求的報酬率來做比較, 其中, 以市值／帳面價值比的溢酬作為衡量溢酬大小的依據, 要求報酬率隨著投資年限的長短而變化。但是, 我們仍可清楚地從表中看出, 為了使收購價格中多付的溢價合理化, 購併後公司的表現, 必須有非常大且持續不斷的成長。

---

❹ "Backing hostile bids is wise," *Independent on Sunday,* 11 February, 1997.

表 8.2　合併案件實際付出的溢酬與付出溢酬所要求的超額報酬率分析（擷取自 Sirower [5]）

付出的溢酬	1 年期間的要求報酬率	2 年期間的要求報酬率	3 年期間的要求報酬率	4 年期間的要求報酬率	5 年期間的要求報酬率	10 年期間的要求報酬率
0%	15	15	15	15	15	15
25%	44	29	24	21	20	17
50%	73	41	32	27	24	19
75%	101	52	39	32	29	22

大家千萬不能忽略，若想要使收購價格的溢酬正當化，是需要許多高於平常的報酬來支撐；特別是當收購者需要在短期間內，提出一些實際的數據（要求報酬率），來證明所付的溢價是合理的，而非以長期的報酬來證明時。就如同我們先前說的，若收購溢酬介於 25% 到 40% 之間時，是絕對會被大眾所知悉的，因此在整個十年的投資期間中，收購者會要求從標的公司取得 17% 到將近 30% 的超額年報酬率，以向自己的股東證明當初的購價是合理的。

收購所付的溢酬，要求目標公司能有持續且大幅度的成長（而且在某程度上也要求收購公司有所成長），那麼為何收購公司仍會付出溢酬呢？我們認為也許答案就是收購公司考慮到公司所擁有的市場控制力的關係，這個原因可以解釋，為何收購者通常都傾向以溢價購買被併公司。

對市場的控制力

一個普通的故事：精明的掠奪者暗中監視著虛弱的對手，心裡暗忖著，與現任的在職者相較，若是由他來經營這些資產，他可以控制且賺取更多的報酬。一般而言，這些收購公司的管理者都是明智且小心的，但是他們卻會有計畫地，以較高的價格收購目標公司。這種行徑會普遍的傷害股東價值，且使觀察到此現象的一般大眾，對資本市場的功效產生懷疑。有任何解釋可以為此不理性的行為作辯護嗎？還是我們必須將此行為，歸因於傲慢 (hubris) 或其他的原因？

我想我們可以找出一些原因,且這些原因可以從公司控制力的市場中發現。相對於負債，權益的特色就是公司的股東 (equity holders) 真正擁有公司的經營權，而債權人 (debt holders) 卻沒有。就如同我們提到負債項時會說「槓桿 (lever-

[5] Sirower, Mark (1997) *The Synergy Trap* (New York: Free Press), p. 56

aged)」公司一般，一種十分相似的現象也存在於權益項中。合併和收購行動，特別是收購活動，提供機會給公司的股東 (equity holders)，以相對而言相當小的額外金額買下另一家公司，進而大量地增加股東所控制的資產。不論購併行動是否產生任何綜效（見下述），單就這個原因，就提供了十分吸引人的動機，使收購活動繼續不斷的發生。

從控制的角度來看收購活動，也可得到另一種深入的瞭解。這可以幫助解釋，為何收購公司都會準備以提供溢價的方式來取得控制權，及為何反向 (backward) 購併行動——較小型的公司成功地接收較大型的對手——會發生的原因。在這一個部分，我們由交易動機的觀點，來概述整個情況；不過，除了我們這裡所介紹的之外，購併交易的影響也是與交易動機一樣重要的。（我們必須記住，購併活動發生之最基本的原因是：為了獲取較優越的財務表現。）

這裡先說明一個重要的觀念：公司經濟價值 (economic value) 與股東價值 (shareholder value) 的不同。雖然這兩者是密切相關的，但是他們仍然有相異處。我們定義一間公司的經濟價值為：公司使用的所有資源的加總——包含公司經營所使用的現金、負債及權益之總合。至於股東價值，則包括公司經營時所使用的現金和權益的總合扣掉負債；但是必須注意的是，公司股東可對企業所擁有的財產及資源行使所有權。所以一般而言，企業的股東價值都少於其經濟價值。

ⓢ 控制比率

我們現在開始介紹控制比率 (control ratio) 的概念，控制比率是一種槓桿比率，用來描述股東以權益基礎可以多控制的資產數目。我們定義控制比率為權益佔總權益、負債與現金價值的比率的倒數。舉例來說，若是股東權益佔總權益、負債與現金價值的 25%，那我們就說此公司的控制比率為 4.0，也就是說，股東可以控制 4 倍多於其付出之權益股份的資產。大體而言，買下另一家公司大部分的股權，是一個使每股權益所控制的資產迅速增加的有效方法。在未以溢價收購的情形下，這個方法的效果是很有意義的；當然，站在收購公司股東的立場，幾乎可以形容成，他們是在購買特價商品，且不需考慮對被收購公司內部，是否會造成任何傷害。

表 8.3　最初的情形──二間獨立的公司

	現金	負債	權益	經濟價值	控制比率	股東價值
A 公司	10	50	150	210	1.4	160
B 公司	5	20	75	100	1.33	80
總額				310		240

我們考慮在表 8.3 中所設計的例子，本例中因為 A 公司有較多的負債及現金部位，所以 A 公司的權益部位較 B 公司擁有較大的槓桿效果。因此 A 公司的股東 (equity holders) 與 B 公司相較，可控制較多的資源。現在，合併及收購活動的原因之一是，收購公司可藉由相對較小的權益股權增量，進而控制較大範圍的資產基礎。所以我們假設 A 公司以發行新股 (issue additional equity) 的方式，以目前的市價（沒有任何溢酬），來收購 B 公司大部分的股權 (51%)；那麼將會變成怎樣的情形呢？

我們可以從表 8.4 中看出最新的狀況：A 公司的權益增加，儘管這樣，A 公司的股東現在卻控制了更多的資產（B 公司所有的資產），所以 A 公司的控制比率上升至 1.65。既然 A 公司現在控制了 A 和 B 公司，A 公司的權益變得更強而有力，且 A 公司的股東價值也同時增加了。

表 8.4　A 公司以發行新股的方式收購 B 公司 50% 的股權

	現金	負債	權益	經濟價值	控制比率	股東價值
A 公司	10	50	150+37.5	247.5	1.65	240
B 公司	5	20	37.5	62.5		
總額				310		

現在假設 A 公司不以發行新股，而以發行新債的方式來收購 B 公司。我們可以從表 8.5 中觀察出這個改變的影響：這樣的收購方式比發行新股，更有效地增加股東的槓桿效果，公司的控制比率提高至 2.06。在兩間公司都具獲利能力的假設下，增加控制力的好處是值得考慮的，這允許收購公司的股東不論是現在或未來，都可同時分享被購公司的現金及盈餘。

然而，以負債融資的收購方式，相較於權益融資，卻減少公司股東對公司的請求權。因此，負債融資會產生一種輕微地自相矛盾的效果：股東可以控制更多的資產，但是股東價值卻較權益融資時為小。

表 8.5　A 公司以發行新債的方式收購 B 公司 50% 的股權

	現金	負債	權益	經濟價值	控制比率	股東價值
A 公司	10	50+37.5	150	247.5	2.06	202.5
B 公司	5	20	37.5	62.5		
總額				310		

我們即將在下一章介紹這些理由，它們實際上是很容易被意識到的。相對上，若一家公司的未來是充滿確定性的，那麼，他們將不願意增加新股東來稀釋現有的股權。另一方面，若公司的未來是充滿變數的，那麼股東就會希望有更多人的加入，以分散他們所承擔的風險；即使這可能會稀釋現有權益的獲利。

Ⓢ 高溢酬的解釋

這可以幫助解釋為何會有高溢酬的收購行為嗎？我們認為可以。若是控制比率不論是在權益融資或負債融資的收購活動中都上升（見表 8.4、表 8.5），我們可以說收購公司的股東，為了避免他們的控制比率在收購後下降（如表 8.3 中，不低於 A 公司的最初控制比率 1.4），而願意支付一些「賄賂」(bribe)，而溢酬就反應這賄賂的金額。在這個基礎之下，權益融資的交易案中，收購者最多願意付出：

$$\frac{\text{經濟價值}}{\text{收購前控制比率}} - \frac{\text{經濟價值}}{\text{收購後控制比率}}$$

即 310/1.4 − 310/1.65 = 33.6。若將此數目與收購 50% 股權所花費的金額相比較，可以得到一個將近 90% 的最大潛在溢酬。這代表著，為了得到控制力，A 公司的股東願意比原價多付出 90% 的溢酬，以換取控制這些資產的權利。

在負債融資的交易中，收購者願意付出的溢酬將更大；這是因為在此情形下，權益部分的槓桿比率更是戲劇化的上升。在我們的例子中，收購者願意付出的最大潛在溢酬，將為 310/1.4 − 310/2.04 = 69.5；換句話說，在負債融資的交易中，收購者就算多花費 70 個單位的金額買下另一間公司，收購公司的控制力仍不會比合併前差。這也代表著股東最多願意多付出 185% 的溢酬，以取得這些控制力 (69.5/37.5 = 1.85)。

雖然以上的計算看起來十分的理論化，但是仍讓我們瞭解了接收前、後可

能發生的變化。我們將會在下面介紹高溢酬發生的其他原因，但是這些原因在發生的細節上，都與先前敘述的相近。

⑤ 「佔著茅坑不拉屎」的症狀

也許以上的分析替收購之溢酬，提供了正當的理由，但是實際上並非總是以這樣的方式來解釋收購之溢酬。收購之溢酬，常常會為了更奇特的理由而存在著。

當很多的接收案件都具有追求更強力的擴張與權力之特徵時，也有許多的合併與收購案件，是基於策略性及防禦性的動機。每間公司都有各自的經營策略，很多公司都樂意與其競爭對手維持和睦的狀態，或者是放棄非核心 (non-core) 的業務，以免擔負太大的風險。但是當競爭對手進行收購行動，或是與另一家敵對公司結盟時，不論是已發生或者是謠傳的，管理階層也將會被挑釁，繼而搶先行動。

「佔著茅坑不拉屎」的態度會產生，是因為有些公司相信可以藉由阻止對手進入新市場，或是將對手限制在現有市場的方式，來限制對手的發展，而最後這將會使收購公司的股東享受到利益。這些收購者的目的，主要是進行防禦性的措施，對我們來說似乎新（較大的）團體之預期表現也應該較優秀。巨大的數量及不可或缺的大量 (critical mass)，也許被認為與提升利潤邊際和增進效率，是一般重要的。善意合併是表示已與被併公司的管理者達成協議，因此才可繼續經營被併公司現有的業務。由於尚有這些待議諸事項，收購公司購併後的每股表現未如預期，也就不令人驚訝了。

購併的知識與時機

為何收購者的行為，看起來是如此的不理性呢？尤其是從它們本身的股東的角度看來。除了以上曾提及的因素之外，我們也常在買方與賣方之間，觀察到資訊不對稱的問題。賣方對將要出售的資產，總是有較清楚的瞭解，且他們也比較不會考慮到未來發展的機會。另一方面，購買者卻需事先推測目標公司與收購公司未來的計畫是否能相互配合，還有被併公司需要做哪些調整（也許收購公司本身也需做某些程度上的改變）。但是在達成合併與收購的協議後，公司對完成這些改變的困難度上，常會有低估的傾向。當然，收購者擁有被併者

沒有的一項選擇權。若是某投資期間的估計利益未如預期增加 (add up)，那麼我們還是可以找出擴展投資期間的理由。反正收購活動總會在某段期間，對股東價值產生意義。

　　收購公司對目標公司的瞭解程度，大部分是依據交易的性質而定，如圖 8.2 所顯示。一般來說，在進行惡意收購時，對目標公司的瞭解最少；對目標公司有最詳盡的瞭解之購併案，是以協商方式完成的交易。我們可以從圖 8.2 看出，惡意收購案件的交易風險也是最高的。

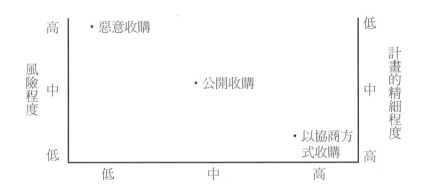

圖 8.2　購併活動相關的知識與風險

　　除了資訊蒐集的關鍵問題外，還有時間上的壓力。要建立整個接收行動的財務狀況，及計算出每個細項是非常昂貴的。這常意味著需與顧問們分享許多公司內部的機密資訊，且這也會對股票市場造成干擾。在此種情形之下，被併公司股東所在乎的問題，相對上是非常明確的——他們想現在就完成最佳的交易。他們處於沒有任何時間可耽擱的局勢中，就是這麼簡單。

　　反之，收購公司有足夠的時間來做較長期的展望。一旦它們做成收購的決議，他們可能想利用這段時間上的餘裕，對賣方公司做進一步的認識。而為了使購併行動在外界看來是公正的，以增加收購公司未來的名聲，收購者也須為此付出一些代價❻。這些因素再加上之前提過的「控制比率」，已經可以大略說明對目標公司付出大量溢酬的原因；而且也解釋了為何實際上對目標公司付出的費用，與從股東價值架構 (SHV framework) 所衍算出的較具堅實基礎的價值，

------

❻「我相信可以看到購併雙方公司都會受益的情況。如果可以制定一個使雙方都受益的價格，則對所有人來說，這都會是一個很好的交易。」Sir Brian Pitman, chairman of Lloyds -TSB.

有一段差距的理由。隨著投資期間的增長，收購後公司的每年要求必要報酬率也跟著改變。我們可以從表 8.2 看出，為了解釋所支付之合併溢酬，股東們會要求公司在合併後維持高度的成長，且每年的要求報酬率會隨著投資年限的增加而減少，不過反過來說，此報酬率就需維持較長的期間。

我們相信，實施股東價值導向法，可以幫助增加未來購併活動成功的比例，雖然此法也可能減少購併案件的數量。股東價值導向法有時亦可幫助矯正最高決策執行者太過自負的心態，或是太過急切於完成交易的情緒❼。那麼，現在就略述一下股東價值法對收購公司股東提出的一些特別建議 (charter)，我們希望這些建議可以清楚說明，為了確保購併後公司的新所有者能夠受益，有哪些政策是需在事前先實現的。

最佳實踐架構

⑤ 與股東價值之連結

這裡，我們將注意力放在合併及收購活動，對收購公司股東利益的可能影響，且考慮需事先完成何種步驟，以成功的達成交易。我們認為一個好的方法，應該是符合邏輯的，且能提供實際的、對協商行動有用之指南。我們相信，任何潛在的買者，若想避免對收購品質尚無把握的案件付出離譜的價格，他們多少會很樂意遵守這些步驟。

我們建議以圖 8.3 和圖 8.4 所描繪的交易價值圖形為工具，為非傳統收購案件之價值進行評估。（我們以下將介紹的，是從真實的交易案件中所獲得的。）這些交易價值圖預計要顯示，在交易進行時，市場是如何對此交易作評價。而購併之綜效將會在稍後發生，且最後可能會與市場所預期的有所出入；然而，若以一年的期間來觀察，市場所作出的評價是相當優秀的。以下讓我們一一分析這些構成交易價值圖的要素。

---

❼「你一定不願意使尋找的緊張感流失。」Chairman and CEO of the US subsidiary of a European bank. Here and elsewhere in this chapter, quotations not attributed are from a survey where anonymity was promised.

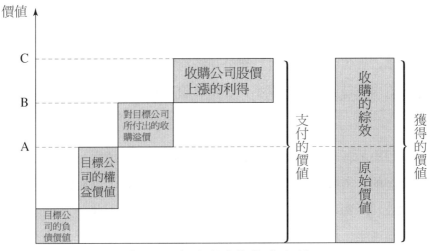

圖 8.3　價值創造的收購案例

■最初使用的價值與資源

收購公司收購前之價值（未顯示在圖形中）

　　我們在此所討論的議題，都是從收購公司股東的觀點出發，看他們如何看待公司所進行的收購（或合併）案件。為了達到這個目的，股東必須儘可能清楚的評估出自身公司目前單獨的價值──這個過程所考慮的因素，必須包含我們先前介紹過的經濟價值的觀念。還記得我們已經理解，為何收購者願意付出非常大量之溢酬，以收購被併公司，因為股東可以經由提高他們所持有股份的槓桿程度，以大幅增加他們所控制的資源。現在我們必須知道企業能支配之資源的總價值，當然這亦包括公司的負債部分。一間公司股東權益面值 (book value) 與市值 (market value) 的差距，應該與此公司的市場附加價值 (market value-added) 相等；或者是與此公司在未來某一段投資期間內，所能賺取的預期利潤相等。若是公司內部的看法，與市場目前的預期間有嚴重之差異的話，那麼，現在是時間來修正這個落差了。無論如何，當公司決定要從事收購或接收的行動時，務必要讓市場相信這件行動對公司而言是一件好事。

目標公司：收集資訊

　　當你本身的公司為收購者時，你也必須以之前略述過的自由現金流量折現法來估計目標公司單獨的經濟價值。相同的，你必須先計算公司的現金流量，再計算其資金成本。但是這裡對現金流量的估算就更不確定了，尤其是在收購

計畫早期、資訊被限制住的估價階段；若再加上目標公司為未上市公司時，那這項工作就更形困難了。但是當公司能獲得較多的資訊時，現金流量的近似值會愈來愈精確，你也就達到估計目標公司經濟價值的目的。經濟價值在圖形中是以負債與股東權益的總和來表示，也就是圖 8.3 中所標示的 "A" 部分。

收購行動

由以上提出的種種理由可知，收購者不可能僅簡單的支付目標公司目前權益及其他資產的市價就可以買下它。收購者企圖以便宜的價格取得更多的控制權；而目標公司所關心的是要立即最大化其股東價值。因此在大部分的收購案件中會有溢價產生，而收購溢價的大小，可能會依我們之前所建議的交易價值圖形來決定。收購溢價有時會被稱為「預期取出價值 (anticipated takeout value)」，這是收購者為了讓目標公司股東同意被收購，所預計必須花費的價格，也就是圖 8.3 中所標示的 "B" 部分。

市場的反應

整個收購行動並未在支付收購溢酬後結束。在交易進行中，尤其是以公開出價收購 (contested bid) 的方式進行時，收購公司的股價也會受到影響而波動。在過去收購的案例中，有許多時候，市場會對即將發生的收購交易，做出極熱情的反應；相反的，也有許多情形是這樣：市場的輿論以冷眼旁觀的態度，來看待某收購的提議，且使收購公司的股價下跌。

圖 8.3 和圖 8.4 就分別描述了這兩種截然不同的市場反應。在圖 8.3 中，市場對收購案的反應是正面的，且收購公司的股價上漲至 C 點。這是一種事先 (ex ante) 的反應，反映市場對收購公司現任股東的報償，此報償是基於預期收購公司股權價值未來將會有大幅的成長。因此，在收購行動進行的當兒，收購公司股權的總價值就已經因為市場的預期而提升了；而這對公司合併後應有怎樣的表現，會造成很大的影響，因為為了不辜負市場的期望，合併後公司應有適當的成長。

■ 綜效

照字面上看，綜效的意思就是「共同作用」；而在購併的背景中，綜效的意思通常是指試圖結合兩家或兩家以上的企業運作，而從中得到的好處。藉著將不同的企業更緊密的結合起來，收購公司期盼可以避免重複及追求範疇經濟；

結合後的新企業應該能夠經由擁有更多不同組合的資產之優勢，進而更有效的執行現有的經營策略。

綜效可以在購併交易的價值接收面被觀察到。收購者不是僅對收購的資產付出公正的價格，而且他們實際上許下了必須創造足夠的價值（額外的現金流量）的承諾，以合理化他們所支付的總價格。在圖 8.3 中，這些額外必須創造的價值就被形容為綜效，而綜效將必須在此購併交易的預期投資期限內創造出來。

雖然本章的目的並不是要討論綜效的廣泛變化，但是若把這些記住也許會有些幫助：一種具全球統一層次的綜效，可以被視作一項會產生正向報酬的計畫；或是根據 Sirower[8] 的看法：他們的價值應相等於綜效之淨現值，和支付溢酬之淨現值的差額。就如同圖 8.3 所呈現的，全球的購併案件似乎都是這樣的情形。雖然若想要清楚地分辨，到底有多少溢酬是為了任何特定的綜效而支付的，仍是很困難的一件事。

綜效的本質及範圍常常被言過其實的描述，而且企業對於它們將達成綜效的時間，也總是太過樂觀。我們的研究專注於現金流量的分析，且我們可以試著將所有預期會發生的綜效，以現金流量法來分析，因為這將會成為綜效對股東價值的影響中，最重要的一種影響方式。一般我們認定綜效可以分成四種基本類型：節省成本、產生收益、租稅利益和財務工程。

節省成本

典型地，收購者在估計購併所能節省的成本方面是最在行的。成本節省是被視為一種「不容懷疑的綜效」，因為企業合併必可達到某種程度的成本節省。以 Granada Forte 為例（見後述），總公司的成本從 7 千 5 百萬英鎊減少至 5 千萬英鎊，且預期在採購成本方面約可節約 2 千萬英鎊，而實際上的節省甚至高達 3 千萬英鎊；這表示在合併後的六個月內，預計需節省的成本就已經被成功達成且超出了一半。一些類似的情形也發生在 Lloyds TSB、Cheltenham 和 Gloucester 的合併案中。在 1998 年一年內，總公司就節省了 40% 的成本，也就是 2 億 2 千萬英鎊；且在接下來的一年中，公司亦承續了之前的軌跡，達成了節省 4 億英鎊的目標。

當購併案的兩方皆位於同一產業時，將會有最大的綜效產生。當然，有幾個要點是需注意的：

---

❽ 同 **❺**。

◎過程中，收購公司及目標公司兩者的可獲取綜效之淨現值都必須注意。目標公司之淨現值以目標公司之加權平均資金成本折現；收購公司亦以收購公司之加權平均資金成本折現。且此綜效之淨現值還需與任何必須增加之資源的成本相比較，也就是根據第六章中介紹的投資的價值報酬(VROI) 法來衡量。

◎收購企業在收購後也應將經營管理的觸角，延伸至與本身相關的部門或者是任何可能達成綜效的部門，此行動是非常基本且重要的。收購企業可以藉此找出由兩間公司不同的成本分類方式，或是不同的工作分派方式，所可能衍生出的問題。一般相信，收購企業和目標公司內可能會重複一些相似的工作，因此在收購後會有裁減組織中不同層級人員的計畫。但是實際的情況並非都是如此，裁員所獲得的淨節省成本，通常都不如預期。

◎估計這些可獲得綜效的達成時間，也是需要特別注意的。此處，初步估計企業內部某些可能需整合之「較軟性 (softer)」的本質，將會成為決定綜效達成時間的關鍵點。合併雙方企業文化與組織上的適合度，及企業內部體制與作業程序的協調性，都會對實際上綜效何時能夠達成造成影響；也就是說，你必須考慮綜效到底有多大和到底多久才可以達成。且這也對兩者間相配的程度，及預計何時能達到早就決定的獲利目標，有關鍵性的影響。

產生收益

現在進入了較困難的工作：評估購併活動對企業收益成長性的影響。其中較簡單的部分有：估計技術移轉及收購公司利用目標公司的配銷通路來銷售其商品與服務（或是目標公司利用收購公司之通路來銷售）等方面的成長機會。實際上存有許多這樣的例子：當 Lloyds TSB 收購了 Cheltenham、Gloucester Building Society 和 Abbey Life 時，它們可以將手上的金融商品，銷售給更廣大的顧客群。合併後它們所賺取的收益，比起它們個別獨立經營時所賺取的，高出甚多。

在 Cheltenham 和 Gloucester 的特別案例中，Lloyds TSB 將其本身的抵押借款商品移轉給這兩個被併公司,這個動作立即降低了抵押借款的利率達 25 個基

點，且使合併後公司的抵押借款業務，在英國的市場佔有率，由 11% 提升至 20%。

我們尚須估計一些較不確定的潛在影響。這些包括：

◎由於收購公司與目標公司的顧客重疊，所造成的收益損失（例：某客戶目前既是收購公司亦是目標公司的顧客，即「自我蠶食 (cannibalization)」效應）；
◎競爭對手對收購活動做出反應，使某些預計產生的綜效無效。
◎受到監理機關或競爭對手管理者的干預。

為何要對成本與收益的綜效，都做出這些假設呢？這代表著為了達成初步評價的目的，在此階段我們必須做好各種的敏感性分析，以期模擬出一種「最可能」的情境。

經由評估合併可能為收購及目標公司所帶來的成本節省，和可能的收益成長效益，再扣掉合併活動需花費的成本後，你可以大體的估計合併後企業能夠得到多少的價值。你需要將此價值與圖 8.3 中估計過的綜效做仔細地比較；毫無疑問地，儘快地比較出可能獲取的綜效與市場對後市的預期是否為一致的，這對合併後企業的管理者是很重要的。這裡引述華倫巴菲特 (Warren Buffett) 的話：

「市場在某方面與上帝相似：天助自助者；在某方面卻與上帝不同：市場對不清楚自己所作所為的人絕不寬恕。……以過高的價格收購一家傑出企業的股票，卻可能會破壞此企業其後十年核心事業發展的效力 ❾。」

財務工程

現在你可以開始對可選擇的融資方式做評估，並且記住所選取的融資方式與購併的結果有非常大的關連。有許多證據可以證明，以負債及現金融資方式所進行的購併交易，較僅以權益融資完成的交易，之後會有較好的表現。在 Sirower ❿ 作的廣泛地實證分析中發現，融資方式的選擇，也是決定購併案件成

---

❾ Warren Buffet, Berkshire Hathaway, 1982, Annual Report.

❿ Sirower （同❺）. Details on the superiority of cash/debt financed deals as compared with equity financed deals can be found in data, Narayanan and Pinches (1992), "Factors Influencing Wealth Creation from Mergers," *Strategic Management Journal,* 13, pp. 67–84; Travlos, N.

功與否的關鍵因素。

但是某些收購者在融資方式的選擇彈性上也小得多──例如：目前的負債水位已經很高了，使得權益融資成為公司僅剩的策略。現在我們假設一間公司在選擇負債或權益上擁有足夠的彈性；而主要的限制為：隨著負債水位的上升，公司的信用等級會降為較低的評等，且負債的邊際成本會愈來愈高。當公司的負債超過市場的合理水準時，權益相關風險也會跟著提升。我們也必須考慮到，額外增加的負債實際上會稀釋公司目前股東的所有權。很顯然地，這裡最主要的目的是以最低且最適當的資金成本，作為收購活動的融資方案；有時也會將創造一個更有效率的融資結構視為第二目標。

在近期 Credit Suisse 與 Winterthur 間的交易案中，財務工程的運用就提供了 10% 的預計之綜效。這是透過模擬出最適資本管理的方式來降低資金成本，而得到的成績。收購公司也可利用財務工程的技術，來再造目標公司的負債結構，幫助目標公司以更低的借款利率來融資，且此方式也不會影響到收購公司本身的信用等級。

租稅利益

這可以區分成兩種途徑：「租稅結構 (tax structuring)」，在於幫助交易可以順利進行；「租稅規劃 (tax planning)」，在於保障合併後新公司的稅率會低於原先兩公司單獨營運時的混合稅率。租稅結構是設計用來避免使交易相關的稅賦一次提列。尤其必須特別留意地，要防止因所有權改變所導致的移轉性租稅損失，且必須最小化暴露在外之資本利得的稅賦。

租稅規劃是用來設計使公司負擔的租稅責任最小化，而合併與收購活動恰能提供一個適當的背景，以達到最小化之目的。最有機會成功減少租稅責任的方式包括：將商譽 (brands) 或是其他具高收益的財產移轉至較低的租稅稅率範圍；同樣地，重新配置主要收購資產的區位，及分配核心服務於具租稅優勢的位置，都有助於達成目標。進一步的分析，也有其他機會可以減低合併後公司的租稅負擔：藉著將之前分別課稅之全國的子公司集中課稅，及將公司的負債

G., "Corporate Takeover Bids, Methods of Payment, and Bidding Firm's Stock Returns," *Journal of Finance,* 42, pp. 943–6; Myers, S. and Kajluf, N. S. "Corporate Financing and Investment Decisions When Firms Have Information that Investors Do Not Have," *Journal of Financial Economics,* 13, pp. 187–221.

全額移至最高稅率的子公司內。合併後公司可以經由這些技巧，取得一些之前各子公司獨立經營時，所無法獲取的利益。

雖然這些利益是非常有用的，但是進行一宗購併交易的原因，除了租稅利益外，仍須有其他更重要的基本理由。租稅利益的獲取在本質上會受到時間的限制，且租稅利益本身無法替一宗複雜的合併或收購案件，提供充分的解釋。

破壞價值的收購活動

到目前為止，我們的討論都著重於能增加股東價值的收購活動，或是在樂觀的假設下著手進行。但是就如同真實的情況，很多交易實際上都辜負了收購者的期望。與圖 8.3 的價值創造收購活動形成對比，圖 8.4 中市場對收購活動的反應為負向的，收購公司的股價顯著且猛然地下挫。收購者非但沒有立即獲得報酬，且預期中的好事也不會發生；市場中的優勢輿論認為此收購計畫將不會成功，且有經驗的投資人將會為資金尋求其他的出路。

股價下跌所造成的裂口可從圖 8.4 中看出，價值從 D 點（進行收購行動所付出的總價款）下降至 E 點（市場對收購行動的預期結果）。E 點的價值較 D 點為低，其間的差距即為市場認為收購公司股票需扣除的價值，這代表一種預付的資本損失，我們也可由此看出此交易一開始即是個錯誤。收購公司的股東們此時希望公司能快速地成長，以使他們所擁有的財富，至少能與進行收購前相當。

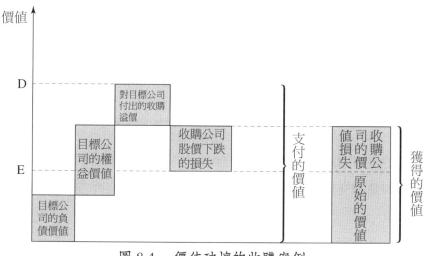

圖 8.4　價值破壞的收購案例

　　儘管如此，在某種意義上，這任務也突然變簡單了。依照市場對未來的看法，我們可以降低對此交易的期望，也會減少對額外現金流量的預期。聽到某些可能的好消息時，先不必興奮，因為尚須將其與收購所帶來的成本（如：此例中收購公司現任股東的價值立即被削減的損失）相比較。這方面所帶來的壓力，形成一種強而有力的方式，迫使管理者想盡辦法使情形恢復至收購交易進行前，或是鼓勵管理者採取其他輕率的決策以移轉注意力，避開目前市場的指責。

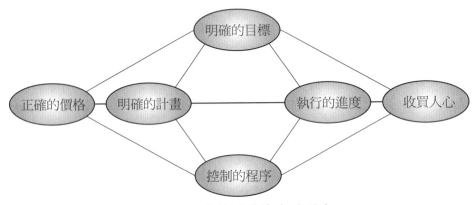

圖 8.5　　購併活動的成功要素

實用的執行架構

　　交易是令人興奮的，尤其是在購併的熱潮中，常常會出現不切實際的出價者，這時在協商桌另一端精明的交涉者會立即抓住這個好機會。「贏家的詛咒（winners' curse）」就在此時發生了。為了避免以上的情形發生，我們必須繼續遵守這些有用的法則。若是交易在醞釀過程中無法遵守這些法則，收購者應該隨時準備放棄這個計畫。我們相信可以利用股東價值導向法，來幫助我們達到這個目的。

　　瞭解了之前介紹的股東價值導向法後，這部分我們再考慮一些影響購併案件成功與否的實用因素。若是完全且仔細地信守這些要點（圖 8.5 所示），我們就能夠觀察到整個交易進行的過程，而不是僅以收購前和收購後的觀點來分析購併活動。

⑤ 明確的目標

在明確且整體性之公司策略的背景下，評估交易成功的機會，是很重要的。且必須證明公司具有足夠的能力及財產，來進行此計畫中的交易。此外，收購企業內，不論是公司或營業單位的層級中，在策略規劃及業務發展功能間，都需有良好的協調性。這裡的挑戰就是：必須對未來將要發生的改變，有明確且肯定的目標。在 Lloyds TSB 的購併個案中，若是管理者對目標公司及正在處理的部門有任何疑慮，他們就會放棄這個交易。一件購併案若想要取得進展，必須先展現他們在整合現有業務，及文化相容上的潛力。這意謂著將會拒絕許多投資銀行所提供的購併案件。一間歐洲主要銀行北美分公司的董事長兼最高執行長曾說過：

「我為我們公司賺取的最重要的價值，就是我沒有批准那些投資案。如何從一項交易中安然脫身，也是一門很重要的學問。人們可能會說：我們在這市場中從未進行其他的交易。但是市場中總有其他的交易，且總有一些時刻當情形好轉時，是你的競爭對手完成它，而不是你。」

⑤ 控制的程序

先對可能的目標公司做確認與審查的工作，再對其做估價，然後完成此項交易。之後，控制的程序還需與企業合併後，內部的變革與整合過程相結合。在這些程序都完成後，還需建立一個回顧，看看這宗交易是否有達到預期的成效。這裡主要的挑戰是：如何在投入與產出（成功之機會）間取得平衡。就如同某管理者曾表達：如果我們依照以前的軌跡行事，重新獲得過去績效的機會仍然很小❶。

⑤ 正確的價格

在此標題下有許多議題可以討論，其中有一些我們之前已經介紹過了。所謂合理的價格，是在計畫投資期間結束時，可以使收購公司之資本，賺到令人滿意的報酬及產生正的 SVA 價差。就如我們之前提過的，定價的方程式中需要考慮許多廣泛的因素，包括成本的考量、收益的提高、程序的改良及綜效等。

最主要的困難在於：應謹守「當價格出現過高的情形時，必須放棄這宗交

---

❶Chief Planner of a major UK industrial company.

易」的遵行要點。我們以下將藉著幾個購併實例來說明這個論點。

　　Granada 花了兩年的時間對 Forte 做仔細的研究，令他吃驚的是倫敦商業評論 (the City of London) 居然未發現 Forte 在管理上的鬆散，且將 Forte 評為一間值得接收的標的。Granada 與 Forte 在某些方面是極為互補的，Granada 是一間公開上市的公司，經營提供大眾飲食及服務的業務；Forte 則擁有一些飯店及小廚師餐廳連鎖店 (Little Chef restaurant chain) 的經營權。在經過許多仔細的準備措施後，Granada 支付了以 1 億英鎊為基礎之 35% 的溢酬，且需要為這個價格對接收評判小組 (Takeover Panel) 提供合理的解釋。結果，飯店經營市場在此交易結束後迅速發展，且很快就達成了預計的成本節省目標。這宗購併案獲得了重大的成功。

　　Vodafone-Airtouch-Bell Atlantic 是一個更複雜的案例，因為有兩家對手公開出價收購 Airtouch。一間公司為 Vodafone，另一間公司是 Bell Atlantic。市場對此收購案的初期反應是很有趣的。當此收購案宣告時，Bell Atlantic 的股價就下跌了 5%，即使 Bell Atlantic 只對 Airtouch 提供很小的溢酬。當兩家對手的競爭情勢逐漸成熟，雖然 Vodafone 對 Airtouch 提出的溢酬是較高的，但是 Vodafone 的股價仍然上升了 14%。由此可知，市場還是比較注重兩家公司總體策略的適合度。

　　最後，Vodafone 從競爭中脫穎而出、獲得勝利，但是此合併案卻需達到 200 億美元的綜效，才能使這項交易達到損益兩平。這樣的要求很離譜嗎？讓我們由以下幾點來判斷：Vodafone 可以藉由此項交易擴展他在歐洲市場的佔有率。因為 Vodafone 和 Airtouch 兩間公司在業務上是互為補充的，一間公司的優勢範圍就是另一間公司的弱勢區域。此外，這兩家公司都是使用由 Nokia、Ericsson 和 Motorola 所製造的 GSM 系統的手機。以上所述，再加上全球行動電話系統 (UMTS) 的首次展示，開創了無所不在全球服務的可能性。這將在成本方面創造大量的綜效，且降低合併後企業對全球行動電話體系的取得成本，也可增加公司統一顧客管理及廣告行銷方面的機會。合併後企業亦可透過與固定網路業者 (fixed line operators) 協商，而取得較低的互相連結費用。

　　還有，合併後新的 Vodafone-Airtouch 公司，成為英國第三大資本額的上市公司；因此將吸引一些追求指數報酬的投資人，對新公司股票造成額外需求。Vodafone 對此交易很有信心，且非常自豪於公司自從在英國證券交易所上市以來，每年都有發放股利。即使收購活動使 Vodafone-Airtouch 需要進行商譽的攤

銷，使公司在未來幾年發生會計上的損失，但這並不會影響公司的成長力，因此市場認為目前為極佳的購買機會。

那麼相形之下，Bell Atlantic 的競爭力為何？以國際性投資者的角度觀察，Bell Atlantic 主要是受到美國情勢與市場的壓迫，使得市場無法清楚評估收購案可能帶來的好處。顯然地，Airtouch 與 Bell Atlantic 間也具有互補性，因為 Airtouch 的事業版圖遍及全球，只少了美國東北部，而 Bell Atlantic 恰好在此區域具有優勢，到目前為止一切順利。但是 Bell Atlantic 最近稍早與 GTE 所進行的交易，卻立即使收購 Airtouch 案遭到管制上的障礙，因為 GTE 與 Airtouch 的營運範圍有許多重疊之處。因此一般認為，若是 Bell Atlantic 與 Airtouch 合併成功，FCC 將會堅持要 Bell Atlantic 出售部分的資產。此收購計畫在美國遭遇困境，再加上無法在歐洲市場攫取明顯的收益，因此對投資人來說就沒有特別的吸引力；儘管 Bell Atlantic 一開始以審慎的態度，對 Airtouch 提供明智的溢酬。

接下來說的是歷史了。市場為何樂於支持 Vodafone 所提出的慷慨之溢酬？這是因為市場認為除了 Vodafone 外，沒有任何公司能與 Airtouch 發揮相得益彰的效果。而 Vodafone 所付出的溢酬，還低於這個情況呢。

⑤ 計畫與進度

這兩者間有密切的交互作用，因為當計畫愈明確，進行時就愈容易維持良好的進度，而這也對一項合併或接收計畫能否成功有決定性的影響。一項計畫應把細節設計的愈詳盡愈好：何時需完成何項步驟；每件任務的負責人；每階段預計達成的成果，每一個細節都需詳細指明。且需想辦法在「將事情儘速完成（代表一個較小的團隊）」與「將事情完成的盡善盡美（需要牽涉較多的人，也需要耗費較多的時間）」間取得平衡。不過一般而言，計畫作得愈周詳，進度也能愈快速。進度是很重要的，因為在初期進行重大的改變，是比較容易的。人們預計會發生改變，且他們也亟欲知道將會發生什麼事。一位資深的管理者曾說過：你將會希望在第一天，時就能做好所有的事情❷。

⑤ 收買人心

此要點可以說是，所有決定某項交易最終是否能成功的最重要的因素之一。儘可能的獲得所有相關團體的支持，也是重要的關鍵。許多案件中的成功者與

❷Head of M&A of a large UK manufacturer.

失敗者，都是在早期就被市場認定的。成功者需要具領導力與積極的態度，且需公正的對待失敗的對手。還必須廣泛地與利益關係人交流，這包含所有的社會大眾，特別是當所計畫之收購案件的情況較複雜時。當然，在進行這些努力時，對於每天例行的工作也不能鬆懈。

摘　要

企業收購常常是不成功的。許多收購行動主要考慮的是非財務因素，也因此這些行動看來不是很理性。從過去收購交易紀錄可以看出一個傾向：許多收購行動似乎是一時考量，而且出價太高，顯示傳統評估方法是失敗的。基此，本章提出新的、較合理的評估方法。新的方法從收購與被收購者交易前的價值評估開始，包括個別加權平均資金成本的評估，然後考慮交易後可能產生的成本或收益績效，也考慮交易過程中顧問、審查、財務工程、籌資等工作涉及的成本。這些考慮可以形象化地用交易價值圖線綜合起來。股東價值評估方法讓使用者可以在收購價格和其他績效目標間進行權衡。本章也提出一種矩陣分析法，這種方法可以用來評估各種策略改善股東價值的可能性，及其發生效果所需時間。

第九章

從廢墟中重新出發：
價值再造和股東價值

　　我們所處的經濟環境中，是同時需要贏家與輸家的。當每個人都在彼此競爭，有些人會脫穎而出成為贏家；反之，也有人會在競爭中落後而失敗。這兩種人的出現都是承擔競爭風險後的自然現象。

　　如同我們在前一章所看到的，從贏家的角度來說，會認為應該要擴張他們的商業活動；而輸家方面，或許會考慮是否要加入下一場競爭。基本上，這一章都是在討論輸家和所有可能發生在輸家身上的事情。我們會討論股東價值法是否可以成功地使用在價值再造的情況，甚至於當牽涉到公司利益的相關團體，並不是只有股東的複雜狀況。

　　換句話說，我們將再一次討論到股東，並且重複一些已經在第一章介紹過的話題。這是因為當公司的經營陷入困難時，所有投資人和公司利益關係人，包括：供應商、員工，特別是那些不願意與股東協商的債權人；公司經營不善所帶來的挫敗和憂慮，使得這些關係人非常想要撤回他們對公司的投資，並且改往他處投資。為了避免這種狀況發生，我們假設有一種方法，可以成功地揭露出公司成立迄今尚未利用資源的價值。接下來就是要介紹如何達到這種效果。

再投入的資助和股份

　　在這本書的第一篇，我們已經說明公司的利益關係投資者 (stakeholders)，所關心的公司長期利益幾乎是相同的。都在尋找著比一般平均報酬更高的回報──股東注重股票投資回報（股利和資本利得）；債權人則是希望更高的本金和利息償還，使他們的貸款在到期時可以獲利；員工希望獲得比平常更高的薪水、工作的滿足感和工作的保障；而顧客和供應商則是認為，無論在供給或需求方面，都可以和公司維持穩定的合作關係，並且在產品的價格與品質方面，更能讓他們每一分錢都能花的物超所值。我們討論著如何在把股東的利益列為中心的情況下，可以最快速地確保滿足上述每一個投資者的要求。

　　但是當我們更深入的瞭解這些狀況，就會發現到其中有更多的細節和差異性要注意。因此，我們把上述投資者分為六大不同利益團體：股東、債權人、經營階層、員工、顧客／供應商和社區環境與政府。接下來，我們將依此順序陸續地討論。

Ⓢ 股　東

　　股東提供成立公司時所需的資本額，所以公司的所有權應該是屬於股東的。而公司所做的一切，都是為了股東的利益著想。股東投入資金，並且轉換成應

有的股份，因此，他們投資最大的損失風險，就是這些投入資金；另一方面，他們獲利的機會卻是不受限制，可以隨著公司資產價值和實質股東價值的增加而增加。雖然股東們對於資本利得和股利兩種收入模式各有不同偏好，但他們最主要的目的還是在於總報酬（資本利得加股利）的高低。就如同在本書中一直敘述的一個觀念，股東都會要求所得到的回報，至少要高於投資市場上其他風險相同資產的報酬率。

仔細比較下，股東被公司所賦予的實際權利，都會與理論上應有權利出現不相同的差異。在公司經營階層批准後，股東才會有收股利的權利；在公司停業時，股東可以拿回投入的資金；股東有權利選擇董事會的成員。公司要發行新股籌資也要股東會的同意。但股東這些權利對於增加股東價值的影響力，與公司經營階層每日的經營決策相比，實在是相對微小很多。

的確，傳統股東的實際經驗認為，股東的角色在大部分時間，都受到相當的限制。如同 John Plender 所說：

「雖然不同投資者都會具有某些權利，並且可以對公司產生不同的影響力，尤以股東最能代表。但實際上真正公司的控制，都是掌握在董事會的成員手中……通常都是和所持有的股份多寡成正比，甚至會有惡意併購的情形出現❶。」

這就意味著，股東們會推選代表進入公司的經營階層內，在每日經營決策上維護他們的權利和利益。

這種公司經營權與所有權分離的情況，在美國與英國特別明顯；大部分的法人機構股東，對於其所投資公司每日的經營決策，都會採取「不干涉」的態度。機構投資者所關心的問題總是在於，每一項個別投資案在其投資組合中相對報酬率是高或低。較差的投資績效會迫使許多機構投資者「用腳投票」，出售持有的股份並且轉移投資到其他經營績效表現較好的公司，甚至可能是原投資公司的競爭者。

一般公認地，這一種公司經營權與所有權分離的情況正逐漸地改變：如同我們將在第十一章所看到的，在美國的投資者 ClaPERS 與英國的 Mercury Assest Management 正準備更積極地介入被投資公司的經營決策。但這改變的情況仍不是相當普遍的。雖然一般股東對公司擁有一堆的權利，但卻很少去執行他

---

❶Plender, John (1997), *A Stake in the Future London: Nicolas Brealey.*

們應有的權利。但是當公司處於重建的狀況時，股東對公司資產的要求權是被排在最後的，所以個別股東總是希望能在公司發生問題時，第一個撤回對公司的投資。

因此，投資的流動性變成是對公司經營績效的一種重要查核工具。而公司經營階層對此的回應辦法，則是藉由保障投資者的報酬──有時採取的只是「眼前的短利行為」。而為了平息投資者，特別是具有統計、精算背景等工作性質的公司，公司常會在超出自己實際能負荷的範圍外，批准實質股利的發放。在 1994 年，許多英國非金融公司，發放超過稅後盈餘 30% 的股利，其股利發放率甚至高於美國❷。而在日本和德國的公司，選擇佔稅後盈餘較低的股利發放率。在 1990 年代英國的經濟衰退期間，60% 的公司在面臨著獲利減少的情況下，仍維持或是增加股利的發放。相反地，28% 的公司減少發放股利，而其中只有 12% 選擇終止股利發放。大部分的證據顯示，一般公司會有一個目標股利發放率，即使公司處在不景氣的狀況下，也會努力維持此目標股利率，而這就會造成對股東價值的傷害。

上述這些行為也許會過度強調股東價值，而造成短期的極端偏差。鼓勵維持一般股利發放率，例如：藉由租稅政策──對於保留盈餘課以帶有懲罰性的稅負，或許會犧牲長期公司（股東）價值，但卻可以增加短期投資組合的報酬率。但我們並不會支持這一項看法，例如：在英國，已經有足夠的證據支持證明，租稅改革可以達到平衡分配和保留盈餘的比率。

在我們考慮股東和討論其他利益關係人之前，還有一個因素必須銘記於心。如同我們在第一章介紹的一個簡單定義：公司價值減去負債價值就等於股東價值。根據這個簡單的定義，就代表著股東與債權人的利益正好是相反的。當債權人利益關係被減至最少時，股東就可以得到更多的獲利。但是在某些情況下，股東們反而希望藉由負債融資來幫助公司的擴展計畫。而這些將會在下一部分來介紹。

(S) 債權人

公司的債權人是指以債券或貸款的型態，把錢借給公司的人。債權人對公司資產有最優先的求償權，而他們最有興趣的就是借貸利潤的高低。假設債權人可以用較低的利率取得資金（例如：銀行），則借貸利潤正是債權人的資金成

---

❷Plender, op. cit.

本和其貸款利率之間的差異。而債權人最關心的是公司的倒閉風險，或是會使他們產生損失的風險。債權人是典型的風險趨避者，因為若發生一次貸款倒帳損失，可能就會抵銷多次貸款的獲利。

在一般的情況下，公司可以同時滿足股東和債權人的需求。所有的投資者都會有所獲益的。但在仔細的觀察下，就會發現債權人在公司的利益是受到很多限制地。股東的投資，是以有限的損失風險（原始投入資金）換取無限的獲利機會。而債權人的獲利機會卻受到限制。他們所能得到的就是利息收入和投入本金的歸還。如果投資過程一切順利（也就是說公司如期歸還利息和本金），債權人可能會逐步地增加投資金額，以獲取更多的利益。

債權人心甘情願的放棄向上無限獲利的可能性，來投資公司所需的資金。這也就是為什麼負債融資，會如此受到公司經營階層和股東歡迎的原因了。經營階層，基於工作的關係常會優先掌握到關於公司未來發展前景的內部消息，所以均會把負債視為很好的融資管道。如果未來公司的營運有很高的機會將偏向高成長的話，而經營階層又優先掌握此訊息，則經營階層就會採用發新債的方式籌資，以便保留未來的利潤分配給股東。再者，這「訊息不對稱」會導致另一個結論：當公司經營階層，對於公司未來發展的預測充滿許多不確定時，這時將會採取發行新股的方式來募集所需資金。

可以知道的是，新股發行通常只佔公司籌資的一小比率。在美國，來自於發行新股融資的資金，很少會超過公司外部融資的10%，其餘的部分則是由發行新債支應或是使用公司保留盈餘❸。這裡一直強調，所謂發行新債是公司募集資金的好方法，正好完全地與公司經營者和投資者之間，資訊不對稱的情形相符合。

討論更深入一點，我們可以觀察到許多公司，傾向於使用內部融資的方式，並且會設定一個與公司投資機會息息相關的目標股利發放率。這些概略的策略，似乎違反著增加股東價值的本質。股利發放必須是僵固的，不能每年改變；目標股利發放率只能隨著公司投資機會而逐漸地變化。當公司採用固定股利政策時，由於現金流量和投資的波動性，會導致公司內部現金大於股利發放，因此公司可能會增加保留盈餘、償還負債，甚至增加股利發放率。反之，當內部資金低於股利發放時，公司可能會在降低股利發放率之前，先採取下列方法：在

❸參閱 Bealey and Myers (1984), *Principles of Corporate Finance,* 2nd edn (McGraw-Hill) table 14.3, p. 291.

公司營運中為公司籌出現金（例如：出售公司可變現的資產）；另外發行新債募集資金等。

以上的論述，都代表著公司的融資方式有一定的「階級制度」──也就是融資順位理論，那是指以負債為最優先的融資方式，接下來為混合和夾層 (mez-zanine) 債券，而最後的方法才是發行新股。依此融資順位的原因，正是因為經營階層會非常熱心的保障舊股東的價值；還有因為新債債權人只會確保他們應有的現金流入（利息和本金），並不會分享公司任何投資的獲利。股東可以不受限制地分享公司成長時的利益，而債權人卻不行。

因此，重建計畫必須仔細的考慮債權人的利益。當債權人感到公司經營不對勁時，他們通常為了自我保護，會盡可能地減少損失並且儘快地把資金撤出公司。這裡產生了一個重要的議題：說服債權人把其貸款資金轉換成該公司的股票，並且分享公司長期的成長收益。

最近，以英國資料統計而成的圖表，顯示出債權人的問題。大體上來說，當公司進入破產的程序時❹，只有 23% 的貸款價值會從破產訴訟中回復。這就表示債權人，會儘可能地確保被投資的公司不會陷入財務危機中。

⑤ 經營階層

股東可以派任或解雇經營團隊，所以公司應該以股東的利益為優先考量。經營階層就是被選為照顧股東利益的代理人。但這只是理論上的說法，實際上，經營階層總是以自己的利益為優先，接下來才會考慮股東。當兩者的利益相衝突時，我們無法保證經營階層還會以股東的利益為優先。如前面提到的，破碎的股權結構，或是機構投資人的「不干涉」政策，都會造成經營階層的權利不斷地擴大，他們可以隨意使用公司名義來獎賞自己。在某種程度上，他們和股東之間呈現互相競爭的關係；他們必須必須找到一個方法，來平衡他們與股東間利益的分配──保留現金以便未來的投資機會，或是發放股利予股東們。

在公司處於重建狀況時，經營階層的利益脫離了公司其他利益關係人。當一間公司陷入困難時，就表示這家公司的經營績效出現問題，並且會出現如同圖 9.1 的特徵；同時這也是一連串錯誤經營決策的結果。在最近的一個調查中（見圖 9.2），經營失敗不僅是造成公司失敗的第二重要原因，顯然更是最重要

❹ Society of Practitioners of Insolvency [SPI], Sixth Survey of Company Insolvency in the U.K., 1995–6.

的間接因素。

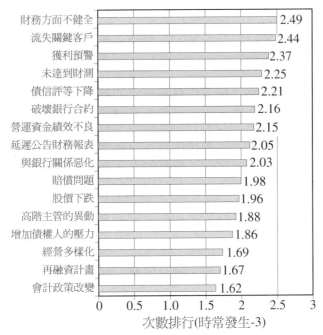

資料來源：Pwc, Netherlands 1999

圖 9.1　經營績效不良的特徵

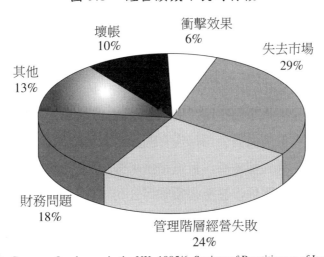

資料來源：Company Insolvency in the UK: 1995/6, Society of Practitioners of Insolvency 1996

圖 9.2　公司經營失敗的原因？

　　任何經營團隊總是希望，還能夠繼續留任並且再參與公司的重建計畫。但是當公司重建涉及轉型時，此時公司需要不同領域的專家，舊經營團隊很可能因此而被犧牲，採用不同的新團隊，並以此作為公司轉型的宣示政策。

⑤ 員 工

員工代表著許多企業的核心部分，並且具體化呈現公司的 know-how 和人力資本。各公司盡可能使自己在產業中，逐漸地產生某種獨特性，以便能夠在長期競爭中存活下來。實際上，員工也會對公司資金需求提供融資。在某些國家，甚至可以動用員工的退休基金投資公司。而其餘的融資方式，如：員工配股和員工認股權證，這些資源可以用來幫助公司重建。

以短期的觀點來看，員工的利益在於獲得長期工作的保障和應有的薪水報酬。而長期的觀點，員工的利益可能會著眼在許多不同的方向。在英國中，一旦公司進入重建狀況下，只有 40% 的員工會繼續留下在原公司工作❺。這個調查顯示出，員工對於在公司重建後可能的美好前景，與此時放棄公司從事其他工作之間，會有一個很好的平衡尺度；期間經營階層必須確保某些具有特殊技能的員工留任，以避免這些重要員工離職所帶來的損失，會危害到公司的重建計畫。

⑤ 顧客和供應商

顧客和供應商與公司之間存有某些利害關係，這種關係在日本的公司尤其明顯；公司、顧客、供應商之間，上下游以集團式地互相持有股票，彼此利害關係更大。而這種上下游的利害關係很難明確判斷，尤其是顧客與公司的關係更會隨著不同產業而變化。但在下列兩種極端狀況下，可以得到較清楚的分析。有某些產業的價格是由需求面定價。價格需求彈性和產品轉換成本都較低，在這種情形下，顧客和供應商對公司都沒有明顯的利害關係。另一方面，當產品轉換成本和產品間差異性都較高，且價格需求彈性小，此時顧客和供應商對公司就存有很明顯的利害關係，甚至必須確保公司可以繼續經營。

這種與上下游的利害關係可以透過長期合約，或是以交叉持股的方式來鞏固。有時這種利害關係，會嚴重到使顧客和供應商自行買下多餘的產品。當交易形態由市場交易變成內部交易之時，就相當於公司開始進行垂直整合。

當公司處於重建時，確保供應商和顧客仍會繼續與公司進行交易，是一項非常重要的關鍵。當轉換成本很高時，這點很容易就可以達成。但當顧客或供應商，決定中斷與公司的合作，並且轉投向其他競爭者的懷抱中，這對公司所

❺ Ibid

造成的傷害，就好比是「壓死駱駝的最後一根稻草」。

　　一旦發生了中斷合作的事情之後，可能會使公司財務危機更行擴大，甚至無法再繼續履行對其他供應商應付的債務。在英國，大約 6% 的公司失敗，是因為與其他公司的交易失敗，以至對公司營運造成「衝擊效果」❻。因此，對於處於重建的公司而言，維持與顧客和供應商之間的關係是相當重要的。

⑤ 社區環境與政府

　　最後，我們仍必須注意到與公司營運有關的社區環境、區民和政府。基本上，他們對公司的利害關係，是建立在租稅制度以及所提供的公共建設上。在一間公司經營失敗的個案中，他們必須負擔起該公司解雇員工，甚至可能需要資助其他公司營運的社會成本。一般來說，政府和地方相關單位比公司其他的利益關係人，更希望看到公司可以繼續經營，特別是公司在政府租稅收入中佔有很高的比例時。

　　即使不注意公司與租稅收入的關連性，至少以政府的觀點來看，公司仍需對地方和國家的民眾，負有某些法定和社會義務。而這些義務牽涉範圍相當廣泛，包含所有的合約規範，支助地方具創新性、聯合性的計畫，以及承諾維護法律上所規定的環境、健康和安全。

為什麼公司經營失敗？

　　很清楚地可以發現，公司的利害關係人之間都存有不同的利益著眼點；在本章的下一部分，我們將整合這些不同的利益著眼點，以便找出當公司處於重建時，最好的解決方案。而目前，我們將先介紹為什麼公司會出現經營失敗的幾個原因？

　　簡單地來說，第一個原因就是對於經營績效不良的容忍。最近，在荷蘭由 PricewaterhouseCoopers 所作的調查顯示，在營業收入排名前 250 名的荷蘭公司中，有 22% 是起源於從事會傷害股東價值的產品和附屬品交易。調查中更只有 12% 的公司，願意馬上承認公司績效不良。更進一步的來看，大多數有設立績效控制和監督系統的公司，他們都只會注意經營績效的落後指標，而忽視領先指標的意義——「他們都是不具有前瞻性的經理人」。

---

❻ Ibid

只有一小部分的公司，會依照資本報酬率的損失作為標準或是使用 SVA，真實地表現出公司經營績效。也就是說，在公司的經營上都會出現一個盲點，即使公司的經營正在圖 9.3「死亡曲線」(corporate demise curve) 上往下滑，卻仍然認為他們的經營績效相當良好。

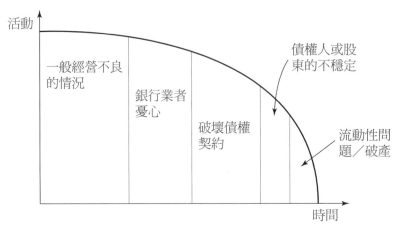

圖 9.3　公司死亡曲線

另一方面，可以從圖 9.2 中，大略地表現出企業經營失敗的可能原因（雖然圖 9.2 是以英國的資料所得來的結論，但我們仍認為這些原因，可以解釋大多數產業為什麼會陷入經營失敗）。最常見的原因，就是公司產品逐漸失去市場上的佔有率，數據顯示大約有 30% 的公司是因此而失敗。失去市場佔有率是一個很簡單的指標，可以用來說明公司自身的資訊及營運績效，已經處於失敗邊緣。可能是因為公司本身沒有對正確預測未來發展的方向，反而受到競爭者的傷害；在某些個案中，也可能只是因為市場的需求消失了。

雖然說危機都是突然爆發出來的，但是在危機崩潰、擴散之前，仍會有下列特徵出現：經理人錯誤的策略、無效率的公司營運或是不好的行銷手法。而第一特徵通常都是公司開始因為成本上升、利潤減少的現象發生，而逐漸喪失其競爭優勢。

那第二個常見的原因，就是經營階層管理失效。如同 1996 年，一份由英國 Society of Practitioner in Insolvency (SPI) 所發表的報告指出：「很明顯地……因為經理人缺乏適當的技術、知識、能力和創新精神，使公司經營走向失敗。」

「經營階層管理失敗」包含著多方面的錯誤，例如：過度樂觀的預期、草

率的會計制度等。雖然在某些情況下，經營階層或是公司最高執行長 (CEO) 的決策，會顯得有點任性胡為，但也不能因此就全盤否定他們的決策。可能是因為他們缺乏有效的領導才能和必要的技術能力，但是大多數的決策失敗，都是因為他們缺少正確有用的資訊。因此，把這些因素都歸類為「經營階層管理失敗」，似乎太為簡略了。劣質的資訊管理系統，會在公司面臨危機和處理即將發生倒閉的情況下，造成很大的傷害。所以，在公司發展時，確實需要正確有用的資訊、資料。在某些幾秒內就必須做出決策的情況下，精確的資訊確實能幫助決策正確，而一般公司所保有的資訊通常都太舊、許久沒有更新甚至沒有任何意義了。若能發展出一套密切注意影響公司價值成長因素（見第七章）的系統，則可以避免大多數的公司陷於危機之中。

　　第三個原因，就是不明智的購併行動或是不適當的擴張策略；而這原因通常都牽扯到時機是否合適，和如何融資的問題。隨著經濟的成長，經理人可能採取一系列的擴張性策略，甚至會購買下其他的公司。如我們在之前的章節中提到的，一項交易在完成之前，可能一切的預期都非常美好，但等到實際交易後，不僅沒有回報甚至發生損失。這些議題可能會過度耗費高階經理人的時間，並且可能牽涉到關於公司負債融資的協定，也就是可能會使合併後的新公司暴露在利率反轉的風險，或是市場經濟衰退的情況下。

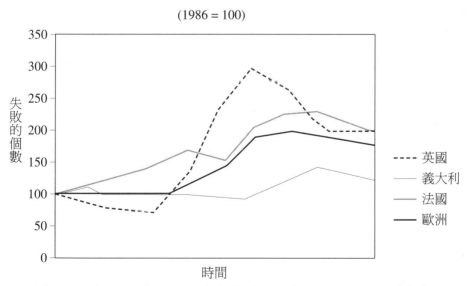

圖 9.4　在 1990 年代中，大部分歐洲國家公司經營失敗的個數

(1986 = 100)

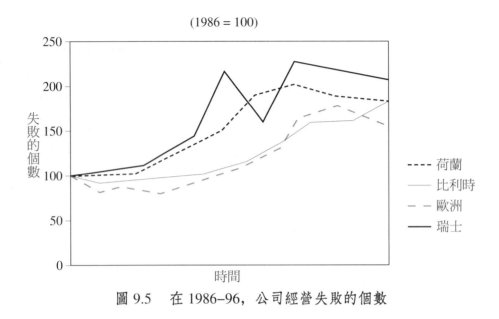

圖 9.5　在 1986–96，公司經營失敗的個數

　　在經濟循環的末端，過度積極的擴張政策常會使公司陷入危機。在最近幾個使用槓桿融資購併的個案中，可以發現當公司在經濟循環向上的階段中，採用槓桿融資購併策略來擴張，接下來在經濟轉向時，大多會發生經營失敗和陷入重整的狀況。當市場經濟正緩慢成長時，公司卻積極地以大筆金錢擴張時，企業失敗的循環現象就會一再地的出現。一個典型的問題，就是購併者會努力地為高估的合併價格做出解釋，但是貸款人卻會認為當初貸款的利差已經消失了。到了經濟爆發成長的時節，企業買家 (industry buyer) 在關於購併的價格方面，常會比金融買家 (financial buyer) 更具有前瞻性。企業買家會專注在被購併標的未來的成長潛力，和購併後所帶來的實際利益，依此來制訂合理的購併價格；金融買家則是預期在購併後所能產生的綜效，來制訂購併價格，而這價格通常會因為金融買家過度樂觀預期而高估。

　　當經濟循環開始走下坡，或是市場對於未來成長提出不利的預測時，企業的現金流量就開始緊縮。當企業的經營決策變得較不樂觀時，營運廠房的投資或是新產品的研發活動同時會受到抑制，而企業的根本價值就在於從短期的競爭中存活下來。如果經營階層和股東並沒有處理上述的情況時，公司的經營績效和價值將會受到侵蝕；基本上，公司將面臨著資金危機和可能的失敗。

　　在 1990 年代，企業倒閉的趨勢似乎比經濟衰退的程度有一段落後的反應。在英國，當經濟處於衰退谷底（接下來經濟略微向上好轉）的兩年後，企業倒

閉的嚴重性才達到頂點。在其他的歐陸國家中，企業破產率似乎也增加地很慢，但大部分時候都高於英國。

揭露經營失敗公司中所含的潛在價值

在我們的觀點裡，仍然認為經營失敗的公司還是有潛能，可以再度成為競爭市場中的贏家。即使公司缺乏長期的策略規劃，公司本身還是有改善經營績效的潛在價值。而我們從英國的統計資料也可以證明這一點：「近四分之一歷經經營失敗的公司，都有能力再度重整成功。」

無論是什麼原因使公司陷入失敗危機中，都需要一個完整的價值重建過程，使公司可以浴火重生。因此，我們必須更仔細地探討價值重建所隱含的意義。我們認為，大規模價值重建計畫會使公司部分的經營活動更加有效率，甚至在未來出現高度成長。

回顧本章前幾個小節所提到的論述和圖表，我們可以發現當公司處於危機時，會在公司內部某些重要的範圍內，發展出一連串的方法來恢復、維持和改善公司的經營績效。無庸置疑地，股東價值法對於處於重建狀況的公司，可以非常明確地提醒該注意的重點和相關的深刻見解。而在這一小節中，我們將要介紹股東價值法的重點。

股東價值法不僅可以處理企業或集團式企業陷入資金危機時的重建過程，也可以適用在解決其他傷害公司價值的營運困境上。然而，這裡有兩個不同點需要特別強調說明。

第一個不同點，在公司重建時，通常很少有足夠的時間，可以仔細思量如何制訂策略來增加公司價值。例如：當公司陷於資金危機之中，多半會使公司的經營階層和利益關係人，非常迫切地需要一些有效的策略，來改變公司價值。公司可能會因為無法履行與債務銀行合約中的規定而產生違約，並且還可能因為無法如期償還貸款應付額，而影響公司的借貸能力。公司無法償還債務的骨牌效應，可能將會破壞或是吞沒整個企業。在面臨這個問題時，一般都沒有足夠的時間，可以在企業中產生重建價值的效果。的確，當考慮到這一點的情況下，企業在面臨危機之時，唯一要做的事，就是要從市場上「存活」下來。

反過來說，當公司面臨上述狀況時，仍然可以得到某些實質上的價值。那就是：當公司處於危機的時候，包含經理人、股東、員工等相關單位，都會接

受公司需要重整的事實,甚至會改而支持某些他們曾經否決的重整政策。對於這一點的認知和懂得適時地掌握機會,對公司進行徹底的轉型計畫,對公司價值的增加是極其重要的。

第二個不同點,公司利益關係人所關切的利益結構,總是比一般情形下的價值重整活動複雜;因為所包含的利益關係人,不是只有經理人和股東如此單純而已。的確,如我們所見,銀行、公司債權人、貿易債權人、員工和政府單位等,全部都對公司未來重整的價值有一定的興趣。同時,他們也對於公司重整的過程,都有大小不同等級的影響力。

因此,經理階層在重整之前,應儘可能地與這些持反對意見的關係人們作詳盡的溝通、交流,這對公司重整的成功與否具有相當重要的影響力。利益關係人將比一般股東對於重整的過程與其相關資訊,更沒有耐性去仔細關心。他們甚至會因為不滿意公司重整過程中所執行的某些政策,而準備採取某些單方面的行動來反應。而因為在公司重整時,所面臨的狀況層出不窮,所以經營階層中往往需要各種類型、專長的經理人,如此才能更增加重整成功的可能性。

在英國,依據個案 Rover 最近所採行的重整過程,明確地顯示出公司內部會不斷地發生利益相衝突的情況。而當公司的重建計畫是秘密地進行時,尤其是還在制定重整計畫的情形下,利益衝突的情況更是明顯。

四個方法使公司脫離經營失敗

即使公司處於最惡劣的狀況下,仍然存在著一些方法可提供企業和股東們選擇應用。圖 9.6 表示著,該如何確實瞭解公司及其潛在的價值;瞭解公司的狀況後,有下列四個基本的方法:出售公司現有的資產;暫停公司的營運活動(停業);設定策略——目標是在短期之內,使公司經營績效出現好轉,接下來可能選擇繼續保持經營,或是趁著公司績效好轉後,以較好的價格出售公司資產;徹底執行一系列重建公司價值的計畫。其實,還有第五個方法——不幸地的是,採用此方法,公司需要經過宣告破產的程序。但最後一個方法比起之前四個基本方法,似乎可以為公司爭取到更多的時間,來規劃整個重建計畫。

然而,本章所應該強調的重點卻是四個基本的方法。圖 9.7 依據四個方法所能為公司增加的重建價值,依高低次序排列;圖中同時可以發現重建價值的高低,與其風險是成正向關係的。

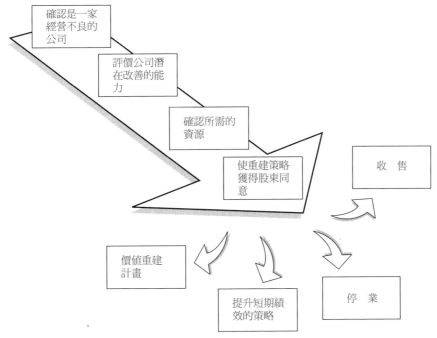

圖 9.6　價值重建過程的各項階段

低風險　　　　　　　　　　　　　　　　　　　　　　　　低潛在價值

立即銷售
- 不能得到最理想的價值，但可以立即把損失具體化的呈現給投資者
- 可能把價值留給買家去評估
- 在股東對公司喪失信心而且經營階層也認為公司無法挽救時，這是一項正確的策略

停業
- 如果再銷售的資產價值減去停業成本會超過公司的價值，則贊成這項策略
- 特別的資產狀況或是不能實行立即出售策略的公司

提升短期績效策略
- 目標在於產生一個有效的營運改善，並能使公司獲利以增加公司的價值

完整的價值重建計畫
- 焦點在公司營運績效提升
- 發展並確立公司的核心能力，以爭取公司產品的市場佔有率，發展新的市場機會，以使公司獲得成長和獲利的能力

高風險　　　　　　　　　　　　　　　　　　　　　　　　高潛在價值

圖 9.7　價值重建計畫的各種選擇

$ 前三個方法

在第一個方法中：盡可能快或是盡可能以合理的價格，把公司現有資產清算。當公司清算後的淨值，足夠償還公司的負債，那麼即使公司是以相同於「跳樓大拍賣」的價格出售，對債權人的利益而言，根本就是無關痛癢。公司的利益關係人只會關心本身的權利是否受損，因此他們反對任何會拖延或增加額外風險的策略和計畫。

第二個方法：在停止公司的營運活動後，才變現公司的資產。當公司資產對市場上的買家，有非常明顯的利益價值時，這方法相當合適。舉例來說：一個具有再發展價值的工廠地點，並且在該處發展會有規模經濟的效益出現。但這一切的發展都需要資金的援助，所以對經營失敗的公司而言，即使有再發展的潛在價值，出售和放棄發展還是最好的選擇。還有一點是公司仍要注意的，須小心注意不要被競爭對手，在公司困難時趁機擴大市場範圍，或是因此而傷害公司其餘的營業部門。雖然變現資產並不是一個維護公司價值和保障員工的好方法，但只要沒有政治力介入或是嚴厲的員工保護條款，這方法不失為一個使公司價值極大的選擇。

有些股東可能傾向於第三個方法：加強公司短期的經營績效。如果股東無法確定公司是應該繼續經營或是立即變現時，他們常會選擇這個方法。或許股東們願意承受這額外增加的風險，但絕不會在公司轉型時，再投入足夠的資金和時間；因為他們仍認為第三個方法與第一個方法比較起來，還是擁有較高的風險。此外，還有一點就是，第三個方法並不會造成企業內任何部門的變動。即使第三個方法的目標是提高公司短期的經營績效，第三個方法也不決會採用下列手段──提高企業經營的效率性，或是刪除績效不良的營運部門、產品和顧客等。

類似於控制公司營運資金或是選擇合適資本支出的機制，以此來維持公司組織和其競爭能力。從營運現金流量和營運資金影響公司價值的觀點來看，上述的政策才是增加短期經營績效的有效方法。然而，這些機制對於公司未來的成長性似乎毫無幫助，所以能增加的公司價值是相對有限的。而接下來，要表達的也是採用第三個方法該注意的事項：即使初期成功的增加了公司價值，公司的利益關係人仍然不會放棄想要變現公司資產的意圖。而持續地採用第三個

方法,似乎只會更顯示出這個策略,無法在短期消除利益關係人的疑慮,甚至會破壞變現價值的缺點。

(S) 第四個方法

說服採用整體轉型的計畫是一個影響相當深遠且相對高風險的策略。當公司有規劃完整的重建策略時,此時採用第四個方法就是正確無誤的選擇。所有價值重建的過程,都在圖 9.8 完整地呈現出來。從穩定公司狀況、分析策略對公司可能地影響、加強營運績效等都被包含在內。相對於第四個方法是所有方法中最能增加公司價值的策略,它所需要的時間、資金和管理精力也是最多的。無庸置疑地,在第七章中所提到的價值管理技巧,在此時重建的過程也可以被好好利用。

接下來,讓我們更深入地探討當公司選擇整體轉型計畫時,經營階層所將會面對的四個不同價值重建時期。

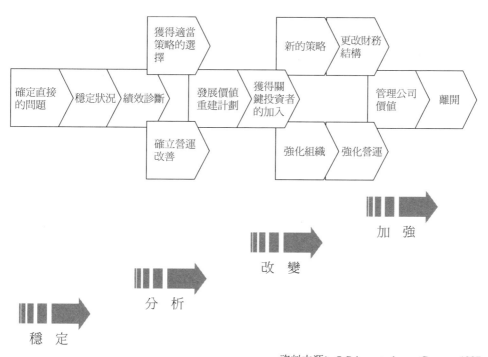

資料來源: © Pricewaterhouse Coopers 1997.

圖 9.8 價值重建過程

■ 第一個時期：穩定 (stabilize)

對許多陷入經營危機的公司而言，在把注意力放在公司轉型計畫之前，第一步要做的，就是穩定公司的狀況。首先，在穩定階段，經理人該作的事就是處理所有緊急發生的事件。即使經理人匆促間所下的決策可能會對公司長期價值造成傷害，但在這一階段的特點，就是永遠不會有足夠時間讓經理人作精細的分析。因此在這一階段中，隨時會發生傷害公司價值的失敗或是無法預料到的破產。在這一階段必須雙倍地注意：

◎現金：並非維持公司營運的現金流量；就是單指現金。
◎減少經營損失和公司營運對現金的需求。

在第一階段的末期，必須盡快地分析企業狀況以重新安排債務的償付方法，減少公司對營運資金的需求並且重新協調未來需履行的合約規定。此時，公司沒有所謂核心資產，或是必須盡快地出售資產以換取足夠的現金；而這些匆促的變現舉動都是為了取得足夠的資金，以滿足企業繼續經營所必須的資金和時間。

在這一階段的末期時，任何對公司的指標衡量都是沒有意義的。公司一切策略的目的就是要消除企業對資金的額外需求，並且使多疑的貸款人相信公司處於控制之內。在此時，無論是誰擔任公司的經理人，似乎都只能採用這些方法來建立公司的信用額度，並且爭取所需的時間，以便實行一個適合的價值重建計畫──增加公司中、長期的價值。接下來要考慮的事項，就是快速地確認出各利益關係人都能接受的公司主要重建計畫。

■ 第二個時期：分析 (analyze)

如果公司的資金問題已經穩定了，且利益關係人都已經同意公司進行重建計畫，那麼接下來進入的第二個時期，就是要分析公司的現況和未來發展的可能性。一套完整的分析過程，包括：公司未來可能的發展、有多少可貸資金會支持公司、潛在的未知威脅。如果沒有設計一套完整性的公司轉型計畫，那麼實行轉型計畫所帶給公司的不是價值增加的好處，而是更多的負債債務和一堆無法應付的問題。在這裡，我們將再一次建議，某些本書曾介紹使用過的分析技巧。

分析的重心必須落在，公司所採行的策略內容和其對營運所產生的影響力。

公司的核心競爭力在哪？是否有效地發揮出競爭優勢？哪些產品和顧客需要繼續維持？哪些需要刪除？而這分析診斷策略的最後結果，就是要使公司的股東和經營階層，能對公司所採行關於產品製造、維持市場競爭優勢等策略，有更深入地認識。在詳細分析的基礎上，最好又能夠為公司增加某些關鍵利益關係人（例如：重建計畫中需要的新債務人、新股東、新客戶等），則公司重建成功的機率就愈高。如果計畫一切順利的話，公司重建的過程，就會循著本書第七章所介紹的「價值轉換」機制而進行。

在重建的過程中，要注意的重點不僅僅是公司是否擁有潛在的價值，以及該如何發掘潛在價值的方法，更重要的是重建會需要哪些資源的支持。這些資源可能是，時間、資本和管理能力；所有關於公司重建、轉型的計畫，都需要考慮這三種因素。舉例來說，當對公司營運影響很大的合約到期了，或是說經營上的損失不斷耗費公司資金時，處理事件的反應時間往往是不夠的。相同地，當利益關係人中斷與公司的合作關係時，公司也是無法得到在重建過程中所需要的資本。

股東價值法，可以使公司的利益關係人對公司重建過程，更加清楚明瞭。因此，使用股東價值法，可以使債權人瞭解到重建計畫的好處：增加取回投資借款的機會，或是可以藉由把債權轉換成相等股份的方式，增加向上獲利的機會。如我們之前所提到的，股東不一定會贊成發行新股來籌資（因為發行新股會稀釋舊股東的獲利）。但是所有重建計畫的參與者，在希望可以恢復公司價值的前提下，都會願意延遲個人應有報酬的實現。

最後，經營團隊和顧問，必須考慮轉型計畫是否有實際執行的可能性。在實際執行計畫的過程中，常會因為經營團隊的設計缺失，而發現計畫的實際執行比規劃時，需要更多的資源援助。若公司重建失敗，是因為事先沒有周詳地規劃，那麼我們相信沒有任何投資人會原諒公司的管理階層。通常公司在下列情況下，會導致公司價值的損失；被迫提早進行產品銷售，或是因為缺乏合適的新經營團隊以取代舊團隊。而如果利益關係人，無法及時提供公司重建所需要的時間、資金，那麼公司快速恢復正常營運的計畫，恐怕也很難實現了。

■第三、四個時期：改變 (reposition)、加強 (strengthen)

在經過詳細的分析之後，接下來要面對的就是必須提出一個價值重建計畫，而所有的利益關係人在這兩個階段都會參與計畫過程。價值重建計畫隨著不同的企業環境而不同，很難制訂一套標準的計畫內容。不過，每一個重建計畫在

開始時都需要注意，該如何利用公司現有的資源，並且正確認知重建過程中，真正需要哪些額外資源的幫助。一旦獲得足夠的時間和喘息空間，無論是公司新的經營團隊或是外聘的經營顧問，就會開始忙碌於如何使公司的價值績效增加，以避免利益關係人在看到成果出現前，就因對計畫失去耐性而放棄。

如果重建計畫失敗了，受影響的並不只是公司本身陷入困境而已，相關的利益關係人也會同樣地陷入危機之中。而這種連帶影響的關係，也正是公司創新發展的導火線。俗話說：「需要是創新之母」，正是這個道理。

■ 兩段式計畫

一般價值重建計畫都包含著兩個不同的部分。第一個，牽涉到財務重整 (financial re-struturing) 的問題，意味著必須從財務的觀點，來注意公司的營運。如前所述，任何公司財務重整的措施，都會面臨到資訊不對稱的問題出現。而如我們所強調的，當經營階層預期公司未來會出現高度成長的時候，會傾向於以新債來籌募資金，而不是以發行新股的方式，如此可以為股東保障較多的盈餘分配；此時希望發行新債所帶來的風險，並不會影響到公司的獲利。

若以發行新股來進行財務調整，則發行新股所傳遞給市場的訊號正好相反。從公司長期融資的資金成本來分析，只有當公司非常不確定未來的營運狀況時，公司才會選擇發行新股。而這也可以解釋下列現象：為什麼公司一宣布發行新股，市場上的股價立即下跌；為什麼股東們非常不願同意以發行新股的方式進行財務重整（因為新股會稀釋未來的盈餘分配）。

債權人也會面臨到某些為難的決策問題，特別是他們需要將債權轉換成公司股票的情形時；當債權人體認到無法拿回所投資的借款時，只有無奈地選擇轉換成股票了。換句話說，對債權人而言，持有股票保留權利以接受公司不確定的未來發展前景，總比毫無所獲要來得好❼！

在公司決定進行財務重整的前提下，公司會陸續地出現新的財務結構和新的加權資金成本。而這些「指標」，也可以被用來判斷公司重建計畫是否出現成效。

重建計畫的第二部分，就是徹底地強化公司組織 (organizational-strengthen) 結構；包括：替換新的經營團隊、新的經營結構和新的報酬計算機制（將經營團隊的報酬多寡，與重建過程中所展現的績效衡量連結在一起）。在這個新方法

---

❼最近英國債券的次級市場，已經出現明顯的改善了。但是當債券市場出現資產掠奪 (asset-stripping) 的需求時，如同公司出售部分的負債，債券市場還是會出現不穩定的狀況。

下，經理人會努力加強公司的營運活動，並且嘗試著以更佳的方法，替換之前實行卻不成功的策略來提升經營效率。

若能結合公司新的財務結構和組織結構，那麼將會創造出一個適合重建公司價值的良好環境（依循著第七章所提到的趨勢線展開重建過程）。當重建計畫順利且持續地進行，公司終將會發現市場上會出現新的買家，願意以較好的價格購買重建後的公司。重新回想之前提過的一個觀念，就會發現在購併案發生時，最後都是由賣家獲得較大的利潤。

價值再造的好處

當公司處於危機之中，無論是哪一類型的公司，想要重建公司價值的態度和期待都是相同的。然而，公司的各類利益關係人都是潛在的價值受益人；其中某些人因為深信公司可以再一次重建價值而努力，但並不是每一個利益關係人都有相同的信心和耐性，認為公司可以再一次重建。在這樣的情況下，通常需要花費更大的心力，去讓眾利益關係人瞭解公司重建的策略、計畫和過程。

從第七章到這裡所提到的股東價值法，都是使公司從績效不良、價值受損的情況下，逐漸地發展為高度成功公司的連續策略之一。在所有的情況下，股東價值法都可以提供一個適合執行策略和改善績效的好環境。的確，我們對於維持公司長期營運所需的現金流量的重視，正好符合債權人的利益。

當公司陷於危機時，往往會出現一個特性——逐漸逼近公司的失敗恐懼，會使得公司內產生改革、轉型的聲浪，而即使是經理階層再保守，也無法阻止公司這一股想要改變的浪潮。這時候即使是要徹底地改變公司，也是可實現的結果。但一般來說，穩定的狀況常會被認為是公司保有的慣性；而這也是當公司陷於危機時，是否能成功進行改革的關鍵因素。

在重建過程中所使用的「價值來源法」（value-oriented），如圖 9.8，是一個很好的工具，可以使所有的利益關係人，包括：員工、債權人和股東，都能夠在重建計畫中發揮很好的效用。「價值來源法」能同時滿足要求公司改變的聲浪，和增加公司長期價值的兩大目的。但這並不是認為「價值來源法」，是唯一處理公司重建狀況的方法。更確切地說，要注意每一個重建方法的特性和相對需要承擔的風險，並且努力營造一個良好的決策環境，以謀求公司價值極大化。

摘　要

　　首先，本章開始介紹股東和其他利益關係人所關心的不同利益點，來分析價值重建過程中所使用的「股東價值法」。當公司陷入危機之中，除了股東之外的利益關係人，尤其是債權人的權利是最被優先保護的，而依法定的權利順序，股東的利益則是排在最後面。在危機中，經營階層除了必須努力地把所有關於重建的資訊讓員工、顧客、供應商等相關人徹底瞭解外，更要盡力地與債權人、股東溝通，以便得到重建中所需的資源。在檢視過企業經營失敗的原因後，我們轉而探討該如何使公司轉型和重建的計畫內容。本章提供了四個使企業脫離失敗的方法，而只有第四個方法是使用股東價值分析法來訂定公司詳細的重建計畫。每一個計畫實行，都會經歷四個階段——穩定、分析、改變、加強。而最後，在加強公司經營績效的過程中，仍需要公司財務重整和組織結構重整兩大計畫的配合，才能事半功倍。如我們曾說過的：「危機也是轉機」，但遇到危機卻毫無應對的策略，是不會有機會出現任何的轉機的，只有不斷創新發展，才是使公司浴火重生的唯一方法。

第三篇

行動中的股東價值

第十章

各行各業的股東價值

在第二篇的三個章節中,我們由說明股東價值法 (shareholder value approach) 不但在一般情況中使用,也能使用在購併 (mergers) 上,還可使企業起死回生,可以證實這個方法已被廣泛地應用。現在我們跳脫一般的方式,更仔細地來檢視現代經濟體系中各產業和部門的多樣性。

之後,這個章節會提出幾個思考方向,看看 PricewaterhouseCoopers 如何將股東價值法運用在具體個案當中。雖然沒有兩家公司是完全相同的,但是藉由建構特定部門的模型 (model),如水電、保險,我們可以找出在任何股東價值分析中必要的共通因子,和影響價值的相關因素。

根據我們的看法,股東價值並非適用於所有績效管理的問題。也就是說,這個方法有時必須加以修改以求適合於不同個案。有些公司可能不需要任何非以自身價值為基礎 (off-the-shelf value-based) 的管理方式,便能運作自如。在電信、製藥、石油、高科技產業,這些後文會討論的領域中,我們必須小心檢視那七個價值驅動因子是否需要修改?還有要如何修改?

我們相信這個方法也能應用在像金融服務,這種看來與股東價值 (SHV) 無關的產業,後文也將一併討論。

現金流量及資金成本

⑤ 回到定義

在進入細節之前,要先考慮哪些產業可能需要使用股東價值方法。在一般模型中,有三個主要考量:

◎現金流量預測——自由現金流量 (free cash flow) 定義可行嗎?

◎資金成本——需要做調整嗎?

◎剩餘價值計算 (residual value calculations)——在哪些假設下計算?

一般而言,我們定義可用現金流量為稅後淨利扣除固定投資及營運資金 (working capital) 之後的現金流量。折舊可以計入現金流量中,不過由於折舊是維持企業營運的必要支出,因此也可將其從自由現金流量中扣除。在大多數的企業中,折舊的計入與否並不會為企業帶來困擾,但是在資本密集產業中則不然。在資本密集產業中,折舊這筆不包含在現金流量中的金額,會大大提高 EBITDA(扣除利息費用、稅、折舊與攤銷之盈餘),使得現金流量大於其他以

收入為衡量基礎所計算的現金流量。

當然，你可以主張：因為折舊實際上不能拿來運用，所以應該從自由現金流量中扣除。然而對於需要大筆長期投資的水電業而言，因為折舊可以從課稅所得中扣除，因此折舊金額的大小十分重要。折舊由課稅所得中扣除可降低稅率，並且增加股東可支配的資金。這意味著：扣除利息費用、稅、折舊與攤銷之盈餘 (EBITDA) 會比每股盈餘 (EPS) 大，且使用股東價值方法的績效會比較不顯著。

同樣地，在金融服務業中衡量現金流量也十分困難。要能清楚區分顧客與公司的資金，才能使公司所做的分析令人信服。股東價值分析需要公司能確實釐清資產所有權，能明確區分資金歸屬於哪一方，對金融服務業是有幫助的。

在金融服務業中，加上利潤、損失和資產負債表中任何可能影響現金流量的因素，使得情況更為複雜。在自由現金流量的定義下，必須確定沒有重複計算的情形發生。

$ 無形資產和資金成本

雖然這個部分在第三章討論過，但仍有其他方面是使用股東價值需要注意的。在計算資金成本時，必須能得到精確的資金金額，這不但要對短期資產及負債有清楚的瞭解，還要知道它們在未來如果為公司帶來效益，這要比單純財務預測來得複雜，卻是必要的過程。

更重要且困難的是，傳統會計方法幾乎完全以資產帳面價值，來計算決定資產價值。不過，股東價值要以市價來衡量資產價值，在市價法計算中，需要知道資產的使用經濟年限，如同之前在第六章所提的。

不同的無形資產價值也需要做調整，無形資產可分為四個類型如下：

◎研發性資本 (innovation capital)
◎結構性資本 (structural capita)l
◎市場性資本 (market capital)
◎商譽 (goodwill)

無形資產價值的衡量已是總體經濟學上重要的議題，無形資產不單是投資重要的部分，而且在無形資產上的投資成長快速，如圖 10.1 所示：

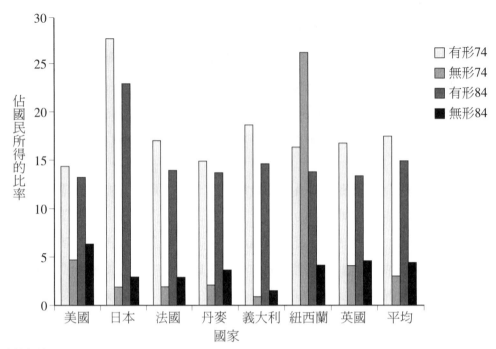

資料來源：*Technology and the Economy —— the Key Relationships*, report on the Technology / Economy Programme (OECD, 1992), p.113.

圖 10.1　有形及無形投資

　　如何衡量無形資產價值？為了找出解答，股東價值分析考慮了幾個方法的差異，並且清楚列出其優先考量的次序。以研發性資本為例，現今會計實務上將其視為費用，而股東價值方法認為研究發展費用應予以資本化，視為公司資產，現今會計方法忽略了研發性資本，所以只著重於帳面價值和市價計算金額差異的討論，由 Lev 和 Sougiannis❶的研究，顯示了研究發展和後來的現金流量間的關係，不但是顯著的，而且有經濟意義的存在。不管研究發展在公開報表中列入何種科目項下，他們建議股價應將對研究發展的投資列入考慮。

　　之後，主要的事是調整資產負債表，使其反映出對研究發展所做的投資。結構性資本也要做調整將其放在智慧資本 (intellectual capital) 或知識資產 (knowledge asset) 項下，其他像員工忠誠度和技能（人力資源）也應將其價值計入。

　　市場性資本包括對公司有正面幫助的註冊商標、品牌等，例如：發行雜誌

❶Lev, B. L. and Sougiannis, T. (1996), "The capitalization, amortization and value of R&D, " *Journal of Accounting and Economics*, 21, pp. 107–38.

的名稱；這些對公司營運有助益，所以當然有經濟價值：可以買賣、授權、管理。就像有形資產一樣，無形資產也應估算它的報酬率。

雖然在衡量價值上有困難，但我們認為還是可能找出可作為公司資產的品牌，通常此類品牌會有較高的廣告費用支出。

如何評價品牌價值說法不一，而在股東價值下，我們認為有一個有效的方法可以改善目前此類資產價值的估算，加入這些額外的資本勢必使得股東價值分析的計量基礎和傳統會計作法產生差異，因為公司資產的定義較傳統會計廣泛，包含了所有由經濟觀點來看，所必要包含的項目，使得股東價值分析與傳統會計有時產生極大的不同。

而第六章中所介紹股東價值方法中其中之一：SVA，就高度依賴公司中被定義為有經濟價值的資產，這種作法會產生新投資與折舊率。而在實務上，折舊率即使難以確實得知，也必須估算出來，否則又將回到以計算稅額為目的所決定的折舊率。

最後，商譽需要正確的計入，對商譽的計算，在稅務與會計上有很大的不同，在國際公認會計準則 (IAS: international accounting standards) 中，商譽的折舊攤銷期限為二十年，這已經漸漸被國際接受。美國一般公認會計原則 (GAAP) 雖允許寬限為四十年，不過在現代實務中，大都仍以二十年為限。英國一般公認會計原則 (GAAP) 也認可二十年為期限，但可以允許例外發生，而且公司可以尋求其他評價無形資產的方法，其中包括一些接近上述提過的經濟觀點來定義資產的方法❷。值得注意的是，所有我們努力想得到這些資產的「替代性」(replacement) 成本，是需要技巧且重要的課題。在先前討論的 CFROI 和 SVA 模型中（見第六章），我們檢視了公司資產所扮演的角色，和它們必須區分出的特點，使用股東價值模型者，必須仔細考慮這一點。

---

❷Companies do have the option to "rebut" these depreciation rates, and to provide other means of valuing their goodwill and intangibles. However, if they do so, they can then open themselves to impairment charges in the event of a subsequent downturn in their activity. Prudent managers tend to opt for the more predictable depreciation charge. See *International Accounting Standards: Similarities and Differences*, PricewaterhouseCoopers 1998 and 2000.

剩餘價值

計算剩餘價值通常是為了衡量公司的存續價值。如同第六章所提的，剩餘價值的計算是假設在計畫期間終了時，該公司可以賣出的價值。換句話說，它是計算出售當時公司價值的近似值。在某些情況下，剩餘價值計算法比其他方法來得有效。

在一般情況下，以未來十年為期，剩餘價值佔總價值 50%–60%。隨期間減少，企業剩餘價值重要性愈大。然而，在新設立的公司不但缺乏歷史資訊，而且未來也充滿不確定性，無法一併考慮所有可能情況，我們只好大幅依賴剩餘價值的預測。而這樣的預測，通常是以最後一年的現金流量或 NOPAT，以及企業資本結構和預估利率為基礎來估算的。

在我們應用股東價值法的經驗當中，包括了許多需要調整剩餘價值的產業。在能源相關產業，如石油及天然氣等，我們在衡量公司價值時，可能要將公司油田的預計使用年限列入考量，但仍會有些地方不夠精確，因此我們可以對發現新資源和現有資源折損年限做假設即可。

在金融產業，可能也有相同的問題，因為有些企業的獲利也是一年來所付出的人力、時間所獲得的成果。不過仍然可以藉由參考公司現況和一些簡化的假設，來幫助公司瞭解哪些部門可能會有營運績效不良的情況。在保險業中有著重要地位的人壽保險業，就是屬這個產業。

在新創立的公司也需針對自身特點做些調整，通常這類公司為高科技產業。在這裡，短產品周期 (short product cycle) 指的是預估的現金流量有極高不確定性，且期間短，因此，將評價的重責大任全交由剩餘價值估計。本章後文，我們以「實質選擇權」評價方法來解決這個問題，或許能找出股東價值模型未來的走向。

本章中將討論股東價值在各產業的應用，首先介紹金融業。在金融業中，我們將檢視在銀行業、保險業及基金管理中已被證實有用的模型，然後再介紹同樣面臨技術進步快速的高科技產業和製藥業；然後介紹石油和天然氣產業；最後我們來看近來同樣經歷民營化 (privatization) 和自由化 (deregulation) 的兩個產業：通訊電信業和水電業。

金融服務業

$ 表現欠佳的產業

或許有人認為金融產業對股東價值，要瞭解得比其他產業深。沒錯，不過它瞭解的幾乎全是其他公司的股東價值。相對地來說，它們對自身股東價值並不夠瞭解。因為金融服務業的複雜，所以需要做特別的調整，這也使得管理階層感到金融服務業和其他產業有著很大的不同，因此對於股東價值分析有需要多認識。我們相信只要調整模型，銀行業與保險業和其他產業一樣能使用股東價值。

如同先前書中所提，銀行在盛行於歐洲大陸及日本的 stake-holding 共識中，扮演著重要的「連結」角色。而近來歐日的表現不甚理想，除了少數一兩個國家外，銀行在歐洲股市表現普遍不佳。瞭解這一個情況極為重要，因為銀行無法扮演好原來的角色，而且必須評量它們的投資及策略性持股，是否對追求自身股東價值有助益。最近網際網路和線上交易的改變更強化此種趨勢，並且突顯了金融服務業是否能創造股東價值的問題。如圖 10.2、圖 10.3 所示，銀行和保險業在歐洲幾年來均表現不佳。事實上，它們還曾是股市中最差的產業，雖然在美國銀行、保險業的表現較好，但也僅限於 1990 年初美國經濟蕭條之後幾年。

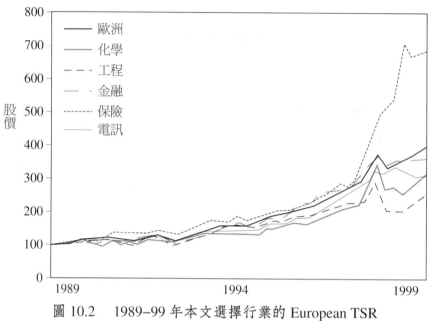

圖 10.2　1989–99 年本文選擇行業的 European TSR

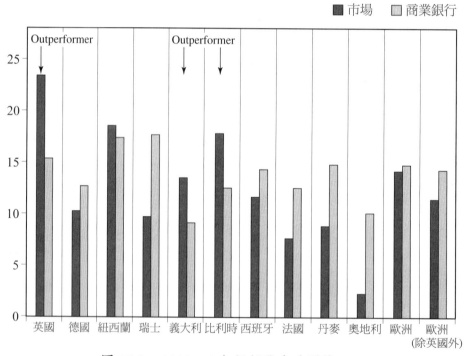

圖 10.3　1989–99 年銀行業在歐洲的 TSR

ⓢ 銀行業

之前提及的 Lloyds Bank 在股東價值中有不錯的表現，它採取了為公司帶

來不小利益的策略，這使得 Lloyds Bank 在金融業界成為一個特例，因為它明白的顯示了股東價值在金融業界是可能被創造出來的，這令 Lloyds Bank 很可能成為業界追隨的先驅。

我們的銀行業模型的設計，是以外部資訊來評價銀行，也就是使用權益法和可支付股利（類似概念運用在其他模型中，自由現金流量的概念），並運用公開可取得的資訊來評估銀行價值。藉由區分出增加股東價值現金流量，我們可以凍結銀行負債部位以便做股東價值分析。金融機構自由現金流量好比企業支付股利的能力，這和一般會計上所認定的現金流量有所不同，其不同之處在於：會計上認為銀行有明定的資本適足率，除了特許外，銀行不能發放會減少資本的股利。

正如所有股東價值模型，銀行業模型也是預測性質的。使用公開可取得的資訊計算自由現金流量，使預估現金流量和目前市值相關。一開始，模型在相對嚴格限制的公開資訊下建立，如果可取得內部資訊，我們便可以將模型發展的更仔細❸。

和其他模型一樣，我們有 combination of benchmarking、評價和敏感度分析（見圖 10.5），將有助於瞭解銀行的競爭地位。

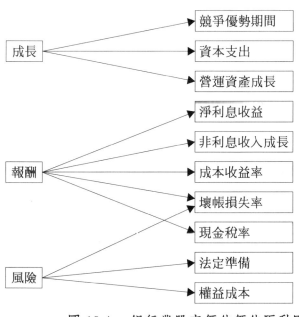

圖 10.4　銀行業股東價值價值驅動因子

❸The current version of the model is designed to operate based on the standard format published by IBCA for over 8,000 banks worldwide. Previous versions were based on Bloomberg data.

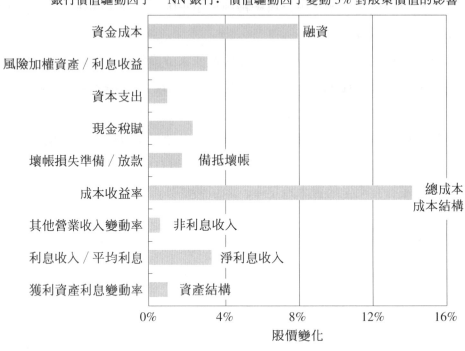

圖 10.5　價值驅動因子變動對股東價值的影響（釋例）

　　由圖 10.4 可知，模型中銀行股東價值有十個主要的價值驅動因子，可在成長 (growth)、報酬 (returns)、風險 (risk) 三個項目下，在儘量避免涉及無關細節的情況下，來看看這些因子。

■ 價值驅動因子的意義

競爭優勢期間

　　在此期間，銀行被期待獲得超過權益成本（使用的每股資本乘以用未舉債貝它值計算的權益成本）的營業收入（稅後淨營業利潤）。這個期間並不容易估計，用計量方法 (quantitative approach) 可算出銀行資產固定價值的平均存續期間，另一個方法則是看銀行如何在市場中維持它的競爭優勢，我們估計約 3 至 5 年後，金融商品常容易被競爭者模仿。一旦被模仿，該商品的自由現金流量，會調整到相當於成長期間末期的水準，亦即資本支出回復到維持資本支出的水準（75% 的壞帳），以表示這項新投資沒有正淨現值，應該要中止了。另外，營業資產的成長和營業收入，會回復到長期通貨膨脹率。

資本支出

　　資本支出是年度間，由於新固定資產上的支出（扣除處分資產損益後的淨值）。所有資本支出將立即由股東權益中支付，因此我們假設完全由股東權益支出的基金資本 (funding capital) 和由股權及負債支出之間，有約當金額 (economic equivalence)，然後將這筆負債做為資產折舊項目。

營運資產的成長

　　營運資產由貸款和其他營利資產 (earning assets) 所組成。其他營利資產包括短期存款、銀行貸款、短期投資、政府債券和持有有價證券。營運資產預估淨利息是用來計算預估營運資產的淨利息收入，因為營運資產總體的改變，是由顧客的存款戶頭中融資來的現金，因此不能當做權益現金流量項目。而這個假設是根據「每一筆貸款創造一筆存款」這句名言而來的❹。

淨利息收入

　　在這裏，淨利息收入為其佔營業資產的百分比。它被用來作為營運資產組合的淨利息的現金流量的指標。通常利息收入中必定包括了大筆應計利息，因此並非衡量現金基礎的衡量方式。就我們的目的而言，假設應計利息會是利息現金流量不錯的衡量指標，對一個龐大的、不成熟的貸款投資組合來說是合理的。因為我們發覺時間差異 (timing difference) 的重要性，因此，我們必須假設存款與放款的存續期間在可預見的未來不會有太大改變❺。

非利息收入成長

　　非利息收入成長是由費用、佣金、交易收入等項目組成。可由成長模型預估而得，亦可利用其佔總收入百分比預估❻，我們儘量將交易所得從費用和佣金當中區分出來。

成本收益率

　　此為收入支付現金支出佔總收入百分比的衡量值，現金支出包括折舊，因

---

❹Consider a simple example of a customer taking a loan for £100 on the same day that another two customers deposit £25 each. The £50 in total new deposits goes towards funding the loan, with the shortfall made up by a wholesale deposit.

❺See Copeland, T., Killer, T and Murrin, J. (1996), *Valuation*, 2nd edition (New York: John Wiley), pp. 505–7 for a slightly different way of treating this issue.

❻Miller, W.D. (1995) *Commercial Bank Valuation*, John Wiley & Sons.

為折舊通常有明確金額和可取得的折舊率,折舊要加入「可支付股利」(affordable dividend) 模型中。

放款損失比率

備抵壞帳 (放款損失準備) 用來作為放款無法收回的準備。一旦壞帳發生,銀行必須支付存戶,但只收回借款人一部分的借款。因此遭受到現金流失的情形。當提列備抵壞帳時,壞帳已在此時由負債轉到資本,作為股東權益的減項❼。

現金稅率

這是會計期間中的應計 (現金) 稅額, 通常和前年度營運有關, 當無法獲得此金額,可用淨會計稅額 (accounting tax net of movements) 來代替,如果有現金稅額,那麼價值驅動因子會是前年度折舊及折耗前收入的某個百分比。

法定存款準備

銀行及其他金融機構的法定存款準備率,是指為維持資本適足而保留的股東權益 (cash flow from shareholders)。以股東價值銀行模型計算資本適足率時的自由現金流量,是一種風險加權 (risk-weighted) 資產,是核心資本 (股東權益及準備) 和總資本的比值。

權益成本

權益成本在第一篇中已討論過,是用資本資產定價模型 (CAPM) 算出。因為借方科目被視為正常收入,所以我們只看權益成本,且使用無舉債公司的貝它 (Beta)。

■ 銀行模型不同之處

為使用這 10 個價值驅動因子,我們將銀行的可支付股利預測 (affordable dividend forecast) 一併放入。圖 10.6 為一個化簡過的例子。雖看似簡單,但也可以變得十分複雜,像其中某些衍生的預測問題和某些數字間的關連,都可以比這裡舉的例子更為複雜,可能需要十分熟悉銀行業務及財務,藉由各部門專業人士的幫助,來充分瞭解長、短期的發展情況。

---

❼Madden, C. (1996) *Managing Bank Capital*, Wiley.

	2001E	2002E	2003E	etc.
總營業資產	642,858	680,236	716,610	
營運資產成長	23.77%	5.81%	5.35%	
淨利息收入	11,189	11,783	12,390	
淨利息邊際	1.74%	1.73%	1.73%	
其他營業收入	7,056	7,154	7,799	
非利息收入成長	22.27%	1.39%	9.02%	
總營業收入	18,245	18,936	20,189	
營業費用	(12,344)	(12,953)	(13,610)	
成本收益率	67.66%	68.40%	67.41%	
加回:折舊與攤銷		915	972	
壞帳損失調整	(1,400)	(1,075)	(1,133)	
壞帳損失率	0.22%	0.16%	0.16%	
總現金流入	5,377	5,824	6,420	
稅 賦	(1,427)	(1,546)	(1,704)	
現金稅率	26.54%	26.54%	26.54%	
資本支出	(1,536)	(1,625)	(1,712)	
資本支出	0.23%	0.23%	0.23%	
資本適足調整	(4,691)	(1,420)	(1,382)	
Affordable dividend post pref	(2,449)	1,061	1,449	etc.
權益成本淨現值 10.2%		競爭優勢期間		

左側欄:價值驅動因子 右側欄:股東價值

圖 10.6 銀行業模型

　　銀行業模型最大的不同,在於對固定資產的處置方式和資本適足率的調整。固定資產項目金額是取決於資本支出及折舊率,如圖 10.5 所示,折舊費用為自由現金流量❽加項,資本支出為減項,在競爭優勢時期後,資本支出調整為維持資本支出的程度。

　　資本適足調整也是模型中特別的項目,正說明了天下沒有白吃的午餐的道理,要增加資本以滿足規定之適足率。

　　利用外部資訊要估算未來並非易事,不過我們假設銀行有可得到的核心資

---

❽Depreciation is treated explicitly in this manner to illustrate its non-cash nature, but also to provide a common definition for the cost income ratio.

本和總資本率，那麼銀行便被假設可為短期資本直線移動到特定期間，藉由預測資產未來風險權值，我們可以從某些比率中推斷出核心資本 (tier one capital) 和非核心資本 (tier two capital)❾和風險加權資產。

我們認為「超額準備」是股東可分配資金的減項。不過，許多銀行認為「超額」的準備不但較穩當，而且是減少非核心資本的方法，在我們的分析中顯示：過多的準備對股東帶來的傷害大過於助益。

在做預測和瞭解銀行模型內部關係前，有幾個要點需要考慮：

◎銀行的間接金融業務的利潤，受資本結構或標的利率變動影響。

◎當不配合 (mismatch) 風險增加時，以短期負債來為長期資產所需資金做融資，能為之後的放款賺取更大利差 (也就是所謂的 "riding the yield curve")。再者，個人存戶的契約規定，使銀行在高利率時期能擴大淨利息收入，而以上這些因素使得我們很難由歷史資料來預測未來收入。

◎利用權益資金成本來折現之後的利息自由現金流量，使這個主要價值驅動因子的敏感度更高。這種「權益」法，是為了使資產負債表顯示出：負債科目能創造出價值。

◎國際清算銀行 (BIS) 嚴格規定的資本適足率在不同國家執行情況也不一，而風險加權值也年年變化大，規定複雜和改變都會影響股東價值。

◎表外事項 (off-balance-sheet) 亦會影響股東價值，而且難以估計。

雖然模型需要許多簡化的假設，仍對我們發現銀行問題、檢視銀行缺點有幫助。

更重要的是，當這個股東價值模型加上其他更細部的項目，如風險值、風險調整績效衡量 (risk-adjusted performance measures)，我們可能加入更多方面的因子，來提供對銀行更深入的瞭解。

⑤ 保險業

在保險業也同樣面臨同業競爭的挑戰，而在股市的表現也不甚理想。造成同業競爭增加的原因有二：一是由於市場自由化；二是擁有固定客源的非傳統保險業加入競爭，例如 bancassurers 即是結合銀行業務和保險業務的新型態產

---

❾Tier two capital mainly consists of subordinated debt, preferred stock and long-term loan capital.

業。

顧客們愈來愈有經驗，逐漸注重價值的創造，偏好以長期儲蓄計畫來取代傳統保險。這些改變和挑戰如波浪般侵襲著英國保險公司的經理人，也使某些公司決定進入新的商業領域，像：網路銀行 Prudential launching Egg。

保險業的財務報告是依據下列幾項做成：歷來的法規、財報標準、一般公認會計原則 (GAAP) 和企業控管，另外也受保險核計的影響，當中每一項在股東價值中都不易決定。

企業在營運方面有著時機複雜性 (timing complications) 問題，而這個問題會因為對有效投資策略需求而擴大，因此需要長期深入的瞭解，同時這也造成所分析保險公司因類型的不同而會產生不同之處。以垂直整合的公司來說，因為它擁有自己的銷售體系，保單所帶來的現金收入，如：保費、佣金等，會為公司帶來利潤。因此，雖然公司在未來是否會獲利仍是個未知數，不過，短期而言仍然會有建立新公司的動機。

但是在分散經營的保險集團中，並沒有自己的經銷系統，使得創立新公司更顯困難。新創立公司的初期可能無法獲利，因為支付給經銷商或業務員的佣金往往高過於獲利。因此，即使長期獲利可能不差，創立新公司的意願仍低。

由於保險公司內部資訊，如：產品組合等，不易取得，因此難以獲取現金流量相關資訊，雖然保險公司有長期資本利得，但財務分析師因為對公司所知有限，多半不會建議投資大眾對其投資。

■ 現金流量基礎

雖然保險公司較為複雜，但它們依舊和其他公司在一樣的環境下營運，它們同樣必須讓投資人瞭解公司獲利狀況，同樣得接受市場的檢視，因此保險業模型的建立類似銀行業的模式，股東價值是建立在權益基礎上的，而「可支付股利」(affordable dividend) 是公司價值加投資減去負債後的淨帳面價值：

公司價值＝保險現金流量／資金成本＋剩餘價值

保險公司有三種不同的現金流量，風險調整現金流量 (risk cash flow) 由保險業的核心事業而來，與評價、接受和分散風險有關。投資現金流量 (investment cash flows) 由金融中介或投資顧問業務而得。服務現金流量 (service cash flows) 是行政或其他服務而得，包括保險風險和投資相關服務。區分保險業，可分為

一般保險和人壽保險兩大類。

■一般保險

這裡指的是產物、偷竊、火災險等，通常一位保戶會投保好幾年，在看一般保險之前，我們首先來定義營運現金流量 (operating cash flow)，在一般保險中投資收入完全歸於於股東，因此要加入現金流量中，大部分公司保有多過於官方規定的償債準備 (solvency requirements)。如同銀行業，我們可以估計保險業未來償債準備。

投資資產在模型中和保險公司一樣，是以市價列在現金及其他金融資產項下，因為根據定義，這些資產只有在市場風險上升時才會增加，不能加入股東價值中。做一些調整或許能和新公司一樣獲更多錢來投資，在一般保險中，和其他公司一樣以 CAPM 計算資金成本。

保險業有其他特別的價值驅動因子，包括有新創立公司數量的多少、公司保留盈餘、出險和損失的因素等，這些在圖 10.7 中均有列出。圖 10.8 中為保險業的敏感度分析。

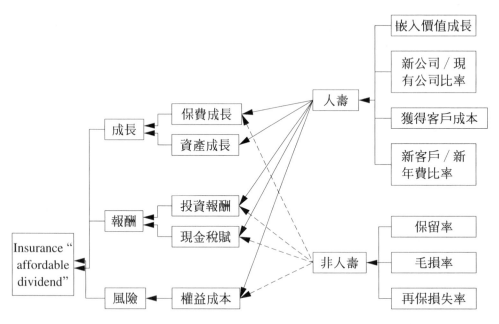

圖 10.7　保險業 SHV 模型：一般保險現金流量

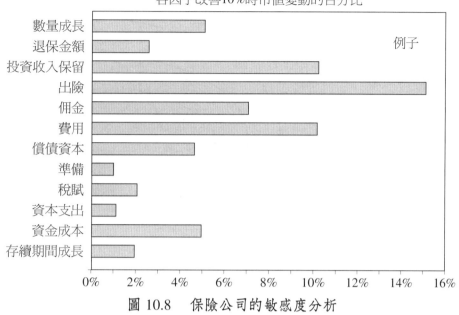

圖 10.8　保險公司的敏感度分析

■人壽保險

　　人壽保險可簡化成圖 10.9，在契約終止日時，保險公司有多過於允諾給與保戶的部分，便是公司的資產。不過我們認為，人壽保險並不能為股東帶來額外的利潤，因為有時保戶得到的利潤相等於保險業者所允諾給與的，如圖中實線所示。若是達到下方線的情況是最好的，但是若是在上方線，則有可能造成公司還需額外支付應給保戶的金額，保費訂定不正確加上對保戶的承諾不夠明確，便容易產生這種情形。

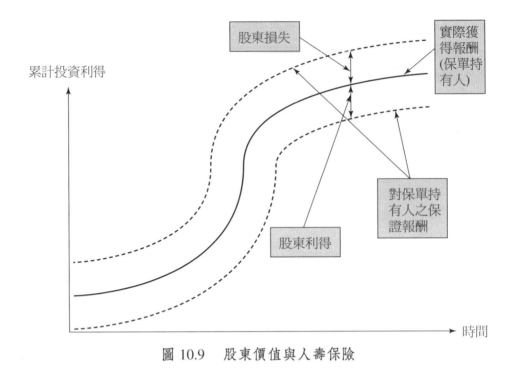

累計投資利得

股東損失

實際獲得報酬(保單持有人)

對保單持有人之保證報酬

股東利得

時間

圖 10.9　股東價值與人壽保險

當要支付給保戶的金額小於公司投資獲利金額，也就是下方線的位置，股東便會獲得額外價值 (additional value)。這個簡單的例子說明了在保險業中，財產權的歸屬對於提高股東價值的重要性。

基金管理

在金融服務業的金融業務中，我們要特別來看投資管理業。有趣的是，基金經理人似乎較關心客戶的股東價值，而不在乎自己的股東價值，只有在這個產業，公司股東價值上升的速度會比顧客帶來的價值還快。也只有這個產業中，公司股東價值和公司本身似乎沒有什麼關連性。

基金管理公司在多頭市場受益，在空頭市場則表現不佳，經理人覺得市場起伏如潮水般，他們無法影響市場。事實上我們可以發現，銀行及保險業介入基金管理實務都是為了自身的利益。縱使無法操縱市場，基金經理人認為他們在其他部門面臨波動時，提供了相對穩定的收入。

在英國公開報價 (publicly quoted) 的基金經理人有著極不同的股東報酬，如圖 10.10 所示，有內部資產管理部門的保險公司表現最差，由數字可看出當經理人太過專注在某方面，其餘方面的表現就無法同時注意了。

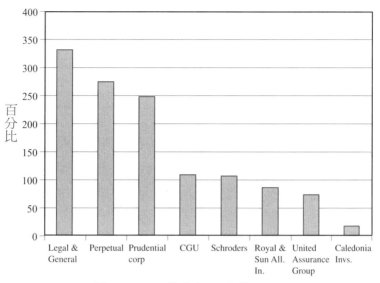

圖 10.10 基金經理人的 TSR

以 PricewaterhouseCoopers 公司為例，我們來看基金經理人如何管理基金，並將股東價值理論應用在基金管理業。有七個驅動因子會影響股東價值，將它們放入基金創立 (fund builder) 模型，它們分別為：

◎佣金收入／平均管理基金 (FUM)
◎經理基金成長（平均）(funds under management growth)
◎扣除利息費用、稅、折舊與攤銷之盈餘 (EDITDA)
◎現金稅率
◎資本支出與銷售比
◎資金成本
◎競爭優勢期間

其中 FUM 可用來衡量公司是否得到合理報酬，更詳細的分析，可以得知該公司資產分類及顧客型態，儘管成本不一定相同，在基金經理業界的毛利有著極大的不同，例如：零售和批發的基金經理業務就有著不同的利潤，為了股東價值好，必須在其中做出選擇。

■ 經理基金成長

這是基金經理業最主要的驅動因子，因為它是廣義的毛利創造力，因此必須區分現有基金價值改變和新基金價值帶來的助益。從 FUM 成長也可看出在

同業競爭壓力下，經理基金的表現是否良好，所有會影響操作績效的因素都要一一檢視，在市場整體表現好時，績效自然會好，因此區分績效好壞，要視市場因素或管理得當與否。當然，當總體及個體經濟環境好時，股東價值自然也會改善。

■ EBITDA

這個數字代表了公司扣除所有成本和費用後的邊際利潤,但尚未扣除利息、稅、折舊及攤銷,該數字也令人對公司績效有些概念。由圖 10.11 可看出當投資管理公司成功的提升績效時，其人事成本提升得更快。可見想提高 EBITDA 並非易事。

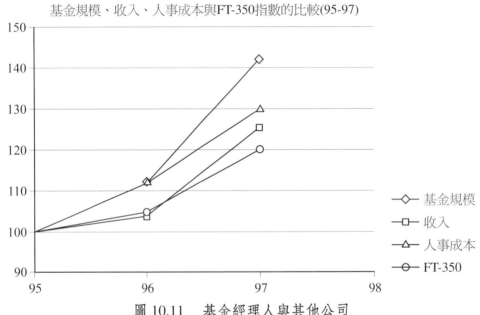

基金規模、收入、人事成本與FT-350指數的比較(95-97)

圖 10.11　基金經理人與其他公司

■ 現金稅率

現金稅率是自由現金流量的減項,而且會隨著公司的不同而有不同的稅率。

■ 資金成本

大部分基金經理人並無負債，因此資金成本較低，資金成本率比較像是個門欄，尤其是當報酬是由固定收益市場而來時更是如此。

■ 競爭優勢期間

基金管理公司預期能在此時期，利用資本報酬大於資金成本來增加股東價值，基金管理公司的競爭優勢期間相對於其他產業較短，通常新公司只能維持

幾年的競爭優勢。

■ 同業比較和彈性 (benchmarking and flexing)

為了獲得七個價值驅動因子，我們可以和同業績效良好的公司做比較，並用敏感度分析來評估公司，看看公司如何用稀少的資源來提升股東價值。如同前文所述，同業比較和彈性是用來分析公司的財務驅動因子，並提供公司股東價值的資訊。

基金管理公司除了根據評價來操作，也常根據直覺來管理基金。由於資訊不足，有時投資在沒有獲利性，又會損害股東價值的標的上。

另一個議題則是人事成本。「明星」基金經理人可能會被競爭者挖角，因為他們認為此舉能提升基金管理績效，並且帶來一些顧客，股東價值模型允許雇用明星經理人的額外成本計入，不管該經理人是否為公司帶來足夠業務量來提高股東價值。最後股東價值模型能使管理階層清楚瞭解他們的利基為何，因此更專注在高獲利的產品與客戶上。

■ 金融服務業同出一轍？

我們希望股東價值模型能應用在金融服務業上，在此我們描述的是一個方法，讓金融業能和其他產業一樣以類似方法來分析。

一些在英國的銀行已經開始使用股東價值模型，在歐洲大陸也有銀行跟進。UBS 在面對收購戰時，這家銀行面臨更強調股東價值方法為訴求的挑戰。有意收購者，像是法國的 SocGen-Paribas、英國的 Natwest 都以會改善股東價值為訴求手段。不過，在歐洲和日本，仍然有很多金融機構並不清楚未來要如何增加它們的股東價值，不過，起步永遠不嫌晚！

製藥、高科技、網際網路及知識密集產業

⑤ 充滿不確定性的產業

在股東價值分析中，科技密集產業有些不同之處，通常會涉及高度的不確定性和風險，又因為科技日新月異，它們的有效成長期間 (effective growth duration periods) 真的很短。本節我們討論兩個股東價值應用案例，一個是製藥業，製藥業是競爭激烈的市場，它們被現有法律所規範，新藥是否容易取得專利權也是應考量的因素。另一個案例則是更高科技的產業，包括生化科技、半導體

和電腦軟體等產業。由於高科技產業多數均為創立初期的小公司，因此單一專案對公司影響極大，所以我們討論高科技產業時，會將重心放在評量公司專案面臨各種情況的選擇權價值。

不過在這兩個案例中，我們都會針對各產業的特性，仔細探討股東價值的求算方法。因為公司倒閉率高，尤其在創立初期更是如此，因此管理階層更需要將股東價值作為公司政策的考量因素。

(S) 製藥業

■ 近年趨勢

一份對近年趨勢所做的研究報告，解釋了為何股東價值對製藥業日趨重要。1970 年代及 1980 年代在價格彈性和年銷售量超過 10 億美元藥品（即所謂的：blackbuster）的拉抬下，製藥業以兩位數字的成長率成長。

製藥業中並沒有某幾家獨大的情況，沒有任何一家廠商的市佔率超過 10%，幾家領導廠商均是靠著少數成功藥品支持獲利，在圖 10.12 是 Warner Lambert 公司銷售預測圖，由圖中可看出該公司主要收入來源為一種名為 Lipitor 的藥品，而 Warner Lambert 並非依靠單一產品收入的公司的特例。

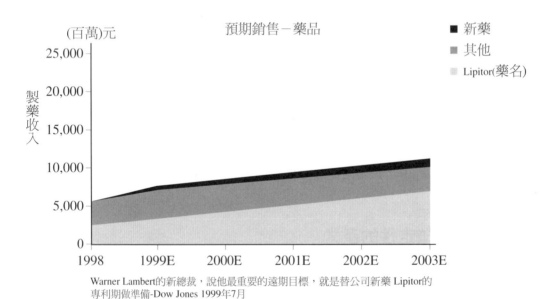

Warner Lambert的新總裁，說他最重要的遠期目標，就是替公司新藥 Lipitor的
專利期做準備-Dow Jones 1999年7月

資料來源：PwC; Morgan Stanley Dean Witter February 1999

圖 10.12　製藥公司依靠單一產品

過去主要藥廠普遍採取大量投入研發經費來研發新藥，以彌補產品分配和

製造、營運無效率的問題，由製藥業中平均資產使用率只有 20% 可見一斑。

愈來愈多跡象顯示投入大量研發經費的作法並不可行了，製藥業榮景不再，年銷售成長率降至 6%，影響的因素有：

◎研發新藥的規定更嚴格且費時更久。在 1960 年 Thalidomide scandal 後，研發新藥過程有詳細規定要遵循，現在研發過程所需時間已增加到平均 10 到 12 年，花費在四百萬至五百萬美元之間。

◎研發的動力：新化學實體 (NCEs: new chemicals entities)，開發速度緩慢。

◎較少藥品能有年收入超過十億美元的收入。

◎將成本效率觀念帶入業界的「製藥經濟學」(Pharmacoeconomics) 加強了效率及安全性。公共衛生部門對新藥所帶來的益處開始產生懷疑，並考量它的成本收益允當與否。

◎美國法律鼓勵競爭，使競爭者甚至在專利權到期前便可以將類似藥品上市，這對成熟產品的現金流量會產生很大的衝擊。

這些因素使得欲透過研究發展資金，來評估製藥業其他管道帶來的收入並不容易。受這些因素影響，不重視股東價值是近年產業界中合併的幕後推手，過去幾年裡主要廠商的的股東價值變化很大，範圍從一年超過 90% TSR (Hoechst in 1996) 至負的 6% TSR，從公司當地股市來看，股東價值變化也一樣十分劇烈。

■ 股東價值模型

模型中包括了七個製藥業的特點。其中最重要的是藥品在專利權到期時，利潤快速下滑，造成拗折的銷售曲線圖，如圖 10.13 所示，是典型的產品生命週期。

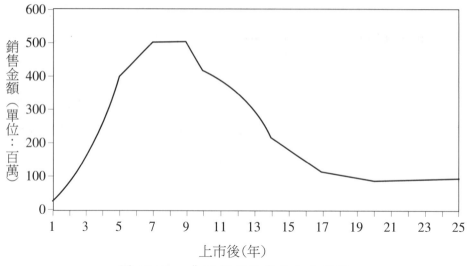

圖 10.13　典型製藥業產品生命週期

在產品成熟期，行銷費用下降，此時會產生較大的現金流入。然而，現金流入能達到多大要視該產品能否維持銷售量而定，就算專利權到期也是一樣的，要視顧客忠誠度而定。顧客忠誠度愈高，愈不易受競爭者推出的廉價替代品吸引。這兩點不論在過去或現在均非常重要，圖 10.14 為「好」產品的成本利潤圖。

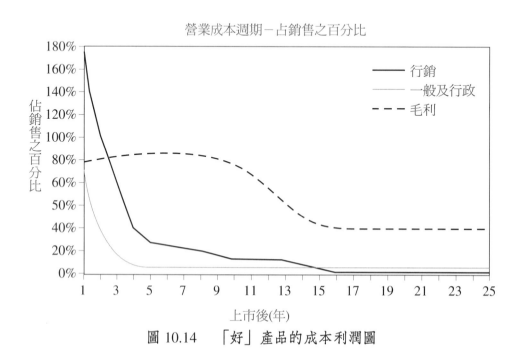

圖 10.14　「好」產品的成本利潤圖

在製藥業中，股東價值模型預估現有產品組合的現金流量總額，由以下而得：

◎營運期間內藥品現金流量的典型模式
◎現有產品組合的混合步驟

在圖 10.15 中，我們將製藥業對股東價值的重要影響，定義出三個部分，首先為研發支出所帶來的效益，不要忘了研發費用為公司總資本的加項，第二部分是新藥上市快而取得的優勢，這會為公司帶來可觀的獲利，第三部分是產品銷售的成長，首先推出新產品並不能保證後續的銷售會有佳績，有時也會發生後繼的類似商品，以較好的療效或較低的價格獲得市場的情形。

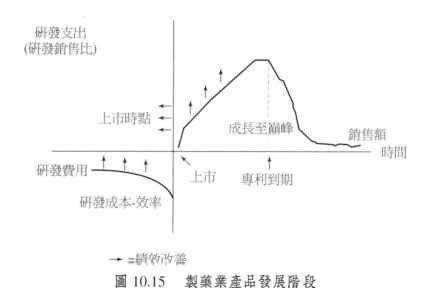

圖 10.15 製藥業產品發展階段

由圖 10.16 可看出股東價值的一般價值驅動因子 (generic drivers) 和產業特別價值驅動因子的關連。在表中，每種藥品都是重要的考慮因素，產品是否為自行研發也是因素之一。其餘如上市時間，發展成本均在考量範圍內。

製藥業價值驅動因子	特別價值驅動因子之分析	一般價值驅動因子

• 新藥佔銷售百分比
• 主力藥品佔銷售百分比
• 最高銷售水準
• 專利到期日
• Pattern of decay post patent
• Geographic mix
  – 訂價環境
  – 患者人數
• 病患人數多寡
• Extent to which need is unmet
• No. of compounds across pipe-line relative to no. of products on market
• 上市時機
• Average no. of NCEs discovered pa
• 與外部創新來源所結成的同盟
• 上市成本
• 銷售與行銷
• 藥品研發成本
• 療效
• 製造過程
• 資產運用
	• 周轉率成長
	  – 現有產品
	  – 未來產品
	• 營運利潤邊際
	  –COS to sales
	  –SGA to sales
	  – 研發銷售比
	• Capex to sales
		• 周轉成長
		• EBITDA margin
		• 現金稅率
		• 營運資金
		• Capex
		• 資金
		• 競爭優勢期間

圖 10.16　製藥的產業別及一般性價值驅動因子

■ 應　用

　　我們的模型對於股東價值涉及產業環境改變方面特別有幫助。包括能為：自製或外購、區分價值來源、委外製造、配銷等問題找到答案。從尋找能負責臨床實驗的機構到是否該委外銷售，均在考量的範圍之內。

Ⓢ 高科技、網際網路及新創立公司

　　我們將這幾個高科技產業歸為一類,因為創新是它們共同的價值驅動因子。它們通常藉由發展出新科技而從市場中崛起，像網際網路、生物科技、污染防制等均是。其他也有已是成熟或近乎成熟的產業，但仍然維持科技密集產業的特色，例如部分的 IT 產業：半導體、電腦硬體和電腦軟體或消費性電子產品等。

　　這種類型產業以創新為核心，對未來抱持極為樂觀的預期。近來這種現象導致對公司評價的不理性，公司股價均高過一般水準。股東價值應用到此類型

公司上，會由於可靠資訊不易取得而顯得較為困難。

在可取得資訊顯示公司現金流量為負的時，要解釋投資人對該公司股票的高評價並非易事。這種現象引起了幾種反應：一家向來跟隨潮流的投資集團宣稱應該拋棄從前的評價方式，採取全新的評價法以回應時勢。而目前只有高科技和網路產業有這種現象，愈來愈多人認為應以「實質選擇權」來評價，以將更多細節列入評價項目。另一種看法則認為這只是市場過熱的現象，股東價值模型才能真實呈現公司價值，而認為除非市場全年以近乎百分之百的速率成長，並維持好幾年，才能達到市場所預期的價值。「規模適應力」(scaleability) 在這裡指的是：企業成長能充分反映在投資者的獲利增加上。解釋了網際網路公司為何不需要給投資人任何承諾來保障獲利。當衡量政策彈性帶來的經濟效益時，目前最好的方式便是以實質選擇權法來評價。研發和技術生命週期可以在股東價值模型中找到關連，在「科技創造者」(technology builder) 之稱的頭銜下，我們的模型嘗試將科技公司的評價加入更客觀的因素，並將「直覺」加入計量評價當中。

■ 高科技評價的兩項要素

為評價高科技公司，我們必須區分出價值的兩個來源。其一為現有資產的升值；另一則是公司未來成長機會。這兩者均包含在一般現金流量預測之中，它們的定義如下：

$$MV = VEA + VGO$$

MV：市場價值 (Market Value)；VEA：現有資產的價值；VGO：公司成長機會。

由現有資產而來的價值是資本化的自由現金流量，我們遵循一般價值創造模式，來計算預估的自由現金流量，如圖 10.17 所示。

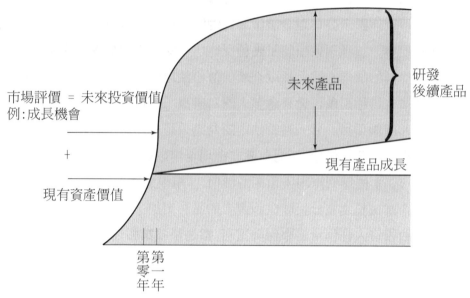

圖 10.17　FCF、VEA 及 VGO 在整個產品生命週期上的演進

　　股市目前對公司未來成長機會的看法，可以視做市場價值和現有資產價值的差額。為了更瞭解市場對許多科技公司未來成長機會的預期，我們在表 10.1 中作了計算：首先利用加權平均資金成本（第三欄），由現有資產價值（第四欄）算出預估的永續自由現金流量（第二欄），然後將現有資產價值從公司市場價值（第一欄）中扣除，得到市場對公司未來成長機會的評價（第五欄）。在最後一欄，我們將成長機會以百分比表示其佔公司市價之比例。

表 10.1　公司未來成長機會 (VGO) 的市場評價

公司	美金（百萬）市場價值 (2/2/2000)	預估自由現金流量 (1999)	加權平均資金成本	永續的自由現金流量價值	成長機會的察覺價值	佔市場價值的百分比
硬　體：						
戴爾電腦	32,459	800.4	11.9%	6,226	25,733	79.3%
惠普	75,596.0	2,864	11.1%	15,598.1	49,320.7	65.2%
國際商業機器	217,934	5,177.5	10.2%	50,759.8	13,611.9	76.7%
半導體						
摩托羅拉	36,648	1,184.0	11.0%	10,736.6	25,884.3	70.6%
英特爾	208,874	4,237.5	11.2%	38,638.8	169,735.0	81.5%

消費電子：

湯姆遜	6,136.9	552.0	9.4%	5,872.3	3,807.4	77.0%
菲利浦	38,552.0	345.6	10.1%	3,421	33,137	86.0%

以上計算是為了顯示科技產業的成長機會價值佔了公司總值很大的比重，大概佔了 70% 之多。從另一方面來看，在股東價值 /DCF 方法中，對在市場上能取得目前的評價，抱持著過分樂觀的態度。要知道，市場對公司的評價從沒有完全正確過。

■ 個體驅動因子？

使用標準的股東價值模型時，我們可以藉由敏感度分析，分解七個價值驅動因子改變對公司會帶來什麼影響。如同之前我們所看到的，從總體驅動因子到個體驅動因子，會愈來愈深入細節。在高科技產業中，這些因子會隨部門不同而改變，因此個別的個體驅動因子會派上用場。

在成本可控制且擁有規模經濟的電腦硬體產業中，自從半導體佔個人電腦成本 40% 之後，晶片成為股東價值驅動因子，在半導體產業中價值驅動因子遵循著摩爾定律，預計每十八個月會增加一倍的處理能力。

我們可以從公司的觀點，由下而上地來看公司未來成長機會。未來成長機會來自於公司內部的訣竅 (know-how)，而這種訣竅使公司有了未來採取不同策略的選擇權。而 know-how 可能由先前的投資或研究發展過程中得來。

這選擇權和金融市場中的股票選擇權相當類似，均是一選擇的權利。在金融市場中，選擇權是選擇購買標的資產的權利。在股東價值中，選擇權是在已知投資成本及掌握 know-how 時，選擇是否投資的權利。我們的模型可以提供對這些未來成長的選擇權評價，改變了以往財務分析由上而下的分析方法。

我們的模型將公司價值分成兩個部分：現在資產價值及未來成長機會價值。未來成長機會價值，即是所有未來創新所能帶來的價值總和。透過科技生命週期的四個過程，我們來檢視每個創新發明，這四個過程為：發明、創新、擴散成熟和最適訂價策略。

這個方式最重要的內涵，在於選擇是否進行下一個過程，都可視為是一個「實質選擇權。」在註冊新發明專利權時，便擁有了是否開發產品的選擇權；新產品的問世（創新），使得公司擁有設立市場標準並使之擴散的選擇權。而且這間公司也有選擇權，來選擇領導市場並達銷售顛峰（成熟）的權利。是否執行

這些「買入選擇權」(call) 視其獲利性而定。

從另一方面來說，每個過程也可視為一個「賣出選擇權」(put)。意即在情況對公司不利時，保留可以放棄計畫進行的權利，圖 10.18 畫出了科技公司未來成長機會的「科技樹狀圖」(technology tree)。

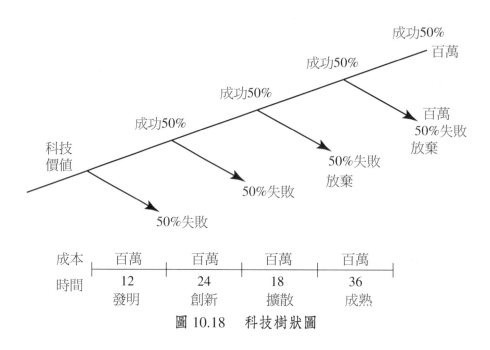

圖 10.18　科技樹狀圖

■對創新的評價

評價科技決策權的重要參數，為所謂的選擇權因子 (option drivers)：

◎達成下個步驟的機率；

◎每個步驟所需時間；

◎現金流入與流出（預期可達到成熟階段的預估現金流量）；

◎若放棄進行可節省之成本；

◎流動性價值 (liquidation values)。

產業中有平均的機率、時間，但現金流量可視各公司情況，採用個別的金額。

敏感度分析可以看出這些選擇權因子，對高科技公司價值的影響。透過這一層瞭解，便能為類似「若我們提高某產品的研發成功率到 X%，對公司價值有何影響？」的問題找到答案。我們的模型也使「內部彈性」(internal flexibility) 有

價值。所謂內部彈性，包括公司快速評估企劃的能力，以決定是否進行計畫，加速（或延遲）下個步驟的可能性。

我們的模型假定在過了競爭優勢期間後，新投資報酬會等於資金成本，即新投資不會為公司帶來額外價值。在許多案例中顯示，科技生命週期的長度決定了競爭優勢期間的長短。以剩餘價值為例，剩餘價值是競爭優勢期間過後才產生的公司價值，也就是以最佳銷售點的現金流量百分比來計算的永續年金，而在科技樹狀圖中，剩餘價值和自由現金流量有一起包括在其中。

當公司研發出新產品，且該產品有足夠的需求量時，大部分的科技公司會面臨兩種選擇：它們可以選擇負擔所有風險，儘量確保產品獲利；或是靜待市場趨勢明朗再行動，以規避風險，但這段時期，可能會使其他競爭者有機會搶奪先機。除此之外，還有第三個可能：藉由成長選擇權控制風險。成長選擇權使公司在一定範圍的風險下，能彈性控制未來成長。

舉例來說，它們可以投資在目前不被看好的公司中，或許這些公司為了未來發展並不在意眼下的利益，使公司現狀不佳，在學術研究中發現這種管理者直覺式的投資，以折現現金流量這種事後觀點來看，是合乎邏輯的，也就是該投資通常有成長價值 ❿。而選擇權定價理論，正是用來評價這個容易被忽略，卻極重要的成長價值。

■ 實質選擇權因子

「科技創造者」股東價值模型使我們能同時用現有的資訊（現有資產帶來的現金流量）和未來的資訊（成功機率、時機和現金流量）來評價。現在我們要介紹實質選擇權方法，就像之前說明過此法常與股東價值模型併用。我們先維持原本的 DCF 架構，但加上選擇權的概念，這樣的結合有助於獲得更大範圍的公司價值，也有助於瞭解彈性所帶來的價值。

我們以第六章用 VROI 計算是否繼續進行計畫為例，將表 6.1 第三年新的「總」投資放入表 10.2 來考慮。因為這個計畫所費不貲，使 VROI 率小於一，而根據決策法則，不應進行該計畫。但假使我們將計畫分為步驟 A 及步驟 B，步驟 A 為計畫的前三年，步驟 B 為原計畫的三年之後，再重新對這個計畫加以考慮，則可能會得到不同的答案。

❿ Howell, S. D. and Jagle, A. J. (1997), "Evidence on How Managers Intuitively Manage Growth Options," *Journal of Business Finance and Accounting*, Spring.

表 10.2　用 VROI 計算一家科技公司

加權平均資金成本=15%	Year0	Year1	Year2	Year3	Year4	Year5	Year6
稅後淨利	16.0						
使用資產（名目）	80.0						
增額現金流量		12.0	14.0	12.0	15.0	21.0	30.0
折現因子		0.9	0.8	0.7	0.6	0.5	0.4
現　值		10.8	11.2	8.4	9.0	10.5	12.0
剩餘價值							300.0
剩餘價值的折現值							120.0
現金流量的折現值							61.9
執行前的淨現值總和	106.7						
執行後的淨現值總和							181.9
通膨調整後的資產使用（假設為 3%）							95.5
投資增量		5.0	8.0	100.0	7.0	8.0	5.0
增量現值		4.5	6.4	70.0	4.2	4.0	2.0
增量現值總額							91.1
VROI 計算							75.2
VROI=策略執行前後的現值差距／投資增量現值							0.8
Q 比率 = 策略執行前後的現值差距／總資產（已調整物價膨脹後）							1.9

　　在表 10.3 中我們加總所有投資（3,100 萬英鎊）視為第一年單筆的現金流量，這使得淨現值為 5,880 萬英鎊。

表 10.3　實質選擇權計算；步驟 A：所有投資在第一年即投入

	Year0	Year1	Year2	Year3	Year4	Year5	Year6
增額現金流量		12.0	14.0	12.0	10	11	12
投　資		5.0	8.0	6.0	5.0	4.0	3.0
投資總額	−31.0						
剩餘價值							100
折現因子 @15%		0.9	0.8	0.7	0.6	0.5	0.4
每年現值		−17.1	11.2	8.4	6.0	5.5	44.8
淨值（各年合計）	58.8						

　　步驟 B 在表 10.4，其中有幾件事值得注意，首先是現在的淨現值是 8,290 萬

英鎊，還有折現率已下降。為什麼會如此呢？因為步驟 A 的進行，通常會使步驟 B 的風險降低，而且也會使後來產生的現金流入比重較高❶。

表 10.4　實質選擇權計算；步驟 B：在第三年增加投資

	Year0	Year1	Year2	Year3	Year4	Year5	Year6
增額現金流量				0.0	5.0	10.0	18.0
投　資				94.0	2.0	4.0	2.0
投資總額				−102.0			200.0
折現因子 @5.5%				0.85	0.81	0.77	0.73
每年現值				−86.9	4.0	7.7	158.1036
淨值（各年合計）		82.9					

現在我們必須思考如何將這個問題以選擇方式分析之。圖 10.19 告訴了我們還需要些什麼。

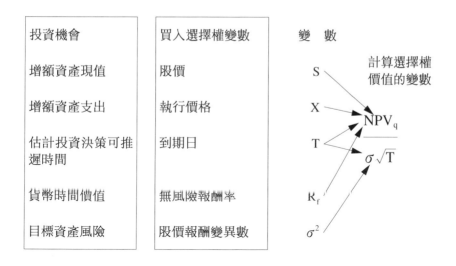

圖 10.19　從投資策略到選擇權價值

選擇權評價可以只留下五個變數，分別為股價、執行價格、到期日，無風險報酬利率 (risk-free rate of return) 股價報酬變異數 (volatility)。有了這幾項變數便可利用公式求算出選擇權價值。如果我們能得到 NPV_q（如下）和時間調整波動因子 (time-adjusted volatility factor)T，便能得到選擇權價值。將選擇權價值

❶See Luehrmann, T., "Investment Opportunities as Real Options," *Harvard Business Review,* July/August 1998, p. 12 for more details on this.

加入步驟 A 的初始價值中，求出步驟 A 總價值。在圖 10.19 將計畫的不同步驟，映對 (mapping) 到求算選擇權所需的參數中。

因此增加資產使用的現值，或是計畫所帶來的現金流入，可以視為計算選擇權所需的股價；而計畫的投資花費可視為執行價 (exercise price)，貨幣的時間價值（折舊率）可看做無風險報酬率。最後，資產風險可視為股票報酬變異數或股票波動度。

這些項目和我們在計算選擇權時所需要素是一樣的，也是我們在這個部分所能做的。我們計算調整後的 NPV，也就是 NPV_q，代表投資所需費用所增加的現金流入現值。同樣的，為瞭解風險程度，我們必須知道波動度，而假設波動度為 0.4，且期間為 3 年，則會如表 10.5 所示。

表 10.5　實質選擇權分析

	S=第二階段資產現值	X=為獲得第二階段資產所做之投資	無風險利率	時間	折舊因子	淨現值	對 Black-Sholes 價值的衝擊	隱含波幅	時間	時間的 Sigma 平方根
新基礎	82.9	102.0	1.055	3	1.174	0.955	0.255	0.4	3	0.693

兩個要牢記心中的數字為 NPV_q 的值和「風險」值（波動度乘以期間的平方根）。根據「價值創造」模型，可知 NPV_q 值為 0.955，風險值為 0.693，因此求算出的價值為 0.255。

哪裡有實質選擇權的運用呢？我們將 0.255 視為投資者願意因為進行步驟 B 而增加對步驟 A 的投資額。換句話說，投資者願意額外支付超過步驟 A 價值的 25%，來購買進行步驟 B 的選擇權。我們將這個例子在步驟 A 的淨現值加上步驟 B 以 Black-Sholes 模型調整後的價值。也就是步驟 A 的實質選擇權價值為：

步驟 A 的 NPV	58.5
買入選擇權（步驟 B）	21.25
合　計	79.75

這個簡單的例子說明了「彈性」所帶來的選擇權價值。在其他案例中，淨

現值可能很小，其價值存在後續過程之中。這種情況在新創設的高科技公司和網際網路公司常常發生，因此這個方法有助於在資訊不足的情況下，找出計畫的價值，也有助於將管理重心放在相對重要的過程中。實質選擇權提供了一個新的思考方向。由這個觀點看來，所有計畫本身就是一連串選擇權的組合。而科技生命週期法則，可能是科技評價重要的一環。

最後，看一下敏感度的問題，就像在之前模型中一樣，我們可以把實質選擇權中其中一項因子改變，看對結果有何影響。其結果會如圖 10.20 所示。

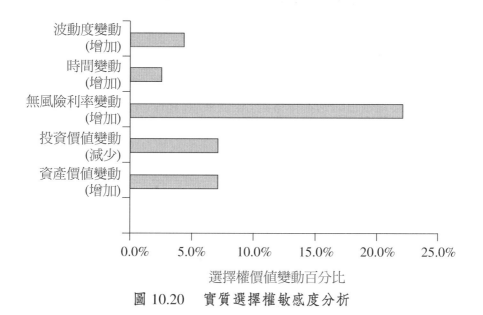

圖 10.20　實質選擇權敏感度分析

其他產業

(S)　石油及天然氣

進口石油及天然氣部門通常隸屬於大公司之中，所謂大公司指的是公司業務涵蓋範圍廣泛，從探勘、生產到銷售無一不缺。近年來有效率的次級市場出現，使石油公司不需掌控石油銷售的每一個步驟。因此石油公司哪一部分的業務創造出股東價值，也就更顯得重要了。

我們的方法不僅檢視不同生產階段所帶來的價值，如圖 10.21，更對它們之間的關連提供了思考方向。

圖 10.21　石油及天然氣產業之簡明價值鏈

　　石油及天然氣公司過去一度完全由擁有技術背景的人所領導，雖然他們對石油工程相當瞭解，但他們對這些可能在評價及財務方面會遇到的問題並不敏感。這個產業在購併、惡意接受的浪潮下，經歷了重整，而這些 1980 年代的購併者和接收者在某種程度上來說，在石油價格下跌時，忽略了價值創造。

　　在 1990 年代，漸漸有較多石油公司由擁有財務背景的專業人士掌控，因此股東的權利和公司價值開始獲得重視。舉例來說，Royal Dutch/Shell 將它的目標定為：增加股東價值，著重在成長及成本控制上，以追求獲利並進行投資組合管理 (portfolio management) 來追求股東價值的增加❶❷。由於它無法達到所要求的目標，故招致了不少批評。

　　另一個將股東價值視為公司目標的是英國石油 (British Petroleum: BP)。藉由釐清價值創造機會和價值破壞，該公司不但改善了績效，也給與股東實質股利和資本成長。在該公司 1996 年的股東大會中，BP 的總裁 Sir David Simon 說：「股東報酬是公司表現的主要評量依據❶❸。」很明顯的，不能給與股東價值的公司，很難在下個重整過程中有所表現，而 BP 在股東價值管理上的優異成果，使得它能購併（接管）Amoco，而成為世界第三大的石油公司。

■石油及天然氣模型的特色

上游：探勘和生產

　　模型中最難計入股東價值的，是石油及天然氣產業中的上游部分。這個部分中，石油及天然氣開採地該提列的金額大小，和其品質，還有其預估經濟年限，都有著極大的不確定性，而這些都對評價有很大的影響。因此成長期間，應視為公司目前擁有的油田的平均經濟年限。

　　另一個問題是評估這段期間過後的公司價值。從我們的觀點來看，該價值可用公司所採取的發現／折耗比率 (discovery/depletion ratios) 來估計近似值。

❶❷Shell triennial investor relations briefing, 16 December 1996.

❶❸"BP sharpening focus on improved SHV efficiency," *Oil and Gas Journal*, July 1996.

有高發現率和相對較低的折耗率的公司，在未來一年會是「富石油的」(oil rich)。同樣地，不謹慎利用現有資源，而且不善於尋找新油田的公司，則不會是富石油的。

石油業另一個特色是在取得執照前到生產銷售期間，是一段相當長的投資期間，可能需要投入龐大的資本，其中包括探勘成本、開發成本和生產成本。通常探勘支出與油田價值並無關連。主要影響油田及天然氣開採地價值的，是估計其經濟年限的方式和石油的美元價格。

原油的美元價格是上游產業的主要價值驅動因子之一，它加上生產量，對周轉率有極大的影響。原油價格取決於供給和需求的關係，從供給面來看，原油價格主要受到有著大半油田的 OPEC 會員國的影響。從需求面來看，原油價格受到各油品需求、經濟成長、季節性因素等影響。另外，公司可能會生產不同品質的油品，而它們的價格自然也就不會一樣。要克服這些看似複雜的問題，我們必須區分影響價格的長期趨勢與短期干擾因素 (noise)。雖然這會有助於瞭解短期經濟議題，不過長期趨勢對評價比較有影響，而這些都會使估計未來石油價格更複雜。

模型中主要的驅動因子例示如圖 10.22。在探勘及生產面，石油公司的原油存量並不多，因為原油一旦開採，很快地便提煉，因此營運資金 (working capital) 不是主要的價值驅動因子。

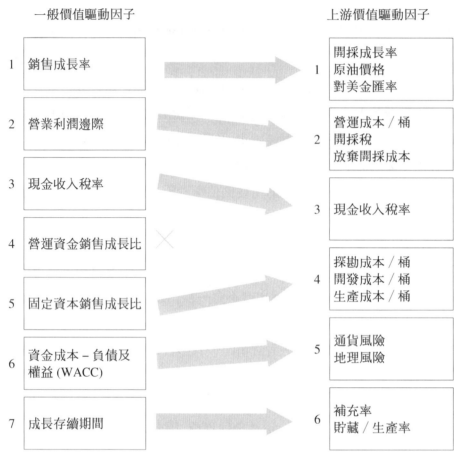

圖 10.22　石油及天然氣一般及上游價值驅動因子

下游：製造到行銷

　　石油及天然氣產業是尋常和異常因素有趣的結合體。上游產業需要特殊的驅動因子，而下游產業則不需要。事實上一般的股東價值模型已足以應付下游產業的需求。石油公司的評價，可以用與那七個價值驅動因子相似的因子求出，不過過程更加複雜，尤其是製造部門中提煉的部分。原料（也就是原油）經過分解和化學加工後，生產出石油、煤油等可供銷售的產品。從這個方面來看提煉工業，很類似一般的製造業，而製造業是可以適用一般模型的。

　　很明顯地，諸如環境保護規章和產能過剩，對提煉工業的收益有很大的影響，皆是要考量的因素。另外，不同地區對產品需求也會不同，因此我們需要不同地理位置和不同市場的價值驅動因子。

　　石油工業的運輸及分配（經銷）部門，將從礦區開採出的碳化氫輸到加工

廠加工為成品，再從加工廠運到消費者手中。藉由檢視那些會影響公司運輸部門的價值，我們可以輕鬆地找出價值驅動因子。同樣的，現金流量評價可以採用那七個主要的驅動因子，而且還可以運用在行銷部門。行銷部門的業務，包括了銷售許多不同的油品給不同的顧客群：自動化機械業、海運業、航空業、製造業和水電業。石油和天然氣行銷部門的價值驅動因子，和超級市場零售直銷的價值驅動因子類似。

石油工業中影響現金流量因子的變化性讓其風險甚高，而它的高風險也讓投資人預估能相對提供高報酬。這個產業中存在的不確定性包括：需要投入資金的大小、難以預估的現金流量、地方和中央政府的影響、政治和經濟風險、高額課稅、相關事項的嚴格規範，如：環境保護規定。

石油及天然氣產業的下游部分，可以運用一般方法來評估現金流量價值，並找出對價值增加有益或有害的總體及個體驅動因子。然而上游部分則需要一套適合自己特色的價值驅動因子，來使用股東價值方法。

⑤ 電子通訊業

在股東價值之下，伴隨著由州政府獨佔的老式單純電話服務 (plain old telephone service) 轉變成更有利潤的各式電子通訊的浪潮之下，在過去幾年電子通訊業對股東價值的重視明顯地增加。許多公司是近幾年才創立的，尤其科技的進步，為行動電話用戶和供應商提供了全新的視野，這就是近年來才產生的新市場。而網際網路的開發，也促使電話撥接業務邁入嶄新的世界。

這個產業向來被視為歸政府所有的自然獨佔產業，然而在新的私人企業加入後，為滿足消費者需求，供給不斷增加，證明了電訊業私有化的可行性。這些新的民營業者現正努力提升效率並降低價格，降幅甚至比公營機構所能提供的更多。

政府無法提供固網電訊公司所需的投資額，因此它們現在必須在金融市場中籌集所需資金，並且用和其他公司一樣的方式回饋股東。雖然它們有時無法達到股東預期的表現，但是不難理解它們為何重視股東價值。過去 15 年來，電訊公司平均每年從 40 個國家中募集 90 億美元的資金。其中三分之二分別流入日本國營電話及電報公司 (NTT: National Telephone and Telegraph)、英國的英國電訊 (British Telecom)。還有 Deutsche Telekom's 的 IPO、法國電訊 (France Telecom) 的民營化、STET (1998)、Telstra (1997)、MATAV 和 Turk 電訊等的資金募

集金額，光是 1997 年就超過 350 億美元。

在變化出奇快速的環境下，老式的電信業者不得不檢討自己在全球發展中的定位。換句話說，它們必須加入新的戰局，試著為自己創造擁有全球通路的語音和資訊通訊系統，以吸引更廣大、無國界的客戶。

同樣的，新崛起的行動電話撥接業者，也發覺客戶層全球化所能帶來的好處：獲得更多利潤，並降低國際漫遊收費，還可能招攬其他競爭者的客戶。近來行動電話公司掀起一陣購併風，就是為了在電訊市場中更具分量所引發的。

規定鬆綁也是促成競爭激烈的因素之一。電訊公司必須提升營運效率，以維持市場佔有率。在未來幾年，電訊業全球性自由化的形成，受到以下幾個因素影響：歐盟開放大部分的歐洲市場、美國在 1996 年提出的電訊法案 (Telecom Bill) 的通過、日本政府決定釋出國營電話及電報公司 (NTT) 經營權，和 1997 年世界貿易組織 (WTO) 決議的成效等。

在此同時，股東價值成為各公司行動的準繩。以 Mannesmann 被 Vodafone-Airtouch 惡意收購為例，可以清楚說明股東價值的影響力不容小覷。Mannes-mann 過去是德國典型的多部門公司，它涵蓋了兩個不同性質的部門，分別是老式重工程及管線製造，和新式的數位行動電話系統。Mannesmann 能打入行動電話市場，部分是由於從國際投資者獲得融資，這些國際投資人想藉此分享德國經濟成長的甜美果實。而這也使得收購者有機可趁，雖然 Vodafone-Airtouch 在德國名氣不大，不過它提供更誘人的股東價值吸引機構投資人（包括德國的），並順利將 Mannesmann 開發成功的 D-2 行動電話納入 Vodafone-Airtouch 旗下。不論從何種角度看待這件購併案，這都是令人摒息的發展。

目前為止，激烈的競爭和價格的自由化，使傳統的電話撥接業者市佔率下降、價格下跌，致使收入減少。因此，撥接業者必須尋求其他附加價值較高的業務，例如行動電話、網際網路和虛擬私有網路 (VPNs: Virtual Private Networks) 等潛在成長力高的國際市場。同時，需要 300 億美元資金挹注的歐洲，會使未來數年爭取資金的競爭將更加白熱化。

在這樣的外在環境下，我們必須找出更具體的因素，以便建立電訊業的股東價值模型。這必須仔細審視總體經濟情況，也要留心個體經濟因素的變化。不論是在策略面或操作面，這個模型能分析並衡量股東價值。而且不論是公共電話網路公司 (PSTN: Public Switched Telephone Network)，無線電視公司或網路公司均可用此模型預測它們的財務狀況。

　　電訊公司經營者為獲得股東價值，所採取的積極作為和其相關價值因子，例示在圖 10.23 中（第七章有更詳細的介紹）。當然，任何行動可能不光影響單一因子，而且經營者因為競爭環境和法律規章的限制，會有不同的主要價值驅動因子。

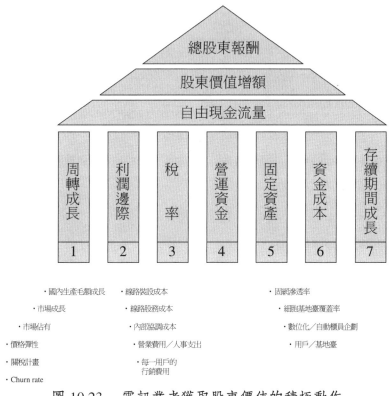

圖 10.23　　電訊業者獲取股東價值的積極動作

　　在收入或周轉成長率項下無法反映智慧網路 (Intelligent Network: IN) 服務，像：額外服務、易付卡、語音信箱、免費電話、虛擬私有網路 (VPNs)、個人號碼和網際網路等相關服務，而這些都會影響公司利潤。資本支出／固定資本因子可能涵蓋資產融資（租賃和售後租回協定）、公司海外擴張、避險及風險管理等。在「競爭優勢期間」則可加入一些因子，如：新加入者所造成的衝擊、訂定法規的政權本質、進入市場的管道等。

■電訊業股東價值的衡量

　　許多業者已經（或將會）把公司分散成利潤導向、直接面對客戶的經營單位。此舉不只是為了提升各單位的責任分擔和對客戶的瞭解，也為了減少成本並提升效率，部門經理也因此更為負責、可靠。

　　另外，為了遵守同業以成本為基礎所訂定的收費標準，使網路部門和服務提供部門的財務必須分開。這種按業務性質區分開的組織方式，帶來了新的挑戰及議題。在圖 10.24 中可以看到行動電話使用者數量的成長、通路收費及收入和總 EBITDA 利潤等，是這個例子中最重要的價值驅動因子。

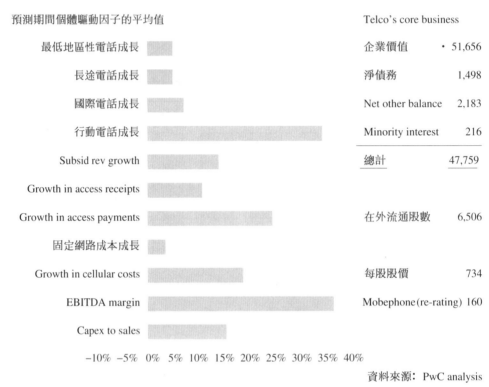

圖 10.24　電訊業在整個預測期間中微觀的價值驅動因子

　　為了確保提升股東價值的管理能順利執行，虛擬企業或價值核心應一併列入考慮。價值核心可以是公司機構、產品、客戶群或企劃案，網際網路的價值核心，是為住宅和企業用戶提供了服務，並採用了不同的通訊方式。

■ 傳輸訂價與協議

　　如前所述，網路公司發展成以業務別區分的公司組織，在此時，所面臨最大的挑戰就是改變訂價策略。這個訂價機制設計是否妥當，且能否獲得認同是很重要的。多數的業者不是採會令業者沒有誘因提高服務品質的成本加成 50% 方式訂價，就是花費過多無謂的時間在討論該如何訂價上。有些議題因此浮現：

　　◎在共用網路架構下，成本難以區分。

◎網際網路提供者和享受服務的客戶間，並無付費及服務保證的機制或規則。

◎無法界定網際網路所提供服務的運作效能、品質、數量和成本。

◎網際網路提供者沒有動機去使服務更有效率。

◎客戶關係部門無法預計未來需求及是否能達成約定。

◎訂價是否應以實際成本為基礎或以市場價格為基礎的問題，而所謂市場價格又該指那一類市場？

收入成長和利潤是電訊業兩個最重要的價值驅動因子。而事實上，它們是相關連的，大部分業者必須提升生產力以便找尋對收入增長有助益的資源。而電訊公司如何快速提升生產力？我們有一個例子可供參考：

■ 績效管理

我們以採用股東價值模型的公司為例，來看其如何大幅 (15%) 減少客戶關係部門的人事成本。藉由仔細地評量和規劃，可以發現這是個可行的方法，用來有效地增加公司資金。一旦成功，可推行到其他公司部門中。

應用到公司的重要部門中，可以大大地提升獲利。以作業、維修和客戶關係部門擁有約一萬名員工的公司為例，節省 15% 的人事支出每年可以節省約 6,000 萬。（必須注意的是這還要配合執行利潤的提升，而且成長是以成本管理為基礎。詳見下章關於 ABCM 部分。）

⑤ 水電業

水電業與電信業相同，已經開始注重股東價值，並且和公營公司有競爭的產生，這是政府為了要減少赤字並鼓勵競爭和效率，以導致消費者能以較低價格獲得能源。即使美國，民營的水電公司至今仍因法規而享有一定的報酬，而它們正經歷著導因於法規鬆綁，及更為艱鉅的競爭環境所帶來的挑戰。

大部分水電業者面臨下列八大挑戰：

◎法規環境：以公開程序引入水電系統與較嚴格的環境規範。

◎競爭壓力：快速密集的競爭。不但包括了介於供應者之間對經銷通路的競爭，而且現在競爭也出現在供應者之間對零售通路的爭奪上。

◎快速運送及消費者運送市場：更快速以符合消費者的期望。

◎產業結構：購併活動會集中且造成整個市場的重新塑造。

◎技術創新：新產品和市場機會會被創造出來，故需要多技能或技術支援。

◎市場全球化：消費者、供應者、僱員的管道多元化，且彼此間的關係更複雜。

◎資訊可運用（提供）性：資訊快速流通；消費者與競爭者有可替代的選擇。

◎無情的資本市場：私人融資及水電系統的擁有權，投資者需要著重在股東價值上。

這個產業化的世界，準備將股東價值的觀念導入水電產業之中。這個曾經被視為無趣的產業，現在要向投資人展現它們的影響力。水電業面臨民營化、市場自由化、電力產生及能源供應產業加入競爭的挑戰，還有嚴密的法規限制，這些都令水電業者需要設法增加股東價值。

這些改變包括由於新競爭者以降低價格取得市場佔有率的方式，造成收益的減少，競爭和價格制定不准許因量的增加而同比例的增加獲利。面對靜態(static) 的收益成長，水電業者一方面試圖利用附加價值服務，例如能源管理系統配置及顧客需求投資組合；一方面投資在非本業的外部機會之上，藉此獲取較高的收入成長潛力。同時，為權益及負債融資接觸資本市場，讓水電業者受到機構投資者的限制。而合資、海外投資、與法規當局進行協調及國外市場績效管理等管理上的決策，和股價表現有著密切的關連。

結果，在水電業中有著很多合併、接收及購併的產生。特別是在能源市場十分競爭的澳洲、斯堪地那維亞、英國和美國。這些地方性的水電業者 RECs (Regional Electricity Companies)，須決定去購併他人而成為全球性的廠商，或者選擇被購併。就美國的水電業者而言，為將競爭引進英國的電力及天然氣產業，提供了有用的經驗。但是快速購併英國地區性的公司，不為別的而是純粹基於取得機會窗口 (window of opportunity)。歐盟指出，對於第三世界國家正確的通路是其他國家所擁有的網路系統，再次證明了歐洲能源及水電市場在未來無法繼續堅持下去。最近德國的 Veba 及 Viag 的合併便是一例。

接收 (takeover) 活動確實對主併公司的股東有益處。英國這些購併 RECs 的公司股東，從公司 1990 年民營化之後平均獲利達百分之三百。這使得希望獲得獨立的公司背負著很大的壓力。最近的趨勢是許多英國的水電公司（民營化），

藉由特別的股利及股票買回 (buy-backs) 的方式，以彰顯獲利增加機會短缺，並策略性地將現金退還給股東。

然而，這並不能保障股東的忠誠。在 1995 年 Northern Electric 成功的利用股東支持的 3 億元英鎊，以防禦來自於 Trafalgar House 的購併。在 1996 年，它們面對第二次被接收的危機，來自於 Cal-Energy，並且勉強的防禦了買方現金報價。對購併者而言，時間是唯一的因素。那些在 1995、1996 年購併澳洲及英國公司的美國水電業者在 1996 年的表現並不好(他們的表現平均比水電業表現還低 4%)。

■ 水電業的價值驅動因子

我們的模型建立在電力產生及分配的產業上，它是依循標準的七個因子方法，但是在主要因子下又有較細的區分。主要因子顯示在圖 10.25：

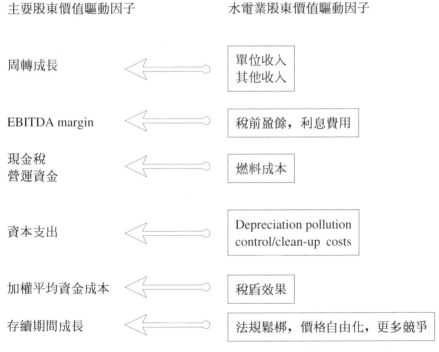

圖 10.25　水電業的股東價值因子

在對能源業進行分析時，我們發現欲瞭解營運決策層級，需要在事業層級對股東的分析。這個過程須藉由競爭的引入之協助，須要求水電業不能限制其主要事業的活動，這些活動包含了產生 (generation)、運送 (transmission)、分配 (distribution)、供應 (supply)。

下個層級的方析針對營運價值驅動因子，就電力公司的產生活動而言，包含了下列幾項：

◎以仟瓦小時衡量的生產成本。

◎以仟瓦小時衡量的非生產成本。

◎土地因素。

◎混合燃料（以百萬瓦小時衡量），包含核能、煤、天然氣、水力或其他。

◎總百萬瓦小時銷售的成長。

◎可以被連結到預測的 pool-price 或契約價格的平均價格。

就電力或天然氣的配售產業而言，營運價值驅動因子包括：

◎每位消費者的營運成本。

◎每位消費者的營運成本減折舊。

◎每個經銷點的營運成本。

◎每個工作人員的電力／天然氣分配。

◎每個消費者的分配營運利潤。

同時對水力公司而言，有著不同但相似的因子。

■ 法規與股東價值分析

大部分企業其收益增加時，皆會使股東價值增加。在受到管制的網絡產業並不是一直如此。價格的方程式可能因增加產量而增加成本，明確的說就是，當增加產量及收入時，會因為成本增加幅度大於收入增加而使價值下降，以低於成本的價格服務消費者。如此產生了幾個議題：

◎從競爭及價格制定的觀點來看，收入減少對股東價值的影響為何？

◎哪些當期的事業單位對股東價值有貢獻？哪些沒有？

◎每個顧客群的貢獻為何？來自主要顧客群的貢獻為何？

◎就新階段的投資組合而言，對股東價值的潛在貢獻為何？

◎像處理獨立能源工廠也許在短期不能改善股東價值，但能提供長期收益及盈餘成長，就像已存在的營運資產和公司。但相同的準則應該被拿來應用嗎？

■ 傳送訂價 (transfer pricing)

如同電訊業，這不是一個簡單的課題。企業間傳送價格都一樣，它允許其他公司去使用網路工作。在英國，傳送價格一直持續地仔細測試，甚至是最小的國內顧客，現在也能夠選擇它們的電力供應者。我們的經驗是許多公司也設立一個 mark-up 在網路服務工作上，為服務提供者提供小小的動機去增加價值；或者加快無節制地對傳送價格水準做爭論及如何計算的時間。在基本架構之下有效率的支持運送定價的，便是營運基礎的成本管理 (ABCM, activity-based cost management)。

它指的是世界上領先的水電公司，要將以工作表為基礎 (spreadsheet-based) 的成本配置系統轉成以 ABCM 為架構，及有能力支援多個因素 (multi-dimensional) 的獲利分析系統，而加入將焦點集中在產品或服務的營運基礎的運送定價。ABCM 可以用在以消費者市場及地理市場區域為區隔的利潤分析上。典型運用包括運送訂價、市場區隔決策制定、訂價策略、法規、網路工作投資、企業再造階段及財務規劃。可經由價值基礎 (value-based) 管理的連結，以確保改變及策略可被好好地規劃以符合股東價值的目標。

■ 水電業的經驗

在第一個標竿及評價階段，我們發現大部分的實例中，分析人員對專案未來現金流量的折現值的預測與市值顯現密切的相關性。在一個例子中，市場資本價值很顯著小於 DCF 評價，原因是由於與投資者有關的課題。在公司股價快速上升之後，很快藉由 PricewaterhouseCoopers 讓管理者注意到。

這七個價值驅動因子中，最敏感的是營運邊際及加權平均資金成本。就我們所觀察到的，在高度限制的水電業中，收入成長不會增加股東價值；然而收入的改善及降低資金成本，則會提升股東價值。固定資本也是一個重要的價值驅動因子，反應高資本支出置換的重要性，拿英國的水力公司來說，固定資本之所以重要，是因為該因子反映出由於更新所造成的高額資本支出。而要更新的，大多數為設備。

營運收入是最敏感的因子，許多與我們合作的水電公司，對其本業實行價值映對 (mapping) 的動作，我們也發展針對電力方面的工作表模型。此模型可以幫助映對到其產生、分配、供應及非受限的事業。

就加權平均資金成本而言，大部分水電公司的負債成本較權益成本便宜，在民營化後，許多英國水電公司甚至勉為其難的去負擔大筆的負債金額。而美

國則相反，雖然投資人擁有公司已好幾十年，而傳統上水電公司的 gearing level 超過 100%。在 1995 年英國的購併活動開始走上完成改變的路。最早的證明是 Northern Electric 成功防禦了 Trafalgar House。它們利用增加負債融資的方式，增加股東的報酬。大部分地區性的公司紛紛跟進，平均 gearing level 由 1994 年 3 月的大約 20% 上升至 2 年後的超過 80% 的水準。

　　然而，謹慎小心是必要的。特別要提出說明的，我們所偏好及本書較前章提到的用於股東價值分析的軟體及模型，只是分析的工具。它們並不能改變文化或行為，而只是部分解答而已。如果股東價值增加變成公司主要的目標，則需要公司內部做徹底的變革才是。有關於價值基礎 (value-based) 管理的課題，該過程在第七章有做詳細說明。

<h1 style="text-align:center">摘　要</h1>

　　本章，我們注意到運用股東價值理論在一些問題上，包括現金流量、無形資產、資金成本及剩餘價值等的定義。這些項目的全部或部分會在這章節中詳細說明。除此之外，我們檢驗「實質選擇權」的方法如何運用去評價高科技及其他所謂被稱為「新經濟」的產業。我們注意到股東價值模型如何藉由標準的變化，去適用在許多不同的產業：銀行業、保險業、基金管理、高科技及製藥產業、石油及天然氣、電訊業及水電業等。對每個情況，都提及定義其特定的價值驅動因子。

第十一章

世界各國的股東價值

在看了股東價值理論如何應用在特定產業或交易部門後，現在讓我們看看全球環境條件，如何使得股東價值成為一個緊急問題。正如我們在第一章及其他地方所提及的，市場的全球化對於投資者已投入資金的公開上市公司來說，其資金的經濟報酬壓力提高，而這個壓力對個別國家會有什麼影響？一個國家的特定條件，如它的歷史、文化、傳統的企業營運方式，如何影響股東接受或拒絕這個概念的價值？

這一章打算把國際環境條件放入股東價值，把相似情況的國家歸為一類，我們將不提供這些國家的市場全面指南。我們的目標僅僅是那些個體市場的特性，我們認為在股東價值分析與價值基礎的管理事務間存有一關係。

自從這本書的第一版出版以來，1997 年末，股東價值已經風行全球。在全球資本的競爭中，許多想要繁榮的公司和國家必須發放最好的投資收益。圖 11.1 指出按照過去十年的總股東報酬，美國的經濟是被大家所跟隨的模型。本章打算顯示股東價值如何提供一個有效的指南來創造和維持財富，以及一系列不同國家正在面臨的挑戰。

累積指數——五年資料到 1999 年 6 月	年約當總股東報酬
澳洲	9.3%
加拿大	16.0%
美國	29.0%
德國	17.2%
法國	18.2%
英國	19.8%

圖 11.1　總股東報酬——五年資料到 1999 年 6 月

大股東 (stake) 及股東

在我們詳看個別國家之前，先讓我們回到第一章的主題，世界上股東與大股東觀點的不同。

首先讓我們考慮一家個別公司中，股東價值的兩個特性，股份及其所表徵的投票權的分佈，先考慮股份的分佈，公司可能是一個分散的股權結構，大部分的股權由眾多的投資人少量持有。這對於所有參與者是一個典型的公開和透明的股東價值系統；相反的情況是一個公司的股份被少數股東持有，且每位股東有大量的持股，這比較像是大股東經濟的型態。第二，在投票權結構的差異方面，天秤的一端是高度民主的一股一票系統，另一端則是一系列不同種類的股票，一些股票較有價值且有較大的投票權，與股份的分散情況一樣，公司可

能是較分散或較集中的投票權結構。

圖 11.2 是所有權和控制權的各種結合的概述，由於行為的差異，將公司分成 A、B、C、D 四個類型。

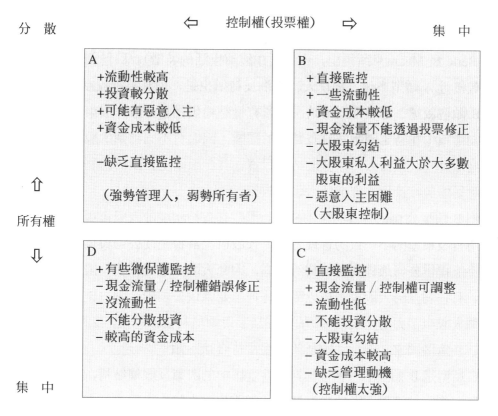

圖 11.2　所有權與控制權的情況 ❶

在一般性的水準下，我們可以根據所有權和控制權分散或集中的差異來看，在 A 類型裏，公司的所有權及控制權分散在大量的股東手上，有高度流動性的次級市場，這使得投資人能夠容易的分散股票，有相對較高的透明度可以幫助降低資金成本，因為持有這些股票對投資人來說風險較低，他們可以輕易的轉換部位，而且風險溢酬較低。

缺點是投資人缺乏對公司管理的直接控制和監視，以及有一定程度的搭便車 (free-riding) 問題，投資人不用參與管理即可獲得管理的利益，但是缺乏直接

❶Based on Marco Becht et al. (1997), *Preliminary Report: The Separation of Ownership and Control: A Survey of Seven European Countries*, Vols. 1–3. Brussels: European Corporate Governance Network, for DG 3 of the European Commission.

監察。這個問題可以藉由市場的懲罰機制來減輕,而在最終可能發生敵意入主。對於不佳的管理表現,股東可以透過其他潛在所有人的支持進行懲罰。

A 類型公司必須要有一個效率的資本市場,一旦缺乏效率市場,則會發生強勢的管理、弱勢的所有權,管理人可以大量的設定議程 (agenda) 並尋求其利益的最大化,同時較不重視股東 (分散的所有權及控制權的觀念,在 1932 年最先由 Berle 及 Means ❷ 所提出,作為現在經濟生活的特徵),目前美國及英國的市場較接近 A 類型市場,加拿大、澳洲及荷蘭也是,但其接近程度較低。

B 類型敘述一個較不同的情況,所有權結構仍然較分散,股東持股較小,但控制權集中在特定團體或具有特權的團體,因為有不同種類的股票,市場仍有一些流動性,投資人可以分散持股投資在其他股票上,由於控制權集中使得可以輕易的監控管理,資金成本仍然較低。

但 B 類型公司也有其特定的缺點,那些具有控制權的大股東可以串通來決定與所有股東預期不一致的管理方式,大股東也許會迫使公司與供應商或客戶簽訂不能提供公司最佳利益的契約協議,因此大股東透過花費一般股東的價值獲利,有控制權的大股東也可以阻止任何想要購併公司的企圖。B 類型公司描述一個大股東權力的情況,一般的管理及股東價值利益被忽視,我們認為日本,以及一些歐陸國家,像是法國及德國相當符合這一類型。

C 類型是 B 類型的一個極端,有高度集中的股東及股權結構,在 B 類型提出的所有議題這裡是明顯的更為誇張。當股份完全的由大股東持有時,流動性顯著較低,流動性低使得投資人不再輕易的分散他們持有的股票,資金成本將會比 A 及 B 類型高,投資人將會對流動性低的股票要求較高的風險溢酬。既然大股東完全控制公司,而且可以相當容易的監控管理,也許會有一些管理的動機:藉由提出似是而非 (plausible) 更長期的管理策略,以違反大股東利益是不可能實行的,而管理將不會妨礙嘗試 (trying)。在世界上有一些較小的市場可以看到這個類型,許多新興市場是這類典型,然而 C 類型公司的特徵在一些國家像是義大利及奧地利也可以看到,其流動性通常很低。

D 類型的情況最不常見,必須有成層的股票,以至於具投票權的股票被集中持有,而不具投票權的股票則可以廣泛的分散,但是這些股份對決策仍有些許的影響,這個情況下的管理可能相當的強,尤其是如果具投票權的股票被一

❷Berle, A. A. and Means, G.C. (1991), *The Modern Corporation and Private Property*, New York and London, Macmillan.

個相對較積極的組織所持有，則在公司管理與該組織間會維持一個較緊密的關係。

$ 大股東榮景不再

這些股東結構的差異對公司行為及經濟有沒有任何較大的影響？我們的看法是那些較廣泛、透明度較高且較民主的協議比由大股東所控制的公司來的好，但有任何的證據嗎？

圖 11.3 提供歐洲有關公司控制的調查資料，圖中顯示在公開發行公司中最大的股東平均持股，例如在德國，一家德國上市公司有控制權的大股東，其持股佔總權益的 50%，這與股票市場資本化水準有關聯。將這些大股東資訊，用來估計國家的證券市場市值相對於國內生產毛額的比例，證明較小的證券市場與持有大量股份的大股東有關係。隨著大股東的持股降低，股票市場佔國內生產毛額的比重愈高。

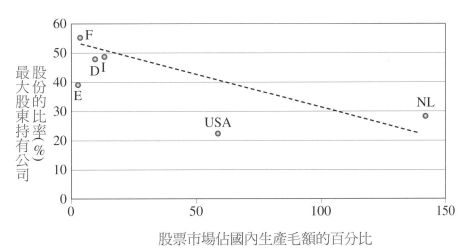

圖 11.3　優勢大股東的規模與股票市場規模間的抵換關係，1995–6

圖 11.3 指出一個明顯的抵換關係，分別是證券市場發展水準及公司重要的大股東放棄控制權的意願，我們認為這是一個不平衡的收斂過程，大部分傾向大股東的國家，逐漸的採用並成為類似美英傾向股東的盎格魯──撒克遜市場。

為什麼會發生呢？大股東方式是由一個私人大股東間的三方協議所構成，這些也許包含創立公司的家族，由銀行或保險公司所提供長期的融資（不是權益可能就是負債），以及直接或間接透過州政府所擁有的公司持有股份，這樣的

做法是創設於二次大戰後，用來刺激長期成長及發展：免於短期股票市場的專制，企業可以計畫未來。

大股東方式在受到國際貿易保護的企業中運行的非常好，他們也許已經全部或部分國際化，政府則掌握策略性利益，也有可能是主要生產者之間互相交叉持股，聯合起來剝削消費者及小股東的利益。

在這樣一個受到保護的環境下，大股東得到不錯的待遇，由於法規的規定，只有本土的供應商可以向企業報價，供應商等於獲得價格保護，部分的獨佔性利益以薪資的方式分給員工，員工得到不錯的照顧，逐漸地認為客戶是麻煩的人，工程及供應擔保成為較優先的議題，換句話說，客戶只有一些選擇，因為生產者實際上是獨佔，即使有超過一家以上的供應商，但實際上因為價格的控制，競爭情況也不多。

這樣安全且寬裕的世界也許會永遠的存在，但必須有幾個條件配合。第一是金融及產品市場的國際化，這是指國外較有效率的競爭者，通常是來自一些透明度較高的股東價值系統，可以在較公平的條件下與國內廠商競爭。當廠商受到完全競爭的威脅時，交叉持股及控制利益變得比較沒有用，這些新進入者可以從一些較大且較深的國際資本市場籌得資金，而且還可以避免受到銀行的束縛。

第二，利益的結合維持大股東協議受到外在壓力已經逐漸崩毀，尤其是當企業需要更多的資本擴充的情況下特別明顯，過去，銀行扮演相當重要的融資角色，如今銀行發現隨著通貨膨脹的降低及金融反仲介，銀行難以滿足投資人的需求，他們開始檢視其所持有的大股東產業公司的長期策略，持有那些在證券市場表現不佳的股票，引發銀行自身的問題，結果一些策略性投資網絡的國家，像是德國，其網絡已經逐漸的崩毀，在日本，財閥（就是由一家集團銀行支援，集團內互相交叉持股）也面臨被摧毀的過程。

早期政府願意提供投資的情況也不復存在，政府不再支援製造及貨品服務的分配，這主要是因為財政赤字的壓力。馬斯垂克條約及歐元所建立的歐洲聯盟，已經促使其會員國的政府嚴格控制預算赤字及負債，許多國家已經開始效法。由於預算赤字，政府已經知道他們不能繼續進行權益風險投資，應該進行民營化，而且較注意到對市場行為的規範，以及在市場失靈時引進私人的公開籌資。

最後一點是原有的大股東及家族投資集團並不熱衷投資於獲利降低的區

域,所以他們也許會將投資轉讓給競爭者,以取得資金投資在獲利較高的地方。

　　當然那些資本市場發展的不是很好的國家開始受到不利的影響,隨著大股東協議的崩毀,資本市場逐漸替代大股東協議來確保資本的提供。證券市場發展較好的國家就可以從中獲益,證券市場愈廣、愈深且流動性愈高,則資金愈容易被吸引到能獲得最高報酬的區域。當集團變得較大,協調困難時,大股東協議變得較難維持,且基本上其競爭力較低,較無法獲得令人滿意的資本報酬。

　　目前因為資本的大量移轉到新經濟上(資本被限制會妨礙移轉,在以股東為主的經濟體,因為剩餘資本可以回到股東手中,股東再投資到報酬最高的地方),市場流動性的重要性是不容置疑的。

　　面對這些壓力,大股東結構的公司開始瞭解到未來必須較獨立的看待定價及供應量,而且必須重視提高那些對公司有貢獻的投資人之報酬,當政府不再提供資金給企業,甚至於還準備收回之前所投入的資金時,公司必須拋開大股東的觀念,並整頓其公司事務以提升競爭力,近來一些民營化後的集團開始注意到他們的成本,以及解除管制的過程。

　　以英國的經驗來看,那些解除管制後競爭激烈的產業,其有效利潤為25% ～ 50%,這是因為資源釋放後,生產力提高所導致。

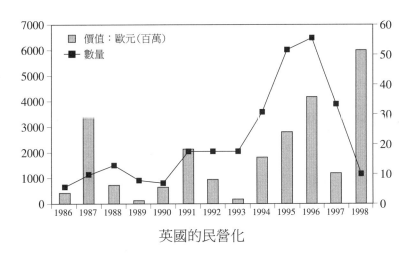

英國的民營化

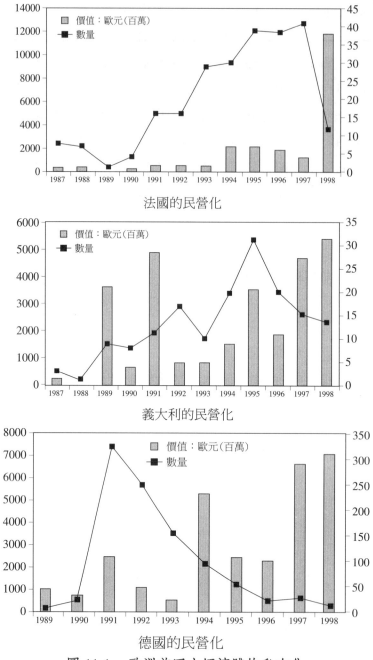

法國的民營化

義大利的民營化

德國的民營化

圖 11.4　歐洲前四大經濟體的私有化

新興國家的股東價值也一致嗎？

　　圖 11.5 是之前我們所提到的一些趨勢，我們將各國 1997 年的股票市值與國內生產毛額的比率依高低排序，由圖可以看到，像英國、美國、荷蘭、瑞士

及瑞典其比率已經超過 100%，而香港在 1997 年的表現相當的好。這些市場是屬於之前所提到的 A 類型市場，這市場的特徵是所有權較分散且市場流動性較高，對於股東價值較有保障。

圖 11.5　1997 年股票市場的市值及國內生產毛額❸

比率超過 100% 但相對較小的國家，如瑞士及荷蘭，近幾年表現出相當深刻的成長，的確這些國家已經證明股份價值的利益佔國內生產毛額最大的一部分。圖 11.4 也顯示出過去幾年來顯著優異的經濟表現。這個趨勢更進一步的說明，有效率的國內資本市場，對經濟發展是有益的而不是阻礙。

因為資本市場一般都要求較高的透明度、較高的流動性及公平的對待所有的股東，這樣的趨勢說明大股東的影響逐漸凋零，而且這些國家逐漸走向美國及英國的市場型態。然而這種盎格魯──撒克遜模式並非零缺點，之前有提到所有權及控制權分散，可能會使得管理人剝削股東的利益。因此進一步的證實，股東價值逐漸的增加，當股東進行公司績效評估時，股東利益成為公司最關心的。目前購併案件的增高也正說明了市場懲戒機制的運作存在且進行的相當順利。

---

❸資料來源：DAI (Deutsche Aktien Institute) Factbook 1998.

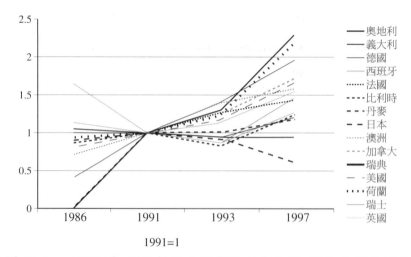

圖 11.6　　1986 到 1997 年部分國家股市市值對 GDP 比例的變化

國家價值

因為金融市場持續的發展，所以各國間金融市場的異同逐漸明顯，現在讓我們來看看各國股東價值的狀況，首先看北美及一些較傾向股東立場的盎格魯撒克遜市場，接著再看其他已開發國家如日本及一些較重要的西歐國家，他們仍然實行大股東制度，然而目前已經產生變化，本章最後將考慮一些有潛力的新興市場國家，他們在價值創造方面有可能步入世界舞臺。

傾向股東立場的國家

在圖 11.3 及其他圖已經顯示對股東友善的國家的特徵，證券市場中上市的公司其資本已經佔總國內生產毛額的 80% 以上，超過 20% 的人民擁有股票，遠高於大股東為主的經濟體，大約三分之一的股票由家計單位所持有，保險公司、投資信託及外資則分別佔 20%、12% 及 20%，與大股東為主的國家相比，較傾向股東價值的國家，其公司、銀行及政府的持股比例明顯較低，而退休基金、保險公司的持股比例則明顯較高，更重要的是，機構投資人投資在權益的比重遠高於投資在債券，較傾向股東價值的國家，其證券市場的發展較好且流動性較高以提供權益。

從圖 11.4 我們可以看到，在歐洲這些傾向股東價值的國家，過去幾年證券

市場表現平均較其他國家好，雖然英國及瑞士表現並不是很好，但這些國家中表現最突出的美國擁有世界性的金融市場。

⑤ 美　國

看看這個全世界最大的自由市場經濟體，美國具有相當完善的股東所有權文化。證券交易委員會 (SEC) 成立於 1934 年，專門負責保護投資人免受公司野心分子的剝削，約束董事會的權力，並且掌管這些在市場上公開交易公司財務報表的內容及歸檔的時間，結果其他國家也效法，投資人可以及時獲得公司所提供的營運及財務報告，公司控制結構促使公司必須尋求股東價值的最大化，所以美國很早就從事股東價值方面的研究並不令人驚訝，本書亦引用相當多的美國例子。

因為股票價格決定於公司管理者創造報酬的能力，所以美國的機構投資人對於公司價值的評估變得更為複雜，本書其它地方已經提到，這些機構投資人逐漸從由會計基礎的盈餘推斷成長率轉向自由現金流量的經濟模型，自由現金流量較能明確抓住風險、成長及投資報酬。

在 1996 年，Price Waterhouse LLP 委託調查全美最大的 30 個權益投資經理人，調查他們評估股票價值的方法，證實能明確抓住風險、成長及報酬的自由現金流量模型成為這些投資人最主要的評估方法。正如一位分析師所評論的：「現金流量是一個較佳且較清楚的數字，……它是股東最終所決定要買的股票價值」，換句話說，每股盈餘只是公司主觀公佈的財務數字。

美國證券市場的權益研究公司（賣方）較晚發展股東價值方法，雖然它們已經注意到每股盈餘的成長率不能代表公司長期的價值成長率，它們主要還是強調會計基礎的盈餘。

因為美國投資集團在公司分析變得更加的複雜，所以公司必須調整其管理方式，一方面透過保證它們將評估投資、營運及財務決策為股東創造價值，另一方面藉由投資人交流計畫。

然而之前所委託的調查還包括很多其它的資訊，相對於股東價值的七個驅動因子，投資經理人是否從公司取得足夠的資訊，超過 50% 的報告指出他們在競爭優勢期間、資金成本及營運資金投資方面並沒有取得足夠的資訊，公司對於它們自己主要的競爭業務較明確，確定投資人熟悉它們的競爭優勢期間。

許多公司也設定明確的負債／權益資本結構目標，以管理預期的資金成本

及未來現金流量的使用,直到交流開始受到關心之時,很多經理人確定他們的股東知道他們使用相同的投資準則及績效標準,以三個最新的年報來看:在1996年可口可樂宣佈,因為經濟利潤最能真實的衡量公司所創造的價值,我們現在使用它來對每個業務進行決策;RJR Nabisco 宣布,它們的目標是稅後普通權益現金報酬為 20% 或更好,所有的資本投資決策將由個別營運公司潛在的權益現金報酬及比較其他 RJR Nabisco 業務的潛在報酬來評估;相似的,Monsanto 承諾實行一個財務制度,將會創造新的股東價值,此價值是來自於現金流量而非會計基礎。

■ 新經濟壓力

報酬的壓力在美國正存在著,特別是季報,季報縮小管理決策與其效果成真並在市場公開的時間,兩個最新的趨勢正在改變爭論的範圍。

第一個是由所謂的新經濟公司所引起的劇變,這些公司主要是在科技、通訊及媒體,很短的期間內,在股東價值的地位上,其中的一些公司已經成為非常大的公司,2000年4月,美國證券市場前 25 大的公司中有 13 家來自這些公司,取代許多老公司,這對許多老公司而言已經形成很嚴重的挑戰,這些老公司看到它們的投資人,已經將資金轉到這些發展較快的公司,雖然這些較晚成立的公司有較高的不確定性,但毫無疑問的這些公司像是思科、英代爾、昇陽等等未來將明顯的出現在市場上,他們及那些之前價格衝到不可思議的高價網路股,正在思索如何使他們的公司更能吸引這些對高科技及網路有興趣的投資人。

第二個趨勢是目前美國公司較過去公佈更多的資訊,這也是得益於網路的關係,例如有更多的機構對公司的報告有興趣,而且它們也要求較多的資訊,勞工聯盟、非政府組織、新聞媒體及其它個別投資人及公司客戶開始考慮更多的購買決策觀點,這些決策可以由環境或道德標準所影響。

很多美國公司開始更自動的增加揭露的資訊來回應,在 S&P500 公司的年報中,the Investor Responsibility Resource Center 發現在 1997 年,61% 的美國公司會公布環境報告,很多公司宣佈未來預計公佈這樣的報告,較充分的活動揭露在這個網路的時代裡,對一些公司來說其實是一種防衛。一些網路資訊也許會錯誤或遺漏公司的資訊,對公司管理者而言,讓投資人理解其訊息是很重要的。

表面上很多主動促進較多的揭露及報告的活動正在進行中,這裡的目的是

希望能讓美國及非美國的報告標準漸趨相同，例如，the Global Reporting Initiative 是一個國際性的組織聯盟，由美國的組織 CERES 所領導，於 1998 年建立，幫助那些世界上獨自發展公司環境報告的國家，使其報告趨於一致，讓這些國家的報告能符合連貫且一致的國際標準，而且美國的 Financial Accounting Board 在 1998 年提議，公司年報要包含許多非財務資訊，包含員工周轉率、客戶忠誠度的衡量、公司產品的瑕疵及相關於公司道德爭議的資訊，那些資訊在附錄一有概略的介紹。

■ 股東活動

傳統盎格魯——美國資本化的風格是規模大且流動性高的證券市場，促使投資人進行短期投資，在這個情況下，股東唯一有興趣的是短期投資所獲得的金融利益，造成所有權控制的分散及強勢管理弱勢所有權的情形，然而有訊息顯示股東對於他們所投資公司的事情開始有較積極的興趣，我們認為這是在為未來較透明的系統鋪路，投資人將會發現他們的投資績效的中期表現較佳，在這個較積極股東活動的趨勢中，一個表現不錯的例子是 CalPERS(the California Public Employees' Retirement System)。

美國的退休基金是全世界最大的非政府資本投資組合，它們代表數百萬一般工人的儲蓄，這些工人每個月支付一部分的薪資給基金以確保未來退休後能有足夠的收入，每個基金的受託人負責謹慎管理這些受益人的儲蓄，這些委託給他們的基金的唯一目的是用來使這些受益人獲得利益，因此這些受託人在謹慎的限制之下，其投資報酬是一個持續不斷的壓力。

同時，像 CalPERS 的基金有一個大約 1,100 億的投資組合及將近 100 萬個已加入退休基金但目前仍在工作的工人，有這麼大的一筆資金即使是分次賣出一些公司的股票也會使市場陷入混亂，且以它們的投資規模，這些基金無法輕易的轉換資金投資其他公司而不影響公司的股價。

這樣的情況說明 CalPERS 對於其所投資的公司會採取較積極的干涉態度，尤其是渴望儘可能的為投資人建立一個發揮的地方，這樣才會強化絕大部分的投資人權利，當他們發現經理人的績效降低時，它們會先跟董事進行會面並尋求一些政策的改變，假如私下會面不能成功解決問題，則再將資訊公開，CalPERS 每年會列出一些績效不佳的公司，以同產業的其它公司作為基準，用 SVA/EVA 的方法評估這些績效差的公司，如果可以的話，CalPERS 願意公開加入一些股東來改選管理階層。

正如 Robert F. Carson（CalPERS 董事會的一個主要成員）在 1994 年所說的，退休基金正自動的介入那些公開公司的管理，它們不對那些公司給付薪水的股東負責。

股東積極介入公司的形式在美國已經逐漸成為投資的一部分，經理人與其他華爾街的投資人已經習慣事必躬親，CalPERS 的介入一般被視為公司將獲改善的象徵，根據 Willshire Associated 的研究，在 CalPERS 買進過去五年的績效顯著低於 S&P500 指數的公司股票後，該公司未來五年的績效會轉為超過 S&P500 指數。

正當我們主要關心股東的積極介入以增加股東價值時，有許多其他組織及壓力團體採取積極的態度，從事其它但不一定不相關的日常工作事項，這也許包括鼓勵公司採用一些較為大眾所熟悉的政策。

■ 海外情況

在追求價值及為了達到風險報酬的最佳關係，很多美國的基金增加投資在國外的部分，根據分析，其投資在國外的部分增加超過一倍，由 8% 增加到將近 20%，這也證實許多原先只關心國內投資的美國投資人開始關心國外的投資，一些美國的經驗正延伸到世界各地。

最初遲疑的一些美國基金也逐漸給予所投資公司壓力，以取得更多的資訊及透明度，CalPERS 最早採用[4]，正如其受託人大會的主席 William Crist 告訴歐洲的企業家，在美國以外，傳統、法律、習慣、策略及市場有相當的差異且正快速的改變，我們告訴董事去尋找內部結構不錯的公司並要求他們怎麼做，他們不只尋找，還做建議。

結果在美國的 CalPERS 與在英國的 Hermes Pension Fund Management 直接進行合作，它們追求 Hermes 所說的 relational shareholder activism，2000 年 5 月 Rio Tinto 也向國際的投資團體開放，報告指出他們將被請求指派一個獨立非執行代理董事長，這是用來促進董事會對股東能更加負責[5]，同時，其他人要更關心他們投資的公司對於所有的員工是否採用 ILO 條款。

■ 實行股東價值計畫的公司

在美國股東價值系統及績效衡量方法已經普遍的產生利益，這些典型是植基於 SVA 及平衡計分卡的結合[6]，根據一些估計，超過 5% 的 FT 500 公司及

---

[4] Another example is the Calvert Group.

[5] "Shareholders back unions in Rio Tinto call," *Financial Times*, 4 May.

8% 的 FT 國際 500 公司，目前已經採用 SVA ／績效衡量系統，已經有許多大公司領先採用 ❼。

超過一半的樣本公司股票價格的表現較競爭對手好，說明這個計畫是很值得的，外部衡量指標的介紹導致 Honeywell 的控制者說：「我認為最重要的改變是預期的報酬，由外部力量衡量非內在力量 ❽。」

這些系統由帶有創造股東價值的調整策略所介紹，如 Eli Lilly 的財務副總 Charles Golden 所觀察的，在我們公司績效衡量系統最敏感的理由是避免混淆每天的活動該如何跟隨公司策略進行 ❾，其他實行這個計畫的公司有 Caterpillar, Mobil（現在是 Exxon 的一個部門）及 Dow Chemical。

在美國股東價值系統的實行已經累積出許多的經驗，大部分的公司未來可能會實行股東價值以及績效衡量計畫。這將會發生企業環境變化的回應，發展新策略與引進新經營團隊，來使公司轉變更為順利。

實行的過程也許不是很簡單，正如一位美國服務公司的經理所說的，實行一個系統最大的挑戰，是讓人們透過一個標準的方法站在企業的立場想。第二個是文化爭議，之前管理者自己報告他們所要報告的東西，在新的環境下，管理者必須報告更多相關的資訊 ❿。對這樣一個計畫在工作上必須解釋清楚，內部的資訊系統也必須配合。難以衡量某些形式的活動可能會引發執行的問題，但一般同意聯結計畫及執行報酬是重要的。

大體上來說，股東價值方法的使用並連結平衡計分卡及其他技術變得更為廣泛，美國正形成趨勢而其他國家也逐漸的趕上。

⑤ 英 國

在英國證券市場市值超過國內生產毛額的 150%，傳統上其權益的所有權很強勢，目前仍是歐洲資本佔國內生產毛額比例最大的國家，甚至比美國還大，

❻ See, for instance, Kaplan, Robert S. and Norton, David P., "The Balanced Scorecard-Measures that Drive Performance," *Harvard Business Review,* January-February 1992.

❼ *Aligning Strategic Performance Measures and Results.* The Conference Board, 1999, and authors' estimates.

❽ Ibid.

❾ Ibid.

❿ Ibid.

倫敦依然是一個相當吸引國外公司上市的地方，且許多非英國公司的股票在倫敦市場交易，在歐洲時區進行權益交易的市場中，倫敦是首要的金融中心，另一個英國市場最重要的特性是機構投資人的力量強大。

造成這個特性的一個原因是退休基金。在英國，雇主必須負責提供退休金，並將其放入一個分離的基金帳戶，因此建立一個龐大的雇主（及員工）的退休基金組合，必須先找一個投資機構來管理。雖然這些基金必須維持一定的流動性使基金能在兩天之內提供退休支付，但許多資金在短期內並不會被要求支付，所以這些基金能進行長期的投資，如投資在權益類資產。這些退休基金投資在權益類資產的部分約 80%，可能是目前世界上最高的。與雇主分離的退休基金（德國人的說法）使這些基金不會保留在雇主的企業中，而是投資在金融市場。

正當英國為是否加入歐元而爭論不休時，歐洲資本市場的整合依然急速的持續著。之前有消息宣稱將整合倫敦證券交易所及德意志 Boerse 建立 iX 證券市場，一旦完成時，這個市場在周轉率方面將是世界第三大（次於 NASDAQ 及紐約證交所），在總市值方面將是第四名，僅次於之前兩家及東京證券交易所，並將以倫敦作為主要交易符合英國規定之藍籌股的中心，這也是英國在這部分市場卓越表現的證明。

隨著傳統上大股東方法沒有被使用，英國政府寧願同意之前發展很好的一般法律繼續盛行，這是說公司可以使用股東模型以使所有人的財富最大化，且透過國家所擁有的公司主動民營化，英國已經擴展其權益股東的範圍。

■ 最新的評價技術

傳統上英國投資人衡量績效的標準是股利殖利率、本益比及每股盈餘，這些指標的優點是容易被瞭解，然而它們太過簡單，因為管理者常透過會計慣例及會計異常來操縱盈餘（Terry Smith 在他的書 *Accounting for Growth* 已經證明 ❶）。

資本報酬（註：稅後淨營業利益除以投入資本）成為主要的衡量方法，股東價值概念的出現強化說明公司必須增進其資本報酬及減少資金成本，當然在歐洲相同的經濟要素已經對權益資本報酬產生壓力。

在某些方面，英國率先使用一些之前所提到的 SVA 技術，也許公司揭露較多的金融資訊，並配合對一般價值衡量方法的需求增加，而這些方法可以比較

❶Terry Smith (1996), *Accounting for Growth: Stripping the Camouflage from Company Accounts*, 2nd edn (London: Century Business).

一家歐洲公司與其他公司。由 PricewaterhouseCoopers 所委託的研究顯示，絕大部分的英國證券分析師正使用未來現金流量評估公司價值，他們仍是在傳統衡量方式的架構下進行，但是他們心中已經存有一個良好發展的現金流量模型，換句話說，目前以現金流量為主的評價過程比以報表的淨利的評價過程為多，事實上目前幾乎所有較佳的機構皆使用現金流量分析技術。

　　為什麼會發生這樣的變化呢？部分是因為歐洲權益績效不佳，其次是因為較低的經濟成長及競爭的增加，為了對擁有者或資金提供者負責，投資人必須獲取最大報酬，留意公司是否誇大其成長利潤及短期股價的成長（通常可簡單的歸因於市場的成長），在一個通貨膨脹及成長率極低的環境下，投資人已經認識到，管理者在績效表現不佳時會進行財務報表的窗飾。

■ 公司治理

　　在英國由於機構投資人的力量大，股份可以集合起來進行投票，而且理論上至少有一些機構投資人已經符合大股東的定義，大體而言前四或前五大的機構投資人也許握有中型的英國公司超過 50% 的股權，這些股份通常在一個不受到干涉的情況下，假如績效變差，部位會受到調整，在績效不佳時有時候公司會較趨謹慎，但是過失通常使得投資人不願投票 (vote with their feet)，而不是積極的參與公司的管理，導致管理者在面臨到股東優柔寡斷或偶爾的漠不關心時，其管理相對較為強勢。

　　對於這些問題的憂慮已經有許多的建議，建議設計促進市場透明度並建立條款以幫助股東監視公司的事務，三個委員會分別是 Cadbury，Greenbury 及最近成立的 Hampel 委員會，這些委員會對於公司如何管理，一致做出幾點重要的建議，如下：

◎公開公司應該有一個與執行長的角色分離的董事長；
◎有足夠數量（三分之一以上）的董事應該是獨立非執行董事，他們可以檢查管理者決策並提醒管理者對股東的責任；
◎董事成員應該透過公開的場合合理的選出。

　　英國鼓勵股東獲取積極的利益並檢查策略或績效，但仍開放使股東能積極的參與，在 AGMs 的投票水平大部分依然低於 40%，顯示投資人缺乏興趣，這些大部分是機構投資人。

　　管理績效最佳的公開公司，通常是受到股票選擇權計畫，或是虛構計畫的刺激。一般必須在執行者的股票選擇權可以執行之前，達成目標盈餘，但是由於 1992 年 Cadbury 委員會在公司管理報告指出，目標連結已在發展，主要有：

◎使用相對績效衡量（註：在相同的條件下比較其他公司）；

◎使用總股東報酬（註：股利加上股價上漲的部分），而不是只有股價上漲部分（市場股價全面的上漲將可達成）或每股盈餘原始的上漲（會透過會計處理操縱）；

◎較長期的績效衡量，股東利益必須經過一段時間的累積。

　　結果，我們可以看到許多英國公司希望適當的採用股東價值衡量系統，為了建立恰當的評判標準，在同意誘因之前管理績效可以被評估，同時執行者的報酬必須在公司年度會計中詳細的公開，相較於許多歐洲國家，它們透過資料保護法以保護資料不被公開。

■管理者要做什麼？

　　一些英國的公司開始信奉股東價值的概念，例如 Boots，Diageo，Tate and Lyle，以及著名的 Lloyds-TSB。當然最著名及最成功的是 Lloyds，它是一家銀行，近十年來，每三年的股東價值增加一倍，造成進一步的購併，包括 TSB 及 Scottish Widows（一家壽險公司），雖然目前股價的表現不佳，但是 Lloyds-TSB 不只是英國最賺錢的銀行，也是全世界獲利最高的銀行，且幾乎是這個產業唯一可以結合競爭成功與額外的股東報酬的例子。

　　Tate and Lyle 是另一家使用股東價值分析來增進股價績效的公司，由於之前這家公司較不關心營運資金的管理，結果公司的資本擴張太快，股價表現不佳，股東價值衡量的實行包括引進一個新 SVA 指標刺激管理，有助於穩定 1990 年代末期公司的情勢。

　　Diageo 是由 Grand Metropolitan 及 Guinness 兩家公司合併創設而成，也廣泛的實行股東價值的計畫。這個計畫原先是 Grand Met 的執行長開始，公司合併之後仍繼續在新成立的公司實行，公司自己設定一些展現雄心的目標且有一個執行報酬與 SVA 衡量連結的方案。原本的問題是生產含酒精飲料需要的營運現金流量很大，正當公司努力去擴張其資本時，這造成長期的績效表現不佳，公司努力希望能減低這問題，股東價值計畫使公司重新定位行銷策略，放棄一

些價格低的品牌，轉向價格較高的產品，也放棄一些大量但利潤微薄的產品，因為這些產品沒有什麼附加價值，這些步驟結合一個新的執行動機方案，提供一個架構讓公司可以邁向新的策略，在市場上能有效的競爭並提供股東較多的報酬。

National Power 也轉而使用股東價值／平衡計分卡的方法來幫助刺激及增進管理者及公司職員的品質，股東價值是一個很重要的指標，公司的計畫可以被比較及檢驗，有關這個議題的資訊可以透過公司執行長的簡要介紹而傳播給公司的經理，這些廣大的股東目標是要建立對公司職員的訓練及發展計畫，投資人在人員的計畫要建立一個績效衡量架構，集中注意目前營運績效表現，維持及發展公司潛力，影響外部大股東及維持一個可操作的文化及氣氛，將這些計畫落實到各個部門然後以一個職務及業務單位為基礎集合起來，最終獲得董事會的同意，這些計畫總結是公司與股東績效契約的一部分。

英國電信公司及民營化發電、分送公司也正注意增進股東價值的主要要素，在這些產業，政府的管制是設定管制價格，很謹慎的使用計算資金成本來評估公司基本的獲利能力。

■ 股東活動及回應

一些股東活動的概念因為美國 CalPERS 的傳播，已經傳到英國，例如 Hermes Pension Fund Management 正採取較長期且較積極的態度進行投資管理，在 1998 年的春天 Hermes-Len 基金成立，主要投資在中度資本的股票，及根據相對股東活動的政策。

在公司管理方面，Hermes 完全支持 Cadbury 及其他提議，認為董事會應該有三個積極但獨立的非執行董事，股東可以依賴他們獨自的進行判斷，且他們可以當股東的代理人，例如 CalPERS，促使公司報表能較公開及較透明化，包括提供一些條件支持公司管理者以防範惡意的入主，如果股東的利益能經由採取某些行動而得到較好的對待，則基金保留採取這些行動的權力。Hermes 對一般的原則提出說明，一個公司增進股東長期的利益將需要有效的處理公司與員工、供應商及客戶的關係，使股東價值在機構投資人的情況下能有很好的表現。

投資人所期望能有較高的透明度已經達到某些程度，他們的內容也許有些程度上的差異，因為公司除了證明它們的股東價值卓越之外，也希望能被視為好的公司，一個叫做 AccountAbility 的組織在 1996 年設立，目前有一些世界性的經濟及政治組織支持。

最後值得一提的是英國的一些組織率先接近我們所說的價值報告，一個例子是 Cooperative Bank，它是相互交叉持有的，而且本質上不是一個股東組織，它的合夥報告提供一個詳細且客觀的評估銀行關於大股東的績效表現，且可以透過其他有股東的組織來擴大。Cooperative Bank 提到一個正面的影響，是這份報告提供銀行大約 100 萬的免費廣告，而且幫助銀行產生顯著的新業務量。

⑤ 澳　洲

澳洲繼續保有其優良的股東價值文化,證券市場總值在 1997 年約是國內生產毛額的 80%，近幾年快速的增加，目前大約有 40% 的人口擁有股票，機構投資人持有大約一半的權益資產，這有助於證券市場周轉率提高至合理水準。

透過一系列的民營化，股票所有權已經大幅的提高，如圖 11.7 所示，所有列出來的公司目前已經發行，且吸引相當多的投資人參與，這個趨勢持續到 1999 年 Telstra 民營化釋股 16%，有超過 180 萬的投資人參與釋股。

澳洲公開公司依股東人數排名──1998 年 12 月	股東人數（百萬）
Telstra	1.4
AMP	1.2
TAB Limited	0.6
National Mutual (AXA)	0.5
Colonial State Bank	0.4
Commonwealth Bank	0.4
BHP	0.3

圖 11.7　澳洲公開市場股東人數的排名

透過退休基金的方式間接參與權益市場的人，也呈持續上升的趨勢，退休基金的資產已經提高到相當於 66% 的國內生產毛額，五年前這個比率才 45% 而已，這大幅度的成長主要是因為立法強制員工加入退休基金以及給予自動加入退休基金的員工較優惠的租稅待遇，這些提撥的資金是根據總所得的一定比率提撥，在 2002 年將提高 2 ～ 9 個百分點，這保證未來在基金管理將持續的成長，外資的股權則依然是佔整個市場約 32%。

較積極的股東活動一部分是負責小但穩定的股票買回，這暗示股東的管理壓力是在增高的，且有時候透過權益的收回宣示股價將提高，而所需的資金可

能藉由發行額外的新債或從保留盈餘提撥來籌措。由於公司法在 1991 年修改，所以股票買回可能會成長，自從 1996 年以來，股票買回的的價值從 0.2% 的市值提高到目前大約 1% 的水準，這相對使得股利再投資計畫的減少，其價值由 1990 年市值 1.5% 的高峰降到目前大約 0.5%。

澳洲權益市場過去五年到 1999 年 6 月為止，如果以市場累積指數計算，每年的總股東報酬已經超過 9%，雖然相較於北美及歐洲的權益市場，這樣的表現明顯較差，但要注意的是，這段期間金屬及農產品的價格疲軟，而澳洲選入指數的公司有很大的比重是生產這兩項物品。

■ 股東價值應用的發展

一份 PricewaterhouseCoopers 發布的最新調查，檢驗澳洲前 100 大的價值創造公司使用 MVA 衡量的情況，發現表現最好的價值創造者分布在企業光譜的兩端。小而靈敏且富有創造力的組織，在市場上營運有許多的機會分散投資及擴張，屬於這些性質的公司被證實在價值創造方面表現最好，大約有 3,000 萬到 7,000 萬澳幣的資本，平均相對的市場附加價值 (MVA) 分數是 3.36；其他範圍的公司是規模大、經濟力量強大的企業，其資本超過 30 億澳幣，其表現次於前一類的公司，相對的市場附加價值 (MVA) 分數大約是 0.64。表現最差的，大部分是市場資本介於 4 億到 6 億屬於中型的公司，許多都是資本密集且市場競爭較激烈的公司，雖然這些公司在產品市場是最合乎經濟，然而其缺乏競爭優勢導致績效差，市場附加價值 (MVA) 分數僅有 0.15。

在這些公司大量的採用之前，股東價值的衡量仍然有很長的一段路要走，但是澳洲 些最大的且最成功的價值創造公司包括 Telstra、Lend Lease、Foster Brewing Group、ANZ Banking Group、Coles Meyer、Westpac Banking Group 及 Commonwealth Bank 已經採用這個指標，公司大部分喜歡使用經濟利潤的衡量如 CFROI，原因是因為簡單容易計算，但有點訝異的是調查報告指出有關執行報酬計畫的使用，有一些公司已經將價值落實到公司營運。

⑤ 加拿大

加拿大證券市場的總市值略低於 80% 的國內生產毛額，約有 37% 的人口持有股票，加拿大發展其金融市場較同情股東，由機構管理人所投資的部分目前是 25%，低於水準，然而因為利率的下滑，導致機構投資人的資金由債券轉移到權益，其比率已經逐漸的提高。

　　加拿大權益市場主要受到兩個因素的影響：自然資源（如石油及天然氣）的價格，因為加拿大的經濟在許多方面仍然相當重視這些商品；另一個因素是美國的經濟，美國是加拿大最大的貿易夥伴，此外一些大部分的營運是在魁北克省的公司，股票價格常受到魁北克省是否與加拿大分離的不確定影響。

　　現今加拿大公開的權益市場包括五個證券交易所：多倫多證券交易所、蒙特利爾證券交易所、溫哥華證券交易所、亞伯達證券交易所及溫尼伯證券交易所，最大的證券交易所是多倫多證券交易所，也是世界第十大、北美第三大的證券交易所，加拿大的證券交易價值幾乎有 90% 的交易是在多倫多進行，超過 1,400 家的公司在此上市，總市值超過 1 兆加拿大幣，市值加權指數 TSE 300 是加拿大權益市場的主要指標，主要的公司是從事自然資源、金融服務、工業產品及公用事業，這些行業的公司總共就佔超過指數的 75%，最近五年 TSE300 的表現遠遠落後美國市場的表現，主要是因為商品市場在 1990 年代末期的價格下跌，TSE300 及 S&P500 的報酬列在圖 11.8。

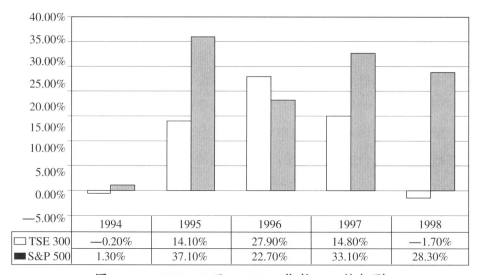

	1994	1995	1996	1997	1998
☐ TSE 300	—0.20%	14.10%	27.90%	14.80%	—1.70%
■ S&P 500	1.30%	37.10%	22.70%	33.10%	28.30%

圖 11.8　　TSE300 及 S&P500 指數 —— 總報酬

　　加拿大的交易所目前正計畫重整，重整提議包括指定多倫多證券交易所為加拿大主要的權益交易所，將衍生性金融商品的交易轉移到蒙特利爾交易所，並結合亞伯達及溫哥華交易所成為加拿大創業資本的交易所，雖然加拿大的證券市場正在成長，相較於世界性的權益市場，加拿大的市場仍相對較小，加拿大交易所的交易大約佔世界總權益的 2%，過去十年降低了 1%。

■誰擁有股份?

根據 1996 年多倫多交易所的研究, 37.5% 的加拿大人民 (大約 750 萬人) 參與加拿大的權益市場, 他們不是直接投資普通股或特別股, 就是間接投資股票共同基金, 目前股票投資是第二項最受歡迎的投資工具, 僅次於房屋所有權, 1983 年權益資產投資仍排在房屋所有權、加拿大儲蓄債券、保證投資憑證及不包括房屋所有權的不動產之後, 權益投資的普及跟在美國之後。

加拿大權益投資的成長有許多的因素, 包括:

◎規模大的退休基金盛行, 特別是公用部門的員工;

◎共同基金投資的普及, 由於登記退休儲蓄計畫的參與者逐漸增加, 登記退休儲蓄計畫是個人的退休儲蓄計畫, 政府給予收入提撥退休基金的所得稅減免, 在 1996 年, 55% 的加拿大人加入這個計畫 (政府嚴格限制基金投資在外國的部分不得超過 20%);

◎證券市場績效表現令人滿意且加拿大人對投資選擇的認識提高;

◎持續的低通貨膨脹及加拿大政府財政負擔的增加, 導致債券利率下跌, 過去債券是最受歡迎的投資工具。

至於加拿大的機構投資團體, 經紀商的家數在過去十年經過產業的合併已經減少, 最近的改變衝擊到機構投資團體的事情包括有執照的銀行被允許可以買進投資銀行等等。

傳統上加拿大投資集團分析公司是用本益比或淨資產評價法, 然而包含許多現金流量或 EBITDA 的評價方式正逐漸地被應用, 因為美國及加拿大的機構投資人常進入對方的市場, 透過像是 SVA 的工具增加股東價值將可能提高。

■公司治理

加拿大資本市場最自豪的就是公平及相對的較有效率, 因此在加拿大公司控制比股東價值管理較受到重視, 公平較股東價值更為重要, 許多公司已經設立公司管理委員會而加拿大證券交易所也提供一些指標, 雖然沒有強制規定要符合這些指標, 但是極度建議公開公司揭露公司的管理策略, 如果指標不同需解釋為何不同。

省政府所贊助的退休金計畫已經影響逐漸積極的股東活動, 鼓勵公司認真的思考公司管理的問題, 在加拿大權益市場規模逐漸的增加及更多投資人的參

與之下，公司管理將可能受到公開公司的侵害。

■ 熱衷股東價值管理

儘管其鄰國美國已經廣泛的採用這些原則，股東價值方法對整個加拿大市場尚未有顯著的影響，然而因為許多加拿大公司同時在加拿大及美國的證券交易所上市，而美國的投資銀行需要公司揭露更多的資訊及使用其他的績效衡量方法，明顯的許多公司逐漸採用這些原則，例如過去幾年，一家加拿大的釀造廠龍頭 Molson 宣布打算採用股東價值的管理系統，作為發展競爭優勢的策略。

加拿大的媒體也相當關注股東價值方面的議題，The Financial Post 最近公佈一份年度調查以市場附加價值 (MVA) 衡量排出加拿大前 300 大的公司 ❷，在1998 年前十大的公司主要是電信／高科技及金融機構這兩個產業，Nortel Networks 是加拿大的電信巨人，已經連續兩年奪魁，而自從 1990 年代中期以來銀行業全面提高營運利潤及經濟利潤 ❸。

不只新聞界逐漸知道股東價值的衡量，許多加拿大的機構貨幣管理人也已經設置研究計畫，確保公司透過投資在報酬超過資金成本的新創事業以創造價值。

然而，雖然大部分的加拿大公司說它們知道在擬定公司策略時，股東利益是重要的，但是只有一些公司企圖去量化權益的經濟價值，或衡量企業決策的影響，最新美國貨幣管理人的調查也顯示，在管理股東事務方面，加拿大的公開公司目前遠遠落後其美國的競爭對手 ❹，然而因為資本市場轉變朝向全球化，加拿大的權益投資人變得較為老練及苛求，在加拿大的董事會及投資分析股東價值衡量可能變得較普遍。

---

❷Bagnell, P. (1999), "MVA 300–Nortel leads in creating value: Shareholder boost, " *Financial Post*, 3 July.

❸Kapitan, J. (1999), "Banks continue their upward push: Greater efficiency," *Financial Post*, 3 July.

❹Milner, B. (1999), "Canadian firms lag US in disclosing information: Survey-Money managers also believe less attention is paid to shareholder concerns and wealth creation," *Globe and Mail*, 25 October.

ⓢ 荷　蘭

　　根據新興的股東價值精神，我們將荷蘭歸類為其他對股東友善的國家，因為荷蘭資本市場總值是相當 100% 的國內生產毛額，且大約有 44% 的權益由私人所持有，退休基金的資產總值約 85% 的國內生產毛額，有一個充滿活力的股票市場：強調公開的荷蘭市場，此外荷蘭遵守紀律及對薪資所得的決定採取一致的態度，使得荷蘭藉由避免生產成本高過生產力來提高經濟及企業的表現。

　　荷蘭的經濟及金融活動有兩個重要的特色，一方面國家的規模相對較小，這是指荷蘭是一個小的經濟體但其國際貿易相當開放，在其股票市場上市的公司中有大約 30% 的公司是由外國人所擁有，一些世界上最大且最國際化的公司將總部設於此，荷蘭願意與世界經濟融合；另一方面有一個一致且較不希望由外人介入的地方控制傳統，股東價值管理在荷蘭這兩個相對的特色下開始受到注意。

　　更詳細的看荷蘭這兩個主要的公司形式，NV（naamloze vennootschap，無記名有限公司）及 BV（besloten vennootschap，封閉型有限公司），上市的 NV 相當於公開有限公司，或英國、美國、德國的 AG（股份公司），然而未上市的 NV 對投資人較不友善，即使 NV 的格式是針對大規模的公開公司而設計，但它並不是一個表徵股東利益的好工具。

　　所有雇用超過 100 個員工的公司必須設立一個顧問會議（類似於德國的 Betriebsrat），有權得知及諮詢許多重要的公司決策，特別是那些牽涉勞工及員工的決策，一旦公司擁有股票資本且保留資金達 1 億 2,500 萬的荷蘭幣，公司必須設立監督委員會，這個委員會具有類似許多其他國家股東所執行的職務，例如指派及解除管理委員會，草擬年度會計報告以取得股東的同意，公平來說這個機制稀釋股東的權利，將其權利轉到監督委員會上。

　　此外，對 NV 的公司而言選舉控制權可以限制在某些等級的股東，例如設立一個 administratiekantoor（管理部門）或 AK，它們持有原始股份及發行股票憑證，憑證所有人的權利可以被限制只能收取股利，他們的投票權則由 AK 來執行，其他的憑證持有人保留參與股東會並可在股東會上發言的權利，而且還可以挑戰管理及監督委員會，股票憑證是預防惡意入主最有用的毒藥丸，更大的不同是發行有特殊投票權的優先股，當這些股票在安全的人士手上時，他們也組成一道有力的屏障，防衛不受歡迎的外部買家。

NV 的章程規定可以限制股份的自由轉讓，BV 的章程規定也必須限制這樣的轉讓（除非轉讓給其他的股東、Close family 及 BV），這使得公司可以防範入主，且使入主的買家非常難以成功取得 NV 的公司，上市的 NV 公司要求必須有不記名的股份，這些股份的轉讓是不受到限制的，值得注意的是，當 BV 在 1971 年被引進時，約 90% 的 NV 轉成較堅固的 BV 類型。

在荷蘭 NV 股份的買回也比較難以達成，一個 BV 可以要求買回超過 50% 的發行資本，但是 BV 在沒有獲得股東的同意下只能買回 10%，在職員工的 NV 股東有權利優先購買新發行的股份，而 BV 的股東則沒有這個權利，對上市的公司有許多的控制權觸發器，當 5%、10%、25%、50% 或 66.67% 的發行資本換手時將觸發啟動器。

■ 改變的風潮

荷蘭公司法相當的複雜，過去有一些大股東類型的行為，公司通常互相持有大量的股份，不可能發生惡意入主，公司現職的管理人受到監督委員會的保護，僅須關心其他事而不須關心創造股東價值。

在 1997 年，一家公司管理委員會調查股東在公司做決策時所扮演的角色，它列出 40 條建議，設計擴大股東的影響力及廣泛的涵蓋有關公司管理的議題，公司應該使用及揭露員工的股票選擇權計畫，建議一個較獨立且有決定權的監督委員會，這家公司管理委員會也提議刺激荷蘭人公開討論有關股東價值管理及其最終目的：極大化股東的財富方面的議題，但至今尚未有關於使股東及大股東利益一致的輿論。

大眾懷疑有關股東價值管理的最終利益有許多的理由，最大化股東價值似乎是單方面而非雙方都同意的，而荷蘭的公共想法沒有意識到股東是剩餘價值請求權的持有人，他們的財富在大股東的股份之後才能增加。

股東價值也常常與有時非相當敏感的介紹股票選擇權計畫有關連，雖然是設計來調整管理股東價值的利益，但這樣的計畫常常被視為一個裝飾，因為只有針對一些資深的管理人，由於租稅的優惠、洶湧起伏的股票市場及缺乏限制的選擇權執行，股票選擇權的持有人不需付出太多即可以實現龐大的利潤，在限制其他員工的薪水、股票選擇權計畫及管理股東價值的時候，利益已經被獨佔且不公平正損害荷蘭一致性的模型。

荷蘭公司特別是那些跨國營業的公司的董事會成員知道，他們的選擇較為有限，他們持續的受到來自於國際金融市場增進績效表現的壓力，引進及實行

股東價值管理是一個較有效率的方式，荷蘭的公司不只要在其國內強大的競爭市場中做出反應，也必須滿足全球金融市場的龐大需求及加入歐元的行列。

■ 壓力的增加及一些回應

我們提供三個最新有關公司針對股東價值的挑戰所做的反應的例子，第一個例子是 Unilever（同時在英國及荷蘭上市）已經開始尋找增加績效表現的方法，因為其品牌價值已經無法帶給投資人所要求的報酬，所以其股價表現不好，公司的反應是決定以大約 1,150 億的價格，出售其化學部門給 ICI。

原來的目的是希望用這個銷售的收入來收購更多的公司及增加公司成長，原本預期兩到三年內將可以找到合適的收購標的，但是因為某些原因，沒有找到合適的公司，公司異常的做出將透過特別股利將這個收入發放給股東，這是第一個將股東利益放在管理利益之前的例子。

另一個例子是國營的 KPM，效法其他國家的公司，在 1997 年 KPM 決定將郵政部門從電信部門分出，並同意這兩個分開的部門集中其核心活動及促進國際聯盟的建構，透明度的增加使得它們的股票更加吸引人，這是從原本的大股東管理轉到股東價值可以被有效的引進及實行的情況。

Vendex 的分裂是另一個投資人因為公司分裂成許多部門而獲得更多價值的例子，在 1998 年年初，Vendex International NV 的業務活動有百貨公司、特製品商店、臨時代理機構及食品零售，1998 年期間，公司分裂成三個公司，Vendex NV 負責營運百貨公司及特製品商店，Vedior NV 則從事臨時代理服務，而 Vendex Food 則營運食品零售業，第三家公司很快的與另一家公司 De Boer Unigro 合併成立一家叫 Laurus NV 的新公司，最後這個例子證明分散的集團當其眾多的部門成立公司且可以獨立的做決策時，集團將會有一番新榮景。

此時並沒有相當清楚的說明即將出現的爭論，但這些例子顯示在荷蘭改變的時間及壓力可能較偏向股東價值方法，仍有機會使大部分荷蘭的差異維持在一個高度的一致，也許將會逐漸的瞭解大部分的討論在股東價值議題及績效的要求，但不會在任何價格，企業家結合社會責任可能是最好的敘述，而因為這代表介於大股東及股東間的方式將持續存在，但隨時間過去將較趨向於股東價值方法。

Ⓢ 瑞 典

瑞典也是一個大股東傳統歷史悠久的國家，但在許多方面早已急速的傾向

對股東價值友善，股票市場的市值目前略大於國內生產毛額的 100%，而將近一半的人口擁有股票，這個比率也許是歐盟及經濟合作暨開發組織會員國中最高的，甚至也可能是世界最高的，在我們的看法，瑞典是屬於對股東友善的國家。

　　大約 25% 的股票由家計單位所持有，剩餘的部分則由機構投資人持有，例如保險公司、退休基金及外國的機構投資人，政府及公司仍持有相當大的股份（政府是 11%，公司是 19%），所以大股東的力量仍然很大，公司持股是指公司間複雜的交叉持股，及透過優勢的大股東強化股權，雖然有跡象顯示這兩個團體在不久的將來可能組成較廣大的持股集團，對於產業及金融的生態會有很大的影響。

　　在 1999 年瑞典有總值約 520 億的購併，這起始於 Wallenberg 集團的重整，Wallenberg 集團已經放棄持有 Stora 及 Astra 的股份，Volvo 汽車也以 65 億的金額賣給福特汽車，這個結果在 1993 年，Volvo 賣給 Renault 的計畫受阻時是令人難以想像的。

　　對於瑞典這些顯著的動作不能低估，Wallenberg 的控股公司 Investor 持有 ABB、Ericsson、Electrolux、Atlas、Copco 及 Gambro 相當多的股份，它所持有的公司股份佔所有在瑞典股票交易所交易的公司股份約 40%，但 Investor 逐漸的感受到壓力，其績效在瑞典股票市場的報酬為 13% 時轉為負值，Investor 集團習慣當其股票價值損失 30% 時將股份賣出，這顯示其弱點，Wallenberg 家族年輕的繼承人 Marcus Wallenber，在接掌最高的管理位置後，已經改變 Investor 的作風，過去鞏固著 Investor 帝國的投票權保護網絡已經開始鬆動。

　　兩個最新的發展可以說明，一個是惡意入主 Scania，Scania 是一家瑞典的卡車製造商，屬於 Wallenberg 集團的一部分，由 Volvo 的執行長 Leif Johansson 所創立，瑞典基金管理擁有 13% 投票權，它們不滿 Scania 在 1996 年首次公開發行之後股價長期表現不佳，當事情發生時，公司沒有主動的改善，也沒有認真的克服歐洲的反托拉斯議題，但因為 Investor 身為公司的大股東，所以有動機採取必要措施以維持公司股價。

　　UBS 著名的 Martin Ebner（詳細請看後面，瑞士）已經介入 ABB，且持有足以取得一席董事的股份，ABB 的股價已經滑落，而 Ebner 的介入抬高股價，傳言將會進行重整及股權結構的單純化，所有這些例子指出營運大規模公開公司的基本態度改變，傳聞 Investor 可能會大幅減少投資瑞典的公司，這可能是 Investor 分散投資組合的前奏，高的個人所得稅及全球的競爭迫使瑞典的公司

變得更為國際化，甚至搬遷其公司住址，Ericsson 已經在英國設立許多總部，僅僅是因為可以提供較具競爭性的薪資及紅利，而不用被瑞典相當高的邊際個人稅所侵蝕，的確值得注意的是，股東價值已經在許多 Investor 控制的公司中紮根，包括 SCA、Atlas、Copco 及最新的 Electrolux。

■ 而市場…

瑞典的金融市場也快速的進步，在 1999 年 OM 收購斯德哥爾摩股票交易所，OM 已經營運過許多的選擇權交易所，包括 OM 倫敦交易所及其他發展與賣出先進的股票交易系統給世界其他國家安裝，OM 斯德哥爾摩股票交易所不相信歐洲的股票市場聯盟，反而注意在技術驅動、低交易成本的模式，Norex 的建立包括斯德哥爾摩及哥本哈根股票及選擇權交易所，計畫將很快與奧斯陸連接，雖然赫爾辛基仍沒有意願加入，但波羅的海三小國未來將會加入，OM 可能會成功的成為獨立於歐洲股票交易所，最後值得提到的是市場的法規將會很快的設立同意股份的買回，股東活動將會以小股東聯盟的形式進行。

⑤ 瑞 士

瑞士有一個相當繁榮的股東文化，許多外國資金的參與更為強化，股票市場市值大約是 150% 的國內生產毛額，部分反應出許多瑞士公司在國際間的重要性，以及瑞士對外國投資人的魅力，只有 13% 的家計單位持有股票，大部分的股票是由機構投資人所持有，然而這些在瑞士持有股票的家計單位持有這些機構相當多股份，大約是 30% 的股份，是第二多的持股比例僅次於外國的機構投資人，國內的機構投資人像是退休基金及投資信託只持有 21% 的權益，機構投資人的資產有相對較高的比例是持有權益資產，約 50% 建立一個合理的股票交易需求，產業交叉持股依然是瑞士一個相當重要的部分，大約有 16% 的股份是由其他公司所持有。

瑞士仍然有兩種股票系統：記名及無記名股票，它們一般沒有相等的投票權，仍然有許多公司限制最高的投票股數，雀巢 (Nestle) 就是這類公司，個人無論持有多少股份其可投票的股份最高只有 3%，這些規定瑞士的公司控制仍然相對的受到限制，但有跡象顯示將會開放。

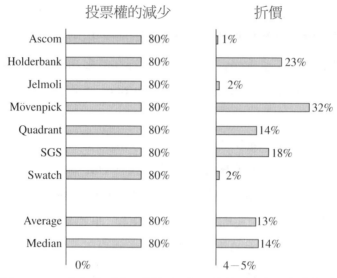

圖 11.9 瑞士公司投票權受到限制的股票交易的折價

　　如圖 11.9 所示，投票權受到限制的股票其交易會有折價，折價幅度從 5%
～ 30% 都有可能，在不確定的情況之下，大幅度的折價可能是招致外面的買家
努力去克服障礙入主公司，因為鎖定價格的數量可能會變得太大而無法抵抗，
目前傾向將公司兩種類型的股票合成一種，通常記名的股票較容易控制，這樣
做會增進股票的銷售，因為在瑞士兩個系統的股票其個別股份的價格可能會相
當的高，兩個最近將股票形式由兩種轉成一種的例子是 ABB 及 UBS。

　　這兩家公司很有意思，因為一個投資人 Martin Ebner，正強力的推動股東價
值進入董事會的議程，UBS 是一家傑出的瑞士公司，最後不得不屈服而推動增
加股東價值並與 SBC 合併，正如之前我們在瑞典所看到的，ABB 也受到 Ebner
的影響對股東價值採取正面的看法。

　　所以當瑞士法律不允許有兩種或更多種的股東類型時，市場可能迫使這些
多種股票形式的公司轉換成較可以交易且較易取得的工具，這個轉變將意味著
瑞士的管理將無法像過去那樣受到外在干涉的保護。

■對股東價值的管理態度

　　瑞士仍有一些需要改進的地方，根據一份由 PricewaterhouseCoopers 所做的
調查❶，只有三分之一的投資人及分析師可以找到財務報表，並用這些資料取
得一個有組織的真實價值，同樣的只有三分之一的分析師及投資人認為瑞士準

---

❶Eccles, R.G. and Weibel, P.F. (1999), *The Information Reporting Gap in the Swiss Capital
Markets* Zurich: PwC.

備積極的要求公司提供較有意義的資訊，絕大多數的投資人及分析師認為有很高比例的嚴謹公司有符合瑞士的一般公認會計原則計算盈餘，目前這些數量正逐漸的減少。

專家們的意見並不一致，許多買方的分析師代表投資人，對於賣方的分析師是否瞭解被投資公司的策略抱持懷疑的態度，也許這反映出許多分析師所做的資訊品質不佳，然而分析師及投資人都同意增進資訊流動性的公司會獲得利益。

■VBM 在瑞士

瑞士的公司尚未清楚的瞭解股東價值目標管理的重要性，一份 Pricewater-houseCoopers 最新的研究報告❶ 指出，超過 60% 的董事及資深經理有根據股東價值目標獲得報酬，但這並沒有擴展到中階經理，且跨產業的方式有稍微的不同，金融服務業較喜歡 FCF/DCF 方法，其他產業較喜歡 SVA/EVA 方法。

只有少數的瑞士公司使用股東價值與由市場的評價做比較，並與考慮它們自身的績效表現背後的暗示，PricewaterhouseCoopers 的研究只有 20% 的產業承認它們有做這樣的分析。

這份調查也發現瑞士的公司分成兩個部分，在天平一端是我們所說的 Wizards，這些公司對於股東價值概念相當的瞭解，且在會計及資訊系統的發展高於平均以確保它們可以密切注意自己的策略發展，天平的另一端是許多剛開始以價值為基礎來管理的公司，稱 neophytes，許多瑞士的藍籌股集中型股屬於這類型。

瑞士是一個完全由歐洲人陸所包圍的國家，因為歐盟其他區域的市場透明度變高，所以瑞士的公司可能必須改變使國際投資人較易取得，這些國際投資人對於服務的要求較國內的投資人高，因為瑞士意圖維持其國際的競爭地位，瑞士可能會進一步的採取放寬資訊報告的限制，這將會加強過去瑞士所令人忌妒的穩定。

一些大股東國家

世界上大部分的已開發國家是屬於大股東類型的，這並不是說這些國家沒有股東或人民不知權益是什麼，相反的，很多這些國家都有大規模的權益市場

---

❶*Value Based Management: 1999 Swiss Implementation Study* (Zurich: PwC).

且有跡象顯示這些國家逐漸轉向對股東友善的系統，但目前這些國家仍與之前我們所討論的國家有明顯的差異。

平均而言大股東經濟體的股票市場發展較差，市場資本大約只有國內生產毛額的 40%，看圖 11.5，擁有股票的人口比例較低，這是指持有股票是有錢人的特權，私人家計單位持有股票的比例也較之前所提到的國家低，較重要的是剩下的股權如何分佈，公司透過交叉持股的方式持有大約三分之一的股份，政府則較之前的國家擁有較大的股權，這個例子政府擁有 7%，銀行則擁有 10%，其他的機構投資人的持股則相對較少。

本章之前所描述的，有一些國家的政府及銀行在維持控制權上，小心地扮演相當吃重的角色。這些國家限制去選擇個人或機構團體，然而在許多國家正進行轉換為較透明及公開，其中德國是特殊值得一提的國家，股東友善國家在過去十年優越的總體經濟表現經驗，大股東國家的觀察者並沒有錯過，在不久的將來，我們可能會看到股東價值由蛹蛻變及成長為蝴蝶的過程。

⑤ 德　國

1990 年代是德國最不快樂的十年，在持續的繁榮及成長的十年之後，統一的衝擊使得德國工業面對相當高的成本及國際競爭力的下滑，政府支出的需求持續在高點，德國依照慣例考慮金融的公平可能無法獲准加入歐元，而不是沉迷在系統運作的感覺裡，本土的觀察家開始想瞭解是否向其他國家學習，特別是那些實行股東價值的國家。

德國是一個典型的大股東經濟體，只有小部分的人口擁有股份 (7%)，而家計單位只擁有 14% 的股權，大部分的股權是由公司所持有 (42%)，公司不是透過它們自己的退休基金計畫的儲蓄持有就是類似金字塔結構的交叉持股協議 (schachtelbeteiligungen)，銀行及政府擁有另外 14% 的權益，保險公司、退休基金投資機構投資人相對持有較低的股權，外國投資人則只有 10% 的權益。

德國的經濟有關債券的部分也是如此，金融機構只有將大約 12% 的資產放在權益，這樣的結果有許多原因，包括稅法歧視投資目的的權益，投資人的風險趨避及有時候績效表現不錯的債券。

但有一個相當悠久的傳統──視股東為討厭的傢伙。德國的銀行家 Carl Fuerstenberg 是 19 世紀柏林交易銀行一個相當有權力的董事，相當有名的提出股東是愚笨且粗野的理論，愚笨是因為他們買股票，粗野則是因為他們期望股

利 **❼**，這個對股東的態度持續維持著，即使是現在一些大的公司也不願意釋出較無爭議的資訊給股東，導致法院批准股東有資訊取得權 **❽**。

這些態度正逐漸的轉變，最近幾年有一連串值得注意的改變，例如 Daimler-Benz 的執行長 Jurgen Schrempp 在公司有史以來最大的損失之後的一年宣布，公司未來的新目標是利潤、利潤、利潤。他明確指出一個事實，股東價值是未來公司成長的方針，Schrempp 的想法是專注於唯一可以讓公司獲利的方法。

結果決定限制 Daimler-Benz 專注於核心業務及處理一些虧損的部門如 Fokker 及 AEG，明顯的解雇這些公司的員工，完全以股東價值的觀點切除與這些部門的關係，同時決定轉到較為國際所接受的會計制度，這個決定啟動了爭論的風潮，公司甚至覺得股東價值這個名詞只是暫時的權宜之計，未來將由聽起來較中性的 Unternedmenswertsteigerung，或提高公司的價值所取代。

Daimler 並不孤獨，另一家德國的產業巨擘西門子 (Siemens) 股價表現不佳已經好多年了，集團正面臨到一些較小且反應靈敏的競爭者快速的奪取新產業的控制權，西門子花費數十億資金以提高其在電腦及積體電路產業的地位，這樣的行動使公司被凍結在廣大範圍的投資組合，且許多投資都發生虧損，一個卓越的大股東例子，當供應商、客戶及員工的利益發生衝突時嚴重缺乏一個決策中心，股東利益被持續的抑制。

西門子目前已經開始使用經濟利益及公司與部門的目標報酬，相似的管理者報酬也與目標經濟利潤結合，而股東價值的想法也向員工宣傳，甚至更基本的整頓投資組合，將半導體產業分割為 Infinion，而產生虧損的個人電腦業務西門子 Nixdorf 則以 Wincore Nixdorf 的名稱賣給 KKR，一家創業資本 / MBO 的專業券商，資源已經被釋出以擴張有成長性的業務，而股票價格也提高，市場變得較為熱絡：分成多個部分的西門子，最終顯示它可以採取措施，同時維持它的未來及股東報酬。

最近 Vodafone 入主 Mannesmann 是另一個引人注目的例子，這個例子是說明股東價值及較自由的資本市場已經對德國產生影響，大量 Mannesmann 的股票被外國機構投資人所持有，他們較傾向誰的策略可以對股東產生較高的長期報酬，這是第一個由規模龐大的德國多部門公司策動的惡意入主，而可以確定的是這將不是最後的一個例子。

---

❼Quoted in Macro Becht et al. (see note 1).

❽The example referred to here is the Wenger versus Siemens case.

■市場自由化

費盡心力以促進權益市場容易接近，籌組公司唯一的法律規定可以在股票交易所上市的公司是 Aktiengesellschaft，或稱 AG，一家 AG 有三個控制主體：年度股東常會 (Hauptversammlung)、監督委員會 (Aufsichtsrat) 及管理委員會 (Vorstand)，在 AGM 中，股東一般透過簡單多數作決策，監督委員會至少必須有 3 個，最多有 21 個成員，除了最小的 AG 外必須包括勞工代表，監督委員會選出管理委員會,監督委員會成員不能兼任管理委員會或類似管理權力的職位，然而實際上委員會成員互相兼任，例如一個監督委員會的附屬機構常有許多母公司的管理委員。

一般覺得有關在主要交易所上市的規定太麻煩，而努力要去提高權益市場的規模，設立新市場 (Neue Markt) 以吸引小型剛成立的公司，上市規定稍微的寬鬆，主要的革新是新設立公司所要求的資金較小，會計可以符合美國一般公認會計原則、國際會計標準、或是德國的一般公認會計原則，而一家先前在其他地方上市的公司及符合歐盟本土的規定則不必提供太多的資料。

從 1/1/97 到 5/4/00 的週指數

──西門子─總報酬
---Dax 30 的表現─總報酬

圖 11.10　當西門子採用股東價值後，股價的走勢上升

如圖 11.11 及圖 11.12 所顯示的，這些已經產生影響，市場有一波穩定的首次公開發行 (IPO) 浪潮，大部分是在高科技的新公司，Neue Markt 看起來似乎可能成為歐洲最主要提供小公司成功上市的市場,它可能會成為美國 Nasdaq 之外另一個重要的歐洲市場。

　　稅法在資本利得的改變也明顯的協助追求股東價值，有控制權的大股東清算其部位最主要的障礙之一是資本利得稅，當股票轉成現金時資本利得稅減少許多大股東的利益，再進一步的檢視，大部分的自由化法可能被設立，這對德國的公司版圖會有戲劇性的影響，一個例子是 Deutsche 及 Dresdner 意圖合併，在資本利得稅法未通過前，完全不會有這方面的問題。

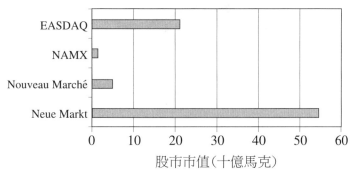

股市市值(十億馬克)

圖 11.11　歐洲「新市場」的市值

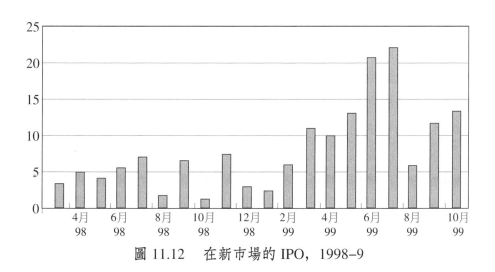

圖 11.12　在新市場的 IPO，1998–9

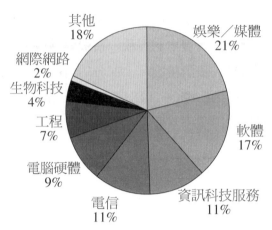

圖 11.13　產業在新市場的市值

■ 仍然有障礙

不過仍有相當大的障礙，雖然一股強大的趨勢走向較高的透明度及股東價值的想法，但仍受到相當大的抵抗，障礙之一是可以發行多種的股票，AG 必須發行一股一個投票權的普通股 (atammaktien)，而且超過 50% 的資本可以是優先股 (vorzugsaktien)，每張優先股可以收到一份可累積優先發放的股利，例如優先可以被定義為較普通股優先請求股利，或是較大的股利，但這些股票將沒有權利去投票，然而嚴格來說這些優先股有一個潛在的投票權，法律規定一旦公司連續兩年沒有支付優先股股利，每個優先股將有一個投票權，而且優先股持有人對他們自己的特別利益也許有權去投票表決，而且公司可能會發行 Genub-scheine（參與權），這很類似美國的優先股，這些參與權不附投票權，也許可以設計成較像負債，其股利還可以成為稅負的減項，或是設計成較類似權益，包括在銀行的權益資本，這是指有可能開放介於所有權及控制權間的差異。

限制可能在於個人股東有多少的股份可以投票，結合交叉持股與監督委員會與管理委員會間的合作關係可能導致聯合投票，許多集團可以提供相互的支援，一旦一個聯盟擁有至少 75% 的投票權時，德國法律也允許多的股權轉移給大股東，一個 75% 的大多數可以訂定一個有束縛力的公開市場買回條款，即使以低於市場的價格仍可以買回小股東的股份，75% 的大多數甚至不需要由一個集團所持有，因為兩個或多個以上的大股東可以互相勾結。

在德國積極的股東驅動 (shareholder-driven) 看法最嚴重的缺點之一，是缺乏一個退休基金計畫系統，雖然已經有很多有關這方面的討論，目前德國的退休基金本質上仍是隨休給付系統，這不僅鼓勵投資在債券，較權益有穩定的現

金流量，而且這也是意味著重要的長期機構投資人，扮演較無足輕重的角色，以及較低的權益的利益 ⑲。

　　另一方面銀行在公司有一個相當大的利益，雖然銀行主要只是公司長期負債的供應者，銀行的財產可能有股票的投票委託書，而這是銀行正常所做的事，因為這些間接的股權有時可能相當大，銀行的角色可能較那些直接持有股票的股東還重要。

　　廣泛來說，銀行傾向支持公司在職的管理者，這意味著在銀行扮演負債供應者及權益利益的代表者間會有衝突，在限制的範圍內，假如一項管理決策其結果之一是負債的提高（結果造成股東價值的減少），銀行作為股東的代表是否會拒絕這項管理決策並不確定。可以確定的是已經有公司因此而徹底的摧毀，像是 Schneider 事件，或是最近的建設公司 Philip Holzman，銀行已經進行援救，這些援救在真實的大股東類型有時候牽涉政府的干涉。

　　陪審團仍懷疑 (The jury are still out on) 銀行是否藉由使用委託書投票權扮演正面的監督角色，銀行代表著第二或第三大的股東，它們的干涉有時候可能有利於小股東及保護小股東的利益（當然對銀行也有利），較不清楚的情況是銀行可能自己或透過與其他人合作而擁有最大的投票權，無論如何銀行還是希望去顯示它是個負責的公司股東，而且不會公然地濫用權力。

　　還有其他的障礙，管理者的股票交易資訊，選擇權組合或類似的東西無法取得，因為這會觸犯資料保護法，選擇權的給予必須要小心設立以降低稅的影響。

■ 新會計？

　　傳統的德國會計制度是以保護公司債權人為目的，它也大方的同意提供及構成隱藏的保留盈餘，讓人難以評估公司的真實績效，因此透明資訊的要求無法達到重視股東的盎格魯撒克遜會計程序，但是因為一些德國大型的多國企業逐漸到國際資本市場籌資而需要吸引大型的外國機構投資人，所以情況已經有變化。

　　因為這個原因，大型公司已經開始根據國際規範發行它們的財務報表，Bayer 及 Deutsche Bank 目前使用 IAS，Daimler-Benz 則是使用美國一般公認會計原則，事實上 Daimler 在 1994 年於美國紐約證券交易所上市時，是第一家根據美

⑲Herr Strenger from the DWS is an honorable exception to this; he has been keen to bring more SHV thinking to bear on his organization's investment strategy.

國一般公認會計原則發布會計報表的德國公司，接著 Deutsche Telekom 及 Veba 也跟著發布。

正如我們所看到的在 Neue Markt 公開上市已經允許在會計標準的採用上有一些選擇，這可能是一個較廣泛的重新估計情況的開端，考慮德國的國際資本市場及全球化資訊要求的重要性，增進這方面的事務對那些有興趣擴大股東價值的公司是受到歡迎的。

■管理正在改變

許多 Mittelstand 公司剛成立時是由於家族的關係，但目前是主要的工業集團保留一個家長式的文化，視股東價值為一個風尚，對它們而言太過於重視權益投資人，儘管如此股東價值的觀念正不斷的發展及股利較接近的視德國為一個經濟及金融中心。

一個最新的研究[20]發現德國前 30 大公司的總股東報酬，及機構投資人對這些公司加強股東價值的程度的看法，兩者有關連，研究發現主要的投資人逐漸較喜歡重視股東價值的公司──這是指公司追求明確的策略，瞭解創造股東價值的意涵，與投資人關係良好及獲得不錯的股東報酬。

其他方面的股東價值概念在德國也變得更為明顯，最近一些公司已經想要提倡管理紅利系統──以股票及股票選擇權為基礎，這樣一個指標較易為外部人所理解，且是唯一有效的以股東價值來衡量的管理工具。

股票買回在德國也是一個新的觀念，直到目前德國的法律仍沒有允許，這樣促使德國公開公司有機會成為盎格魯──撒克遜的公司。

大部分 DAX 30 的公司在年報中已經發表許多有關股東價值的想法，許多公司已經開始實行股東價值，雖然已經徹底的實行但整個組織完全實行的公司相對較少，下面所舉例的公司是實行股東價值衡量系統較有名的公司。

◎Veba 已經應用 CFROI 方法在聯合控股公司及業務單位上，紀錄顯示公司有興趣且承諾創造股東價值，但股價的表現明顯的不佳，最近與一家相似的多角化公司 VIAG 合併，但市場對創造價值的憂慮不是減少而是提高。

◎類似的故事是 Bayer，Bayer 是另一家已經實行 CFROI 的公司，至今只有

---

[20]Price Waterhouse and Hannedohm, D. (1996), *Fundamental Share Analysis and Survey of Investors.*

稍微的對股價產生正面的影響，目前還沒有與執行者報酬相連接。

◎很多公司已將採用一個經濟價值／ EVA 創造股東價值，Daimler 及 Siemens 是這個方法兩個最佳的典範，西門子（前述）已經大大的提高其股價，Daimler 已經向其投資人說明它仍然是一家不錯的德國公司而不是一家表現普通的美國公司。

◎Lufthansa 有一個發展得不錯的股東價值方法，其績效已有顯著的提升，經濟利潤的衡量被應用在公司上，而股東價值方法也被用來幫助資本分配給不同的部門。

◎Deutsche Telekom 及 Metro 是兩家相當有名的德國公司，它們已經開始將股東價值觀念應用在管理上。

◎雖然較少承諾要實行股東價值衡量，BASF 已經引進高階管理主管股票選擇權計畫，目前正以此爭取授權買回一些公司的股票。

德國公司已經被迫採用較嚴格及競爭較大的環境，歐元已經引起很大程度的透明度，而在歐洲區域內藉由去除貨幣風險使得投資人更容易去辨別較差及發展較好的公司，過去德國公司可能會因為貨幣強勢而獲得利益，使外國的投資人獲得匯兌利益，而本國投資者投資在海外將會受到匯兌損失的懲罰。

因為弱勢貨幣區域的部分，看起來有相當的差異，國內投資人也許較傾向密切注意其他歐盟或非歐盟的國家，特別是那些業務較德國藍籌股公司集中的公司，德國的藍籌股公司常進行多角化，外國投資人投資在德國的股票也許對德國的潛在匯兌利益興趣不高，而可能是因為這些股票比較便宜，這製造機會讓其他人進入這個仍然是歐洲最大國家的市場，一些美國的投資銀行已經知道，股東價值的想法可能是一連串分割及購併交易的前奏，這顯示出一個相當誘人的機會。

當然這些發生在傳統的大股東——像是銀行及政府，發現他的角色受到愈來愈多的拘束的時候。它們不再能以它們習慣的方式，提供長期資金給它們在公司的大股東盟友，協助其進行需要龐大融資的產業重整，這使得惡意入主的障礙逐漸降低。

因此我們認為較多的外國所有權對德國公司的綜合影響與目前的退休基金管理結合，將會導致未來一個對公司控制及購併積極的市場，德國公司也開始向世界證明股東價值策略可能是有效的，特別是當它們繼續較其他國家更快速

且徹底的掌握這個方法。

📍 法　國

　　股東價值在法國漸漸的被接受，但改革的動機看起來較德國不強烈，因為其他國家也是一樣，法國的差異可能也不能排除。

　　在許多方面法國仍然被大股東主義所牽制，這可以由 Societe General/Paribas/BNP 銀行的購併的處理錯誤來說明，原先提出討論的是一個合併但實際上由 Societe General 入主 Paribas，而不允許事情發展以至於機構投資人（許多為外國的機構投資人）可能更下定決心或較不獨立，BNP 決定干涉互相買進，很快的政府也被牽扯進入爭端，接踵而至的不分勝負，至少有機會會有一家非法國的銀行可以加入競爭，然而任何有關歐洲票據交換銀行改組的想法，很快的被政府及中央銀行打壓，導致發生跨國銀行集團以國際股東的利益為動機，唯一被法國的買家所允許的選擇是最後 BNP 獲勝，所有事務忍受很多不同大股東的重要影響，而少數可以要求結果不是充分的反映法國銀行的建立就是在股東價值的創造。

　　法國本質上是大股東的經濟，股票市場市值約佔 40% 的國內生產毛額，10% 的人口擁有股票，私人家計單位的持股約是 19% 的總權益所有權，大量的股份部分是公司間複雜的交叉持股，保險公司及退休基金無足輕重，而國外的持股總合為第三大的股東，銀行及政府也擁有適量的股權。

　　隨休給付退休基金計畫的普及，反映在退休基金資產價值低，大約只有國內生產毛額的 3%，機構投資人較傾向投資在債券及房地產，大約只有 20% 的資產投資在權益上。

　　一項區分法國系統及盎格魯——撒克遜模式最主要的特色是，較廣的公司社會責任的看法，一家法國公開公司的目標，不是完全決定於它的獲利能力及對股東的責任，相反的是取決於由管理人所有者較廣泛定義的目標。

　　法國公司法制定使得易於區分股份所有權及投票權的執行在兩種不同類型的公司，有限責任公司 (societes a responsabilite limitee or SARL)，及公開發行公司 (societes anonyms or SA)，這些公司可以發行不附投票權的所有權憑證，特別是它們可以發行 ADPs (Actions a Dividende Prioritaire)，這給予股東有權獲得股利但沒有任何投票權，當要增加資本或股份轉換時可以發行這種形式的股票，ADPs 不能代表超過 25% 的總股本，公司也可以將投票權從股利收入分割開來，

所以一家公司可以發行投資憑證 (certificats d'investissement or CDVs)，這種股票包括一個未來股利的請求權，公司也可以發行投票權的憑證 (certificats de droit de vote or CIs)，當資本增加或股票分割發生時，這兩種型式的憑證可同時發行，CDVs 被分配在有投票的股東之中，與他們的投票權成比例，CDVs 是不能轉讓的但 CIs 可以，CIs 不能代表超過 25% 的總股本。

在尋求股東的同意改變公司章程之後，可以找到其他控制投票的方法，例如擁有兩個投票權的股票可以發行給忠誠的股東，忠誠的股東定義為凡是最少持有兩年以上的公司股東，可取得股利但限制投票權的優先股也可以發行，設定投票上限也是受到法國法律的允許，以至於一個 CDV 只可以動員最高限制的 CIs，投票權的控制由法國的公司系統所強化，公開部門有很大的重要性而銀行借貸較喜歡權益融資。

■ 透過後門法改變

大股東方法是起源於二次戰後的重建期間，以及在密特朗總統就職開始銀行的國際化，這些大型的國際化集團期望去實行一些目標，其中只有一個是財務目標希望獲得適當股東報酬，創造就業、創新及支持區域警察是其他的目標，這些目標有時候還排在為股東創造適當的報酬之前。

但是正如我們前面提到的，外國投資人現在擁有大量的法國權益，而且他們要求較透明的資料，較大的空間來進行其投資決策，這導致法國公司增進它們的股東價值績效的壓力逐漸提高，結果法國公司現在可以選擇在什麼會計基礎下進行財務報告，大型公司希望吸引外國投資，這些公司有包括一半以上 CAC 40 的選樣公司，打算選擇美國的一般公認會計原則或國際會計標準，而大部分在法國及英國報告，新的法律已經制定使股票買回更容易，一個低於 10% 股本的股票買回計畫，每十八個月就可以取得允許。

法國股票市場已經有改變，為了能度過千禧年及成為歐洲良好發展的國家，在 1996 年 2 月，建立新市場 (Nouveau Marche)，其規定及成員已完全的改變，主要瞄準的是高科技公司及其他有潛在高成長性的公司上市，最近已經盡力爭取與德國某些衍生性市場合併，而且設立一家新的與荷蘭及比利時聯合權益市場。

其他方面也已經看到變化，自由化在電信市場發生，而競爭在不久的將來可能會對電子市場產生影響，因為政府收回資金，所以私人企業及股東進入公司，也許會導致較多跨國 (cross-border) 合併，而它們的責任是變得更加的透明。

一些改革支持對股東友善的制度，即使這不是它們明確的目的，股票利潤計畫已經由政府發起，而自從 1990 年以來，股票基礎的股票利潤計畫被公司員工規模介於 50 到 99 人的公司所強制制定，股票選擇權也有可能出現，雖然它們等到較好的稅負待遇通過後再全面的採用，當時在五年內賣出股票選擇權的稅率是 50%，近來只掉到 20% ～ 30%，儘管這樣，很多公司已經引進股票選擇權。

■ 公司治理

法國的企業及金融集團正在從事有關公司治理的事情，像是需要：

◎一個較具代表性的挑選具有專門知識的個人股東在大公司的董事會；

◎增進建立於 1986 年民營化的核心股東系統，並擴展；

◎較有效率的控制公司的高階管理，儘管法國公開有限公司 (societes anonymes) 已經清楚的定義眾多管理主體個別的權利。

公司治理的概念的出現，是股東遊說及有關管理行為不檢點醜聞下的結果，一個委員會由兩個勞工聯盟設立，這是在 Marc Vienot 的建議之下，Marc Vienot 是 Societe Generale 銀行的總裁在 1995 年報告提出一系列的建議，包括限制可以保留董事席次，在每家公開公司的董事會指派至少兩位的獨立董事，他也建議建立一個委員會處理董事會的指派、審計及董事的酬勞。法國公司可以選擇一級或兩級的董事會，98% 的公司選擇一元的系統，法國公司法仍沒有區分非執行及執行董事，而權利較大的仍繼續被授予公司董事長的角色。

Marc Vienot 的報告沒有批評法國產業相當普遍的交叉持股現象，其影響保護在職管理者免於承擔較差績效或被入主的後果，這份報告也沒有造成任何義務去遵從他的建議，一個觀察家特別提到，「每家我曾經提出問題的公司拒絕指出它們沒有遵守 Marc Vienot 所提出的建議，也沒解釋為何不遵從 [21]」，然而最近的民營化已經導致核心股東 (noyaux durs) 的力量降低，在公司董事會中那些小派系實際上都是大型的法國集團。

在法國市場的壓力也逐漸較偏向股東，有兩個主要的原因，第一個是主要金融及工業公司的民營化伴隨著市場的管制解除與競爭的增加，因為大部分的民營化目前表現都相當令人失望，大部分民營化公司的股價表現不佳，這些民

[21]L'Helias, S. (1996), "Corporate Governance Developments in France," presentation to Euro-management conference on Creating Shareholder Value, Amsterdam.

營化公司的心態及管理需要重視價值。

第二個理由是法國股票交易所的股東國際化程度提高，外國投資最近幾年有戲劇性的增加，而這些外國人要求較高的透明度。

的確，跡象顯示投資人開始發現他們所表達的意願及促使企業較能對股東負責，而企業正開始回應，在這個趨勢下，過去維持一個較低投資的外國機構是一股重要的力量，此外法國的股票已經提升它們的形象，當他們企圖透過風險分散及走向國際化以拓展它們的股東時。

■ 退休基金的因素

在法國也許一個較股東價值導向方法更大的問題，在於退休金的公開態度，因為在德國世代間的契約 (generationsvertrag) 概述隨休給付系統的觀念，所以法國政府持續正面的指出重分配的想法，較年輕的世代正被叫去支持老一輩的人❷。

這裡的困難是目前的計畫被廣泛的承認需要迫切的追加預算，假如未來持續提供與現在相同水準的利益，過去幾年已經有一些差勁的修補這個系統，基本上延長提撥期間為四十年並減少支付比率，很多認為這些改革是不夠的，但暫時政府實在不願意去克服相當大政治障礙來改變這個系統，從股東價值的觀點來看，退休基金的方向轉變可能釋放出相當大的力量，以進行法國公司的改革及更新。

■ 正在進行的股東價值

在 1995 年，Vivendi 集團（過去是 Compagnie Generale des Eaux）在 *L'Expasion* 雜誌公佈的 MVA 排名在 190，市場附加價值為 −170 億法國法郎，1998 年該集團的 MVA 排名第 4 且為 1,320 億法國法郎，儘管期間其經濟附加價值為負。

這個表現主要的原因是掃除改變集團的活動，在新的執行長 Jean-Marie Messier 就職之前，集團主要是專注於提供機構及市政中心服務，像是在水的分配、廢棄物蒐集、營造及建築，正開始投資電信並在傳播通訊領域持有一家叫做 Havas 的公司顯著較小的股份，它的業務活動有較高的獲利能力但前景有限，即使集團展示願意用原來的業務所得的利潤投資其他產業，他在一個不協調的

---

❷Lionel Jospin, French Prime Minister, has said "Repartition is the symbol of the chain of solidarity which links the generations. It is one of the most important terms in the nation's social pact." 21 March speech 1999 as reported in *The Economist*.

風氣下這樣做。

Messier 的到來，給公司未來的策略定位出一個較穩定的藍圖，一份新的評估引導公司進行許多業務領域的分割，提高公司國際化的利潤，這些利潤被有效的再投資在傳播通訊產業，建立一些重要，可能有優勢的股東地位：

◎電話：Vivendi 是法國 1999 年第二大電信公司的主要股東，這家電信公司僅次於法國電信。

◎電視：Vivendi 成為 Canal Plus 及 Canal Satellite 主要的股東，Canal Plus 是法國最大的付費電視頻道，而 Canal Satellite 是最大的衛星電視服務公司。

◎傳播通訊：Vivendi 在 1998 年與 Havas 合併，Havas 在出版業、廣告業及多媒體領域表現相當耀眼 (AOL France)。

本來，這個業務集中的策略市場給予正面的回應，顯示他們能夠去計畫符合股東的期望，假如策略能繼續維持的話未來也許會更好，但之後在 1999 年時，Vivendi 的股票遭受一個重大的下跌，這是因為公司宣布將進一步擴張，包括收購其他領域的產業如水、電視、網路及出版事業，這讓公司的股東相當的憤怒，他們開始瞭解公司不是投資在業務集中的公司，公司實際上是一個投資相當分散的集團組織，集團想法落後且傾向在市場上進行折扣交易。

這個例子是強調不一定是增加資本，或減少資本的使用，簡單的說就是一定要創造價值，有效率的傳播一個清楚且確信的策略給市場，投資人可以瞭解且管理人可以深刻的瞭解之前所提到的要項，創造長期價值。

其他歐洲國家

當我們相信股東價值概念逐漸在歐洲佔有一席之地，正如我們所見，國家間的起步存在些許差異，而差異的原因多半來自當地特殊的稅制及法制環境。

⑤ 西班牙

舉例來說，假如公司的現金流量數據無取得困難，股東價值分析就易被引入。正如西班牙的情形，西班牙自 1990 年以後，現金流量的資訊成為年報上必

備的資料，使得在當地以現金流量工具分析公司表現的行為相當常見。同樣地，現金流量因特定產業或部門別的關係，品質上有異質性。股東價值已被引入一些西班牙主要的銀行及電力公司——雖然只有從股價的角度。

　　從許多方面來看，西班牙皆為一大股東結構的國家。幾乎三分之一的民眾持有股票，而其股票市場市值幾為國內生產毛額的三分之一。證據顯示，權益在金融機構投資組合中扮演著次要的角色。樂觀主義者認為，在包含權益於投資組合的起步上，西班牙具有相當的潛力。然而，最近的發展卻是令人失望，延緩股東價值於西班牙的起步。

　　在國家最大的電力公司——Telefonica 民營化期間，就決定創造一股票選擇權計畫，並不對選擇權上方價值設限。隨著股價上漲，很多 Telefonica 的資深經理人獲益良多。遺憾的是，此事件和暫時解僱及縮減計畫同時發生，不過兩者皆是為了提升公司未來的競爭力。這兩件事的同時發生，不免使大眾觀察者將給予資深經理人股票選擇權的大方，和對待長期服務於公司員工的苛刻做一聯想。

　　為了對上述輿論做出回應，政府打算對股票選擇權課稅，使其未來較不具吸引力。而這將導致股東價值薪酬機制和提升經理人表現之間產生分離的不幸結果。最近股價的下跌，部分原因即為公司缺乏基本的計畫及策略，去支持之前所提出的權益重整，所以一旦購買熱潮結束，將只有微弱的基本面可支撐股價。

　　少數的西班牙公司正積極的推行股東價值計畫。雖然歐元的引入，可能迫使西班牙公司付出更多的關注於公司價值最大化，但要是在未來幾年能避免股票交易日漸被忽略那就更好了！

⑤ 挪　威

　　關於股東價值，在特殊的市場有特殊的特性。以挪威為例，奧斯陸股票交易所為貨運公司及國外結構公司的股票交易基地。上述這些產業，及石油、天然氣業皆為高度資本密集，因此在它們的會計帳上自然有大量的非現金科目。正因如此，長久以來，挪威的商業界皆認為，公司的盈餘倍數效用有限。不論是相較於市場資本額較低的科技業、服務業及貿易業，或是資本額相對較高的資本密集性產業，皆使機構投資者、個人投資者或策略性投資者，將焦點著重於相關的現金科目，而非會計資訊。

⑤ 芬 蘭

在芬蘭，如同在別處，日益升高的國際化趨勢使得國家許多主要股票價格的形成，深受赫爾辛基 (Helsinki) 股票交易所之外的因素所影響。當公司擁有大量的國際投資者時，更有可能重視投資者的意見。舉例來說，在諾基亞的管理階層宣告，即使公司的電視事業部門表現黯淡，仍不傾向將其廉價出售後，逐漸增強的外在壓力迫使諾基亞專注於核心事業。終究諾基亞還是將電視事業部門劃分出去，而就在此決定公告的當天，諾基亞股價上升。

芬蘭的股票市場以大多數公司皆具雙層的股份結構著名於世。舉例來說，在當地，持有 14% 的股票、擁有 80% 的投票權，一點也不令人意外。更不必驚訝於芬蘭罕見的惡意購併。但新的立法已藉由要求股東會中各級股份過半數的投票，來增強少數股東的力量。

日 本

⑤ 股東價值於東方漸受注目？

和德國一樣，日本亦為二次戰後的奇蹟，以快速的成長、日漸提升的生活水準，及龐大的經常帳順差，震驚世界數十年。簡要來說，在資本額方面，日本股票市場為全球最大；而人們所談論的日幣壁壘，更將日本塑造為二十一世紀世界經濟的主宰。

接著泡沫經濟破滅，股價及不動產價格潰決，將日本推向長期的不景氣及經濟蕭條。經濟成長瓦解、銀行系統持續破產。銀行虛弱的償債能力表示其不再融資予合理的公司擴張，過剩的存款使利率降到幾乎為零。而來自國外的壓力始終存在，要求日本更進一步解除管制、達到市場自由化，並以此解放日益僵化的結構。

然而，在撰寫本文的同時，有跡象顯示日本經濟有復甦的趨勢：我們深信，漸進的改革，將使股東價值的提議更為可行。雖然仍和其他國家存有顯著的不同，但仍具共同之處，而我們在此欲表達的是，日本也逐漸將焦點集中於日益受重視的股東價值。

股票市場價值的分享一直不是投資者持有股票的誘因，在日本只有將近

9% 的人口持有股票。日本股票市場的資本額，佔國內生產毛額的 58%，近似於其他大股東結構的經濟體。最大的權益持有者為公司 (31%)，而這正代表被稱為 Keiretsu 及 Mochiai 的交叉持股計畫。

交叉持股系統的目的，主要為提升公司經營的穩定性，及保障公司免於被接管。Mochiai 持股模式，常由銀行涉入、融資購買新發行的股份。而公司發行股票所得的款項，通常用來購買新的持股，或償還為購買其他集團股票所致的銀行借款，因此整個交易過程中，沒有增加任何權益資金。在 1960 年代，由於下列兩因素的交替影響，此模式變得相當多見：一為日本於 1964 年加入 OECD 後，隨著日本經濟開放，免於國外競爭者競爭的保護需求；另一為 1965 年股票經紀業務衰退期間，股價支撐的需求 ❷。

隨著時間的經過，交叉持股的定義變為企業間相互利益的交換，其交換程度的增加或減少，取決於其間關係的強度。此一系統明顯地導致日本市場封閉的屬性。因此，人壽保險公司或銀行在購買股票時，皆期待獲得它們所投資公司的壽險業務及貸款業務。日本工業集團的成員公司，如 Mitsui、Mitsubishi 可期待由集團的策略性考量，而非經濟性因素，獲得銀行融資。一些分析師已經開始建議，關於某些投資案的融資成本，需考慮 SGA 費用（銷售、一般及行政費用）。明顯地，這些成員公司可以期待集團基於策略性因素的考量，以貸款的型式獲得集團銀行的融資。

其他擁有股票的主要群體為個人 (22%)、銀行 (13%)。保險、退休金及國外投資者約各佔 10%。和其他大股東結構的經濟體一樣，機構投資者的角色比例上低於股東友善的國家。機構投資者持有 18% 的資產於股市，此比例約為大股東結構國家的平均數。然而，日本機構投資者仍然處理大量的資產，僅次於美機構投資者的處理量。這使得瞭解日本的演變為一重要的事，即使是當地行為上的小小改變，也可在世界金融市場產生重大影響。雖然境內存在某些難題，日本仍為世界上最大的債權國。

❷ Yukihiro Asano (1996), *The Stock Market from Investors' Viewpoint* (Chuo Koron).

東京SE(東證)－3/1/94到31/12/98的週物價指數

最高：1718.91,24/9/96　最低：996.69,5/10/98

圖 11.14　自 1994 年以來股東價值的損失

⑤ 改變的風潮

　　Keiretsu 系統的營運以家族銀行 (house bank) 提供融資為基礎。在蕭條期間，當 Keiretsu 內的所有成員面臨危機時，他們可能拖垮家族銀行，使其無法再兌現對集團的承諾。從另一日益迫切的角度來看，此銀行無法再滿足其應盡的義務，及成功的為股東創造價值。舊有的結構限制銀行於集團其他成員的直接持股上限為 5%；而其他成員可持有銀行股份，甚或相互持股（見圖 11.15）。

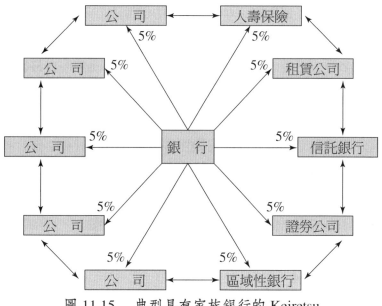

圖 11.15　典型具有家族銀行的 Keiretsu

　　最近的改革允許一個更有效的控股公司結構產生。現在創造可以擁有附屬公司的部門已不再是夢想。但反托拉斯法仍然要求，這些部門在附屬公司中持有的股份不可超過 5%。這些改變也許似乎相當理論，但實質上不然。藉由創造控股公司法律上的獨立自主，為 Keiretsu 黑暗的世界增添幾許光明。控股公司主要的目的，是持有可為公司股東創造合理報酬的股份。假如此部門無法達到此目標，放棄此部門是再也簡單不過的事。

　　控股公司的存在，減弱日本公司間透過交叉持股所建立的關係。過去，日本公司藉由持有其他公司的股份，強化企業間的關係，而不是為了尋求投資報酬，或真的去執行投票權。長久以來，交叉持股鼓勵沉默股東 (silent shareholders) 的存在。另一方面，控股公司結構引入及允許更合理的公司群聚。商業上擁有共同利益的公司，將由相同的控股公司掌控之。

　　在泡沫經濟破滅之後，控股公司結構使得獲利不佳子公司的股份出售更加容易，並利用此筆出售收入彌補核心企業的損失，或以之進行未來獲利性佳的投資。雖然此作法不是特別新穎，但它的確代表日本公司和其他公司在交易進行上相當大的改變，也導致在公司控制方面更迫切的需要。

　　法令上更進一步的改變將幫助此過程的進行，並影響之後銀行的發展。一系列的銀行合併案，使得日本金融服務業的結盟更加可行。在一定程度上，銀行可以拉遠和不利投資決策間的距離，並提供資源予可使股東獲得直接益處的

領域，而不是只是廣泛地資助一些無利可圖的活動。

　　雖然存在歡迎改變的跡象，仍然有一些地區，改革活動才剛開始。相當奇妙的慣例，大多數公司的股東常會皆於同一天舉行，而這將直接影響股東的參與。舉例來說，1999 年，在東京股票交易所上市的公司，超過 80% 決定讓它們的股東常會在同一天舉行──6 月 29 日。這對欲出席多個股東常會，表達觀感的股東而言，相當為難。雖然建議日期可移到週末（可鼓勵小部分投資者的大量參與），但於此重大領域所顯現的改變跡象，仍相當缺乏。假如大公司可設下典範，且使它們的股東常會在時間上、及地點上皆令股東滿意，而非只符合管理者的需求，則對股東價值的執行，將是一可喜的象徵。

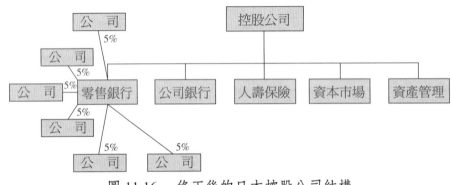

圖 11.16　修正後的日本控股公司結構

⑤ 會計原則

　　日本的會計制度相較於其他的司法管轄，顯得較具彈性，而這也使得財務數字的解讀更加困難，因此造成某些問題的存在，最具象徵性的即為聯合關係及未實現損益處理上的問題。

　　現在，日本法規不允許申請合併稅務的退回。在日本，合併財務報表並非依一致的商業規章目的要求。由於此項原因，及過去企業經營的目標──規模擴張。日本的管理著重於母公司的稅前盈餘結果，而不是合併報表上的每股淨利。再者，日本公司在決定將哪家子公司納入合併報表上，具有相當權限，因此允許它們將損失記錄在（或推到）未合併的子公司帳上。

　　未實現損益的會計處理，使得之前所提的問題更加複雜，如：未執行每日清算損益 (mark to market)。金融刊物讀者無庸置疑熟知日本銀行問題貸款的話

題。但時事評論家質疑，是否幾年前持有股票或土地購買的未實現利得，足夠抵補壞帳的估計損失。此刻會計原則使得資產價值的再估顯得困難，以致於資產沖銷所需的時間相當漫長。由於獲得真實數字的困難，一些國外投資者停止投資日本銀行的股票，即使事實顯示，銀行在股票市值所佔的比例超過 20%。日本保險公司也表達相同的看法：它們宣稱它們將不再購買銀行類股，直到眾銀行藉由風險性資產的減少處理掉壞帳問題。

　　PricewaterhouseCoopers 經驗顯示在日本及美國一般公認會計原則（實際上的全球準則）會計處理上若干顯著的不同。差異性存在於下列領域：退休金及員工救濟金、租賃、財務工具及企業合併。而在會計原則上也存在其他差異，因此將對個別公司產生重大影響。

⑤ 傾向股東價值的公司

　　在過去幾年，愈來愈多的日本公司採行股東價值的觀念。它們以權益報酬作為起點，嘗試衡量權益資金的投資效率，大部分的日本公司持續報導公司的權益報酬，相信此舉可以證明公司的管理是以股東價值為導向。幸運的，一些領導廠商開始察覺權益報酬的缺點，已經採取步驟計畫、管理，並以經濟利潤（economic profit）、自由現金流量的角度衡量公司的表現。一些公司現在將員工的薪資計畫和表現衡量機制結合起來，以提升公司的股東價值。

　　這項日本公司行為的改變，主要歸因於長期的經濟低迷及法規上的改變。當經濟蕭條時期，銀行壞帳急速增加，銀行的企業客戶將不再倚賴銀行的寬鬆資金。如果公司想存活，必須獨立管理它們的現金流量，不受外部干預，因此日本公司更加明白費用管理，及依照現金生成能力投資的必要性。當公司不再依賴銀行提供額外資金，資本市場即成為一重要的資金來源。

　　這將導致多數的公司採用不同的評價及表現衡量機制，並開始應用於股東價值處所學得的經驗。舉例來說，Hoya，一家專門生產眼鏡、鏡頭的公司，於 1999 年的會計年度，宣告將採行經濟附加價值衡量集團內的事業表現，及資源分配，並透過在股票市場產生高於預期的報酬，企圖增加公司的股東價值。Hoya 也計畫在衡量子公司及事業單位表現時，使用經濟附加價值。Hoya 內的管理階層現階段正確切地檢討諸如該如何計算理論股價、如何增加公司價值、及就長期觀點，該如何管理自由現金流量等問題。

　　Hoya 調整原來的經濟附加價值制度，以求符合公司特殊的需求，稱為

SVA。它們宣稱將注入更多的關注於 SVA，而不是權益報酬，如果新的投資或資本支出使 SVA 降低，即使權益報酬在短期呈現增加的趨勢，仍將拒絕此項投資。一位公司高階經理人說：權益報酬並沒反映公司的資金成本，也許它可測量資本的利用程度，但它不能測量公司價值。假如長期，Hoya 能成功的增加 SVA，權益報酬也勢必增加。它們相信 SVA 及權益報酬不是矛盾的衡量方式。

其他公司也正往股東價值的方向前進，包含 Kao，一家個人用品、家庭用品及衛生清潔用品的製造商，傾向使用經濟附加價值衡量公司的價值、表現，及應用於公司預算、誘因制度上。經濟附加價值在重要事件的判斷上扮演決定性的角色，如：事業單位的剝離。Kao 認為：經濟附加價值作為集團管理工具，相當適合，因為它是一個絕對的數字，可以加減、甚至分離成較小的組成因子。另一方面，比例衡量方法，如：權益報酬，因無法進行簡單的加法運算，難以使用。Kao 傾向強調地區性及策略性事業單位的權益報酬。

Matsushita Electric Works (MEW)，是 Matsushita Electric Industrial 的姐妹公司，為照明裝置、居家素材、電力設備及電子原料的生產者，於 1998 年引進 EVA 表現衡量機制。董事長指出單單使用權益報酬的風險，並主張「擴大的權益報酬再生」觀念，將其具體化為 MEP (Matsushita economic profit)，被使用來確認價值破壞的單位。因權益報酬易被操縱，一位高階經理也指出以權益報酬作為衡量機制的缺失，即使公司利潤未增加，也可透過資本的減少使其上升。MEW 宣稱以會計利潤為基礎的管理工具不再適當，且企圖在認真地執行資本效率及股東價值下，強化公司的競爭力及獲利能力。採用 MEP 之前，MEW 整理所有累積於事業單位的內部資金，並計算淨營運資金 (net operating capital)，包含固定資產、子公司投資等。MEW 已詳述報告中現金流量的數量，並根據證券交易委員會指導方針，提供現金流量表給每一策略性事業單位 (SBU)。自由現金流量也列入公司的審議範圍。

Sony 以經濟附加價值為基本原則，也正往股東價值為基礎的衡量機制前進。此系統主要處理經理人的薪酬問題。其他公司也宣稱將使用股東價值衡量機制，如：Asahi Chemicals、TDK、Nakamoto、Jeans Mate、Konami、Asahi Beer Brewery、Kawasaki Steel、Matsushita Electric Industrial、Orix and Sanwa Shutter。

匈牙利及其他東歐國家

　　股東價值工具仍於匈牙利持續發展。也許發展速度不如人們起初所期望的，但終究是向著對的方向邁進。其股票市場資本總額佔國內生產毛額的比例不到 30%，而此比例在過去幾年一直呈現穩定狀態。相較於五年前的 23 家上市公司，在撰寫本文的同時，市場中的上市公司已達 55 家，但市場規模仍相當小，一年約為 13 億美元、每日交易量為 5,200 萬美元。

　　匈牙利此一類型國家採用股東價值，及從中獲致益處的理由，始終為人所稱道。經濟幾乎以每年 4% 的速度快速成長，但其中大量的成長來自於政府赤字的增加（佔國內生產毛額的 5%）。經常帳的赤字也高達國內生產毛額的 4%，此部分將由額外的貸款及內流的直接投資彌補，而這增加的外國投資估計約為 200 億美金。現階段外資擁有的部門約為國內生產毛額的 1/3；而私部門的僱用約為國內生產毛額的 25%，形成典型的雙層經濟體 (two-tier economy)。由於當地公司，在籌措公司所需資金時相當困難，因此外國公司比起國內公司，普遍以較快的幅度成長，而中小型公司甚至只佔銀行貸款的 4%，它們急需獲得有效管道前進權益市場。在基礎建設、產業及商業上無可避免將進行額外投資，其中大多數資金來源皆為海外或國內投資者。去年在匈牙利就有多起的首次公開發行，因此注意力將集中於政府持有資產的民營化過程。

　　現階段，政府將繼續握有某些產業及商業的重要持股，但是在其他案例中，民營化被期許發揮重要影響力，縱使國家透過 golden share 的擁有，繼續持有最後的發言權。舉例來說，在匈牙利 1997 年的民營化法案，政府透過國家資產機構，於 98 家公司裡保存 golden share，涵蓋公司由能源、電信至農業綜合企業等。

　　解除產業管制及創造具成效的民營化環境措施將被提倡。舉例來說，15% 的發電市場將開放給新進的生產者，另外伴隨電力關稅的改革，使得市場透明度更高。國內天然氣的價格也吹起解除管制的風潮——揭開重整主要汽油進口商及配銷商 MOL 的序幕，期望能以更符合股東價值目標的方式營運。

　　在電信產業，政府持有機構 APV Rt 雖然賣掉其於 MATAV Rt 的股份，但政府仍保留惟一的 golden share。社會安全基金也考慮將它們在幾家公司的持股民營化釋出，包含製藥公司 Human and Richter、儲蓄銀行 OTP 及不動產公司。

相關步驟已被執行，以便順利將部分國有銀行民營化。

其他為創造金融市場長期流動性及成交量、並進而提升機構投資者角色的改革也同時展開。如：債權銀行暫時性的崛起。此刻，市場因法律上的障礙而停滯不前，但 1999 年不動產證券化 (MBS) 一出現即吸引眾人目光並成為未來的先驅。

另一項重要的改革領域為退休金市場。政府方面善意的出發點面臨政治現實的考驗。原計畫的退休金系統由三個主體構成，一為調整過的退休給付系統（隨休給付制度）；一為強制性的 fully-funded sector，形成國家退休金的核心；另一為自願的 fully-funded sector，由私人退休基金負責營運，並由獨立的監督機構管理。這些計畫將使國家儲蓄金的運用、流動更具效率。不幸的是，由於員工貢獻的增加，政府不願招致民怨，上述第二種型式的退休金改革暫被延緩。隨著經濟情勢的改善，民眾期盼這些改革終究能確切執行。

我們於匈牙利部分所形容的局勢，堪稱為 "Visigrad" 國家的典型，這些國家（波蘭、匈牙利及捷克）在不久的將來，將嘗試加入歐盟 (EU)，當他們適應歐盟環境之後，將面臨巨大的變革及調整，任一調整措施皆將有效改善他們的資本市場。過去國外資金挹注的時代已經過去，且金額日漸縮小，現階段急需投注更多注意力於國內資金的籌措，以因應公司發展所需。股東價值工具在處理國家所屬資產上，提供一有效方法，但很快這些資產即面臨民營化，在新的環境下，這些公司必須採取行動以繼續存活、繁榮。而當這些初步的變革受限於其他總體變數時，最有利的情境即為確立未來此區之權益所有權得以擴張。

新興市場

到目前為止，本書一直關注於金融市場發展完整的國家，這些國家在公司表現上的改變將被獨立、資訊充分的金融社群所遵循。明顯地，在如此情境下，股東價值的表現功不可沒，但如果你認為金融機制完整的國家才是股東價值惟一可發揮功效的國家型態，那就大錯特錯了！

新興市場之所以如此稱呼，是因為市場中應用股東價值的基本環境仍待改善。持續的管制解除、貿易自由化及資本自由流動，意味著許多過去停滯不前的公司，現在要開始進入世界金融市場的潮流。這項趨勢予人的第一印象，即為將對一些大型公司產生衝擊，但隨著時間的流逝，其對當地經濟體所產生的

影響將更加擴張。我們將探訪假想的新興市場，作為本節的開場，並以新興世界中真實的案例為模型，接下來深入剖析新加坡、南韓及印度的發展。

(S) 新興國家

世界上許多地方的公司結構正朝反向發展。當通貨無法轉換、廣泛的貿易障礙存在，國家將缺乏投資性資金的挹注。而且，由海外貿易產生的大量資金將以強勢貨幣的型式存於國外帳戶，不會為了振興國內經濟而回流。

在此局勢下，新興國家的公司以有別於西方國家發展的模式發展起來，市場中只存在著些微的競爭。國內公司只針對當地的需求製造產品、在高的關稅壁壘下工作得到貿易保護，因此沒有動機讓公司變得更有效率。所以當國內另有發展機會出現時（往往是相當不同的產業，因此不具綜效），公司在關稅保護的屏障下，投資且開始在完全不相關的領域展開經營。

同樣地，伴隨著進口許可執照的發行，國家採行進口控制。因此一家本土型公司必備的條件：一為和國外供給者的協定；而更重要的為取得政府的同意，賦予公司權利以開發當地市場。由於貿易障礙、其他障礙及生產許可，國外供給者對自行開發市場顯得興趣缺缺，因此必須在當地市場尋求財務穩健的夥伴一同工作。這也將導致地方市場上高度多角化集團的成形，而此正為進口執照的發行和分配所導致的發展結果。大型的國內公司在財務上有能力去競標取得執照，但這將導致當地市場為不效率的營運所獨佔，並向消費者索取高價損害其權益。也許公司在某些地區有利可圖，但整體看來缺乏成長性。

在限制市場中，多部門集團公司的存在逐漸難以維持。當關稅障礙及資本控制消失，進入障礙降低、市場變得開放。假如你是現存的廠商，將面臨比以往更多的選擇及競爭機會。競爭者不再需要於市場中設立確切定點，可由外直接供給產品。假如他們的產品比你的好，「挑櫻桃」的篩選過程於焉發生。市場中最富吸引力的部分（高成長或高利潤）將由你的競爭者掌握，留下的僅是較小的市場佔有率及生產大量產品背後所需負擔的成本。

資本市場自由化意指其他的融資模式變得可行；更有效的是，預期的市場表現將會好轉。因此當地的資本市場必須適應這個事實，一面維持已存在的資金；一面吸引新資金的挹注。隨著外部投資人對公司財務透明化的堅持，內線交易的悠久傳統，及策略性股東間的股份配置，都勢必做出改變。當地的金融機構在管理它們的分支機構及子公司時勢必採取更適當的方法，以確保它們可

以維持國際上可接受的表現水準。

總體經濟環境的改變（通貨膨脹的降低及通貨的穩定），以致於過去普遍認同的海外投資可提供較高報酬的假定面臨挑戰。高度的價格穩定及較低的利率，使得市場透明度較高，且意味著國內的投資組合可以勝過從前備受青睞的海外市場。

對多部門公司而言，所有的改變都創造了更大的挑戰，它們必須集中焦點、將注意力範圍縮小。而對國內其他公司而言，更具效率的資本市場也使其逐漸專門於某一領域的發展。更有效率的商品市場意指國外生產者可在相同的價格、數額上於當地市場競爭。在這樣的情勢下，許多現存的公司皆面臨毀滅的威脅，除非可以在根本上改善它們的表現，而在這種情勢下，股東價值分析工具的應用是非常有幫助的。它可以使管理階層瞭解工作情況面臨挑戰的幅度，及鼓勵他們在市場解除管制、全面轉換至競爭環境前，尋求應對之道❷❹。

市場自由化也創造了新型態的公司控制。現存的集團需要解散以釋出隱藏其中的才幹，而新集團的形成可促使過去表現不佳的資產成為新的組合，允許它們於國內及海外市場更有效的競爭。另外，公司也可免除國內總部加諸於身的限制，投資更多金額以達規模效果。

這些改變違背過去幾年的經驗及習慣，但這也意味著一個全新的競技場，現存的公司有機會處理它們投資組合中較不具吸引力的部分，並經由一系列的努力，將自己轉化成所屬產業中規模中等的全球投資者。而股東價值分析工具提供一有效的方法，使得這些訊息廣為人知。

Ⓢ 東　亞

在 1980 年代及 1990 年代早期，世界上成長最快的經濟體即為東亞，那個年代，非常多的產品產出，及和全球經濟間的聯結正逐步發展，讓東亞地區看似不曾出錯，但事實上卻有。

在 1997 年及 1998 年，曾經發生嚴重的金融風暴；當地的股票市場損失慘重。同時彌漫著一股引發世界性經濟蕭條的恐慌，雖然恐慌並未成真，但這次

---

❷❹ In one emerging market, a CFO, apparently unaware of the changes taking place in his world, was asked what his attitude to cash was-after we had spent some time stressing the importance of cash flows. He replied that cash was something he got from the bank "at the end of the year," and expressed surprise at the importance we attached to it. He was replaced soon after!

268

的經驗仍然留下些許的傷疤。股東價值相關論文逐漸佔有一席之地。

　　東亞及南亞相當倚賴資本的流入，這代表當地經濟體無法有效吸收資金，而資金以不動產投機的型式流向經濟體，或為了高度不確定及投機計畫流向模糊性 dubious 貸款。當資本停止流入，當地經濟體將會發現，要維持過去權益所及的評價標準相當困難，很快地曾經飆漲上去的價格將跌落下來。

　　在東亞發現很多新興經濟體的特性，如在此部分一開始所描述的大型多角化集團即是。此地區的公司必須學習營運時所需加諸的規定，換句話說，即存在著公司管理方面的問題。用人唯親制度代表許多公司很難和股東經濟發展中所要求的開放及透明化制度要求配合，因此此區域有必要引進改革方案。此地區也存在著一定程度的國家擁有權及密切的銀行關係。Chan Wing Leong，一家新加坡集團 (Sembawang) 的財務長，總結此系統中大股東可能的反應：

　　「我們主要的股東（政府）對於股東價值有不同的認定，假如連續三季獲利衰退，政府對於下降的股價較不關心，其關心的是為什麼獲利會衰退？什麼是衰退背後所隱藏的問題？當然，假如股價下跌，政府會失望，但絕不會為了這個因素，採取劇烈的行動撤換董事會，我們總是認為他們比其他股東更寬容。」

　　其他的股東，特別是銀行，在過去面臨公司表現衰退時，也同樣是寬容以對，反而著眼於其未來的成長性及產量。但這項奢侈已到尾聲，現在持續的表現不佳，將面臨詳盡的檢查。

　　在寫作的同時，此區股價已逐步恢復（至少表面上如此），甚至回復到正常水準。當我們檢視兩個亞洲國家——新加坡及南韓時，我們可以看到改變正在進行，且正為更高的透明度及股東價值方法的應用鋪路。

■南　韓

　　1990 年代晚期的風暴，在南韓留下幾道疤痕，身為 OECD 的一員，南韓去除早期許多對資本流動的限制，現在高透明度的論點及投資者保護，佔有重要地位。管制解除是一普遍的趨勢，南韓未來可望加速推行，如：浮動匯率、外國人股票購買限制的解除。在南韓的金融市場，對於國外的投資者仍存在些許的障礙。外國的權益所有仍多集中於管理基金 (managed fund)，但隨著時間轉變，有愈多的南韓公司直接由海外所有。

　　金融風暴的結果，所有權和經營權的劃分顯得更加重要。為了提升公司的

透明度，政府現在要求公司必須採行合乎國際標準的會計準則。公司也被要求必須擁有較多的外部董事，以確保少數股東的權利，及引進其他的內控機制。這些改變相較於政治及社會環境的轉變，屬於長期本質上的改變。目前在公司控管及股東價值方面，所達到的改變將是南韓金融及產業活動中一個重要的革新部分。

這些改變可以由 Chaebol（大型的南韓工業集團）的個案明顯地看出。當前，它們試著減少負債、合理地改革投資組合，去除無法創造利潤的活動。政府也開始在能力範圍內分解 Chaebol。我們認為如果 Chaebol 可以自行著手進行這些步驟，而不是被迫進行，會較具成效。

隨著更多的風險轉至銀行身上，銀行和 Chaebol 的關係逐漸解體。未來 Chaebol 不再有管道可以取得便宜貸款，因此也無法採用「續借，否則破產」的技倆。這些改變意味著將有更多的注意力投注於股東身上。

過去，所謂的股東權益多半是指大股東的利益，而小股東的權益幾被忽略。雖然南韓的商事法強調債權人的權利，但實務上仍次於公司大股東的利益。在金融風暴過後，情形開始有了改變，最近的「少數股東權利運動」即為一例[25]。

隨著南韓利率的下滑，期望以存款投入權益市場，獲得高報酬的私人投資者，有增加的趨勢。這也使得公司更用心地思考股利及可達到的股價水準，許多公司開始嘗試股東價值方法，包含最大的公司——LG 集團，也於 1995 年引進績效管理 (value-based management)，現在更使用其幫助投資決策。另外公司也使用 SVA 來評估策略性事業單位的表現。

■ 新加坡

1997 年及 1998 年的金融風暴，分別使新加坡的權益價值減少 24% 及 7%。雖然目前股價已經恢復，仍有許多強調股東價值重要性的活動正在進行。新加坡政府一直相當贊成鼓勵私部門集中注意力於股東價值。其主要持有投資的機構——Temasek Holdings（在新加坡最頂尖的上市公司中，握有多數的股份），近來採取積極的股東立場[26]，使具重整計畫之公司定期發佈新聞稿，並執行一連串計畫性提升股東價值的購併及股票買回活動。

在新加坡，為了提升公司的管理方式及提供易上手的股東價值環境，些許的變革勢在必行，如：新法案的通過，允許股份買回。從 1998 年末期，只要獲

---

[25]Plender, J. (2000), "A Big Voice for the Small Man," *Financial Times*, 4 May.

[26]Stern Stewart was the main consultant to the government.

得股東的核准，公司最多即可買回 10% 的庫藏股。

　　從那時開始，現金充裕的公司即開始宣告多種股票買回計畫，變相的增加股東價值。SPH (Singapore Press Holdings) 即藉由 5 億元新加坡幣的支付，成功的執行公司的減資計畫，其間 SPH 買回 10% 的股份，並協助出售股票給 SPH 的投資者處理稅款 (tax credit) 上的問題。新加坡電信 (Singapore Telecom) 最近也宣佈將釋出新加坡幣 2.5 億元予股東以買回公司股權，並藉此變相發放股利（註：新加坡電信及 SPH 皆為政府所有）。

　　另一項可促使股東價值提升的改變，即為銀行資本適足率調降的通過(12%降至 10%)。觀察家普遍認為，此法一旦通過，銀行過剩的資本將退予股東，因此提供一提升股東價值的管道。

■ 合併及分離 (Divestitures)

　　去年，兩家主要的銀行合併案業已發生 (Keppel/Tat Lee and DBS/POSB banks)。新聞稿指出，兩家業者不約而同地認為，合併後由於規模經濟、商業機會增加等因素造成的股東價值提升，為當初決定合併的原因之一。預期更多諸如此類的合併案將會逐漸浮出檯面，尤其是大型集團涉入的造船業及高科技產業。在分離方面，新加坡電信最近藉由旗下挪威手機公司 Netcom 的出售，將營運重點集中於頗具核心優勢的亞太市場，促使公司整體股東價值的增加。

　　度過了金融風暴中最危急的一刻，現在我們可以期待看到公司將經營的焦點放在公司成長性及獲利性，以求創造公司的最大價值。現在新加坡公司開始展現高度的透明度，及執行投資者溝通計畫。其他公司也紛紛公告他們未來將聚焦於核心競爭優勢的決定，移除和新發展目標不符的了公司。一般普遍相信，股東價值的提升及資深經理人的報酬間存在一定程度的關係。一家特別的公司，新加坡科技 (Singapore Telenologies) 在 1990 年代初期即開始採用經濟附加價值，直到最近公司開始將經理人的報酬和 SVA/EVA、及主要衡量表現的指標連結，公司才順利達到全面的改善。

　　經歷了 1997 年的金融風暴，亞洲的執行長往前邁進了一大步，將股東價值最大化視為主要的經營方針，並且下定決心再也不讓金融風暴有捲土重來的機會。的確，塞翁失馬，焉知非福。一些分析家就曾說過，金融風暴的發生使得亞洲各國積極追求變革。現在，亞洲執行長的表現不再延用金融風暴前以資產負債表規模評定的方法，而是由他們所創造的 SVA 來衡量。

⑤ 印　度

　　自 1947 年獨立以來,政府在印度經濟中一直扮演重要的角色。隨著大眾擁有生產性資本數的攀升、及私部門活動管制於法令上的複雜性,直到最近陳述於一系列五年計畫的經濟策略,開始追隨進口替代策略及貿易保護制度。此外,外國人士或機構對企業的擁有權仍將受限。

　　在 1990 年代,攀升的預算赤字及外匯危機促使政府開始展開經濟自由化的過程,允許外國機構投資者 (FII) 投資印度權益及債券市場,且准許國內公司由海外籌措所需資金。

　　印度的資本市場因此開始快速成長。Mumbai 股票交易所的資本總額由 1990–1 年底的 1.1 兆印度盧比成長四倍,至 1996–7 年底達 4.3 兆印度盧比。在印度 23 家股票交易所上市的公司家數,也由 1985 年的 4,300 家漸次成長,至 1996 年 3 月底時,已達 9,000 家。

□ 貨幣
▨ 政府請求與契約性儲蓄
▨ 存款
■ 共同基金與股票

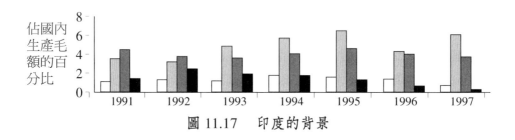

圖 11.17　印度的背景

　　雖然一切僅處於起步階段,但無論如何新觀念的種子業已種下。值得一提的是,一系列的 IT 新創事業善用群集於印度南端——海得拉巴市及邦加羅爾——的優秀電腦程式及系統開發商獲致成功。

　　這項發展獲得民眾的注意。突然間,有一群印度境內的本國公司提供超額報酬予印度的權益投資者。在整段發展的歷程中,除了以開明的方式外,政府甚少介入。電腦產業早已解除管制,且不再存有進口限制。至此權益市場開始實踐其目標——將資金分配至具成長前景的公司。

股東價值的關鍵助力

下列因素可能影響股東價值於印度經濟中的定位：

◎政府基金中，崇高的股東價值定位：對於政府基金而言，其所承擔的壓力不斷攀升，不僅要產生充裕的股東權益報酬，更要對股東或信託憑證持有者充分負責。未來它們在管理投資業務上將更顯積極，並致力提升股東價值。

◎私人機構投資者重要性與日俱增：國內過去表現平平、成長性不高的私有共同基金 (private mutual fund)，將開始吸引國內個人投資者的注意，並期望於未來在國內權益資金的流動上，扮演重要的角色。更多的 FII 及 GDR 投資未來除將繼續以總體經濟因素作為投資指南外，也將參考全球競爭下，印度公司內股東價值的定位。

◎民營化：持續上升的民營化案例意指更多政府所擁有的公司將暴露於權益市場，並改變過去的管理方式，將焦點集中於股東價值的應用。雖然此過程偶爾有休止的時刻，我們認為，現階段它具備充足動能，未來將有效促成印度權益市場對股東價值議題認知的提升。

◎印度公司：它們將學得把遊戲玩得更好，並瞭解藉由此舉（股東價值的採行），將增加它們籌募資金的機會。

摘　要

分別由所有權、控制權及股票市場發展的角度論述對股東友善及大股東結構的分別後，我們看了不同的國家，及其應用股東價值的程度、或未來應用股東價值的潛力。很清楚地，大股東結構在面對價值創造的要求下，在世界中已逐步喪失地位。

第四篇

綜合討論

第十二章　報導未來價值：Blueprint 公司

第十二章

報導未來價值：
Blueprint 公司

在每個人的一生中都會受到財務報告的影響，我們的資本分配的程序正是建立在這個基礎上。一個最有效的分配程序……一個有效率與流動性的市場，具有提供證券買賣並獲得及取得信用的功能，然而，一個有瑕疵的程序會使得營業產生無生產力結果、排斥具成本效率資金成本與破壞整個證券市場。

美國會計師協會

財務報告特別委員會，1994

報導未來發生的事情？這與本章的標題看起來似乎有點矛盾——畢竟，我們只能報導過去已經發生的事情及預測未來——但這正是重點所在。

如同本書所說的，我們關心的是如何在現今的產業環境下創造價值，處在一個全球化、電腦革新速度加快與資本移動管制解除的環境中，需要更多的資訊來瞭解公司營運表現。更重要的是，投資者需要的不再只是單純歷史的資訊；他們——及他們所投資企業的經理人——需求的是未來的資訊。

當然，要取得某一定程度的資訊是容易的。可從年報、公開說明書、委託申請書與其他正式文件等定期對外公佈的研究報告獲得公司營運表現的資訊。但是這些報告與經理人所擁有的私人資訊之間還是存有差距。某一部分的差距是由企業基於商業機密的考量所造成——不論如何，市場分析師發表的報告會填補某一部分的差距。當環境的改變逐漸影響公佈的財務數字時，公眾終將知曉企業未來營運計畫的資訊。但是，企業未來的財務規劃與投資政策資訊無法從這些公佈的財務數字中推知，甚至，企業對外公佈這類資訊並無強制性。

然而，由於股東權益價值逐漸受到重視，我們相信管理者維持企業的透明度對管理者也有一定的好處。一種最新的表達方式是將焦點集中在長期現金流量與其他關鍵財務表現指標上。

然後，本章探討的主題與價值報告有關——在股東價值日漸受到重視的今天，對這種新報告形式的需求會持續成長。為了解釋其使用方式，我們在本章的附錄舉一個杜撰的企業 (Blueprint Inc.) 是如何把公司的價值報告給外界❶。但首先，讓我們回顧並提醒我們自己，市場力量是造成從強調即時財務報導轉換到以價值導向的原因。

市場壓力

從本書中我們說明了廠商間的競爭壓力如何因全球化、資本市場自由化及舊有利益關係人關係的破裂而增加。企業，如同前面所提的，必須注意它們到

---

❶The name "Blueprint" is, in the context of this book, fictional and does not (nor is intended to) refer to any real entity, product or service.

底向金融市場透露了什麼。更重要的是，它們必須說到做到。在短期，不管是什麼樣的投資者與分析師，都渴望能適當且正確知道他們所投資企業的管理階層在做什麼。近年以來，人們發現在相同的要求下，新興起的網路公司的價值比舊經濟定義下的企業大上好幾倍，使得傳統企業來自市場的壓力被進一步放大。在新世代下的傳統企業為了得到大眾的注意，可預期到這類型的企業要有近乎奇蹟的表現。

我們想更好的績效表現與對外揭露更多資訊要求，正指出我們必須以有價值的表達方式將企業的情形予外界知道。讓我們來看下面的三個例子:

◎波音，在外有空中巴士的競爭，對內有工會的抗爭，使得投資者對這家公司有關於透明度的要求。在 1999 年第一季的時候，波音公司宣佈價值管理計畫，以價值評分卡的方式公開四個企業內部考核績效表現的指標，由投資大眾逐期按這些指標來衡量企業達成對外宣稱目標的程度。

◎繼 Daimler 與 Chrysler 合併後，市場不知道如何適當的將這家合併後的企業分類; Chrysler 雖按要求向外揭露資訊予大眾，但美國投資者因蒙受損失而感到不安。他們一直緊盯這支股票，可是股價表現卻不理想。結果，合併後，Daimler 及 Chrysler 分別提出各部門的改進報告，多疑的投資者才相信合併將可為股東創造價值。

◎Eastman Kodak 是一家禁止保留內部私密資訊的公司，在 1999 年第一季的時候發佈盈餘警告的同時，公布在接下來的一年，該公司將如何改善盈餘。雖然分析師對未來預測不佳，但市場上對該企業的坦白給予正面的回應。

舊有的揭露標準逐漸被推翻，我們認為大部分舊體制企業會發現，儘快找出其優勢及劣勢對它們有利──特別是 e 化企業所帶來的最新挑戰。說也奇怪，從改進資訊揭露品質的舊體制企業中，有助於我們發現網路公司評價不真實的地方。

實際上，使用者無法充分利用目前以報導企業財務為目的的文件與報告所提供的資訊。PricewaterhouseCooper 普華企管顧問公司最近對企業、分析師與投資者作調查，顯示有 40% 企業投票認為它們所提供的報告是非常有用的，但卻不被使用這份報告的分析師與投資者所認同 ❷。他們之中只有小於 20% 的比

例認為這些報告是非常有用的，認為財務報告一點用處都沒有的約有 17%。因此，還有改善的空間。

各種政府機關與會計師協會也抱持相同看法，並對財務報告的內容與格式提出建議。舉例來說，美國會計師協會 (AICPA) 建議「財務報告要提供財務預測報告書……將重點放在能創造長期價值的因子，包括能指出關鍵部門經營程序的非財務衡量指標」❸。國際會計標準委員會 (IASC) 改善財務報告的方式，是要求提供更多分部門細節資訊，與一定結構與內容的期間財務報表。對改善資訊揭露的需求，因英國會計師協會總裁所說的一句話引起回響，他說：「每年財務報表必須回答市場對更多資訊的要求……表達歷史成本的財務報表，無法滿足使用者對資訊的需求。」

另外，美國證券交易委員會的首席會計師 Lynn Turner 說：

「資本市場，與整個市場的投資者，對財務報表比以前需要更高的品質，我勸告財務長應考慮如何在營運過程創造價值，作法是每天所處理的東西，應該傳遞給公眾知道。研究顯示盈餘與每日的資訊有一定關連，並顯示其他的衡量方式漸漸變得重要❹。」

管制者轉移注意到使用網路，他們認為這會改變市場參與者之間的自然關係。最近美國財務會計標準理事會 (FASB)，針對商業報告與網際網路的報告，指出變革正在進行。網際網路正協助我們以快速的方式，傳遞更多的資訊：

「接觸層面的增加必然會改變市場參與者之間的關係……。這樣的改變是無法預測，看起來明顯的是，我們不只是單純的知道而已，還要能從這些資訊看出並利用它的附加價值❺。」

我們認為，上述內容都指出大多數人意識到公司股東價值形成特性的資訊重要，這意味著要把更多的注意力放在本書第一篇所談到的內容上。如果藉由

---

❷ Quoted in Eccles, R. (1998) *Value Creation, Preservation and Realization* (London: PwC).

❸ *Preliminary Report of the Special Committee on Financial Reporting*, New York: American Institute of Certified Public Accountants, July 1992.

❹ "21st Century Financial Reporting," speech at the 27th National AICPA conference.

❺ *Electronic Distribution of Business Reporting Information*, US Financial Accounting Standards Board Business Reporting Research Project, 31 January 2000.

支付股利的方式給股東適足的現金，或投資在新科技、產品、商標或新的管理結構等能被投資者所認同，市場的回報是使企業的股價上升。

從會計師那裡可知道什麼？

雖然曾在以會計與稽核為核心競爭力，而表現卓越的企業中工作的人，已寫過類似的書；然而大多數這類型的書，好像只是勉勉強強地提到我們預見的改變。事實上，企業、投資者與和 PricewaterhouseCoopers 類似的顧問公司之間的命運，已相互糾結在一起。

在新的經營環境下，企業管理者與投資者都很渴望知道未來的營運環境。投資者將訴諸於服務機關以協助他們以不同形式表達這些需求，同時將有更多的壓力施加在經營者身上。確認出價值在哪裡，並支援管理者在其後的報告中表達這部分的價值，這正是興起的專業顧問公司最注重的地方。

我們相信價值報告預示出其特有的活力，此活力從兩方面來看：第一，將傳統財務報告、投資報告、管理報告的原理整合在一起；第二，為了提供投資團體、董事會與管理階層更多對等的利益，價值報告可協助專業顧問公司發展。協助管理者將重點放在如何創造並表達企業價值的領域，這正是在新世紀的競爭環境下興起的專業顧問公司最注重的地方。滿足企業的需求，在未來的數年會有新的專業顧問公司誕生──價值報告將是它們的重心。

我們曾提到 AICPA 於 1992 年建立的財務報告特別委員會，是在這一方面專業觀點的領導者。建立此一機構的目的，是思考財務報告的攸關性與可利用性，及滿足現今競爭環境的要求。財務報告要做怎樣的改變，觀點如下：

「財務報表因不是以未來為導向編製又無法提供有價值的資訊，其重要性日漸式微，為了滿足使用者的需要，商業報告必需要：提供更多有關規劃、機會、風險、與不確定性的資訊，把焦點放在那些能增加企業長期價值的事情上，包括能衡量關鍵經營程序表現的非財務性指標，「及」最好是將企業高階管理者經理事業的內部資訊傳達給外界❻。」

如同我們所見到的，今天這類觀點的擁護者或許有很多，我們期望會有更

❻*Preliminary Report of the Special Committee on Financial Reporting*, New York: American Institute of Certified Public Accountants, July 1992.

多。

會計被合併的三個領域

藉由整合會計的三大重要領域：傳統或歷史財務報表（財務會計）、投資會計及管理會計，編製價值報告的可行性才能提高。

(S) 財務會計

我們相當確定編給外部人看的財務報表會以一定的形式繼續存在。政府基於稅率的考量會一直要求企業公佈正確性財務數字。事實上，當投資者要求向其傳遞關於管理者的執行成效等更多領域的資訊時，對外部報告的需求會愈多，在現今無所不在的通訊科技下，此類的傳遞將變得更有可能。

(S) 投資會計

在市場認知裡，企業財產市價的關鍵因子，是一家公司產生有益於投資者長期現金流量可以維持多久。如果市場認為現金流量無法維持長久，投資者會一面倒地賣出這家公司股票。合理預期一家企業能維持多久的好時光是相當重要的；市場會判斷公司在新的技術、新的產品、商標及長期策略規劃的作為。以歷史資料為基礎的財務會計，只是企業與外部溝通的其中一個關鍵要素。

(S) 管理會計

管理會計是直接提供管理者做重要商業決策分析所用的資訊。此會計上的分支依賴來自收入、成本、價格、預算與利潤等領域的資訊，這些資訊可能從內部取得或從外部取得。舉例來說，管理會計所提供的資訊會提供產品線的邊際毛利、以目前標準成本計價存貨價值與預期資本支出報酬率。為了判斷公司制定的決策在戰略上與未來績效相關的程度如何，管理會計有相當重要的部分是評估資本規劃與控制程序。

我們預測，在未來的競爭環境，在這三個領域的會計──傳統、投資與管理──之間的距離會變得愈來愈近，且當公司有一些必要改變以滿足在新的市場地位、商業夥伴與投資者下的要求時，或許會有某種程度的結合。

價值報告的七個主要核心部分

價值報告的步驟包括七個主要的核心作業，這些也是與公司執行管理者合作的專業顧問公司所要做的。分別是:

◎對與公司股東權益價值層次有關的財務因子做初步的評估。特別是在美國及漸興起的歐洲的管理者已按這種分析方式執行。價值報告把分析與評估時所用到的假設結合在一起。

◎確認管理者要如何將這些因子具體化為企業目標，及這些因子如何形成企業的經營。舉例來說，可以把公司的目標量化為，改善 10% 的自由現金流量、15% 的市場佔有率與 30% 的產品收入。

◎瞭解管理者如何制定策略達到這些長期目標——舉例來說，以緩慢的方式提高價格，注意力集中到大型的客戶，投入更多資金在產品研發上，與讓產品研發過程更有效率。

◎確認是否這些長期目標與策略都與績效衡量方式相結合，及評估這些給管理者看的績效數字的品質。財務因子必須與平衡記分卡上的財務性與非財務性績效衡量制度相關連（參考下文），這麼做是要再次強化股東權益價值的訊息到公司的所有層次上。這些績效衡量制度要定期的覆核以確保管理者能接受到正確的資訊。

◎評估管理程序是否有助於價值創造。程序包含目標設定，資本規劃與取得，預算／策略規劃，產品／服務規劃，管理備忘錄與執行補償。價值創造的訊息是否有效的傳給負責（且願擔當）這些企業程序的人?

◎從前面所述的過程中草擬出整體全貌，並選出與價值創造策略、程序、目標及結果最相關的點向投資者溝通。有一些公司，像這樣的管理溝通本身就能加強股票價格——因為，當管理者的行動對投資者而言變得更透明，投資者會感覺到其承受較少的風險。自然地，管理者必須把他的預期傳遞出來。這意思是給投資者關於公司的策略與程序是否有效的資訊。在一些公司，這種管理溝通方式本身而言，對股價有增強的作用，正如同我們看到前面所引用的 Eastman Kodak 的例子。

◎循環檢視這家公司主要程序運作的效率性,並固定那些需要固定的東西。

在這裡程序一樣指的是諸如資本規劃與取得、預算、策略規劃、生產／服務規劃、管理論壇與高階管理者的報酬。

外部報告

價值報告的顯著利益在於它能讓當管理人的你傳遞公司策略、衡量指標與程序等有關價值報告結論給外部事業體及投資團體——或許，例如衡量指標，會附帶獨立會計師的意見書。諸如此類的外部報告只有在滿足幾個重要準則後才會合理：你的投資者需要額外的資訊；你所獨占的資訊能夠被保護到；建立有效的安全港以避免訴訟的危機（預測資訊比實際資訊帶給投資者對未來更多的正面預期）。

外部報告包含這些重點時可能會很有用：產品發展、主要事業或產品線的市場佔有率、加權平均資金成本（及投資門檻報酬率），還有要強調的技術資本與消費者滿意調查。這些可在股東權益價值達成表以有組織的方式呈現出來。在表 12.1 中將可看到一個例子，這個例子是一家美國公司向外公開的報表資訊，其中有些部分是估計的。

一般而言，你應該對外部報告抱持公正的態度——特別是與這些報表有關的註釋，除了強調現金流量表外，你應注重每股盈餘，股東權益價值達成表，計畫案可帶來的現金流量，與成功取得長期融資的主要因素，這些可能包含諸如產品發展、可取得的新專利權的數量、市場佔有率的改變、五年內產品收益的改變情形、會影響股東財富的新技術與產業特定因素。

表 12.1　股東價值變動狀況表

	2000	2001	2002
銷貨與其他收入	7,058	6,331	5,754
銷貨成本	4,212	3,866	3,633
邊際毛利	2,846	2,465	2,121
與銷貨有關的各種費用	1,213	1,137	1,073
其他營業費用	95	72	36
息前、稅前盈餘	1,538	1,256	1,012
維持正常銷貨所需資本支出（附註一）	352	335	350
稅前淨營業利潤	1,186	921	662

現金稅負（附註二）	401	286	314
稅後淨營業利潤	785	635	348
新增投入資本			
淨應收帳款與營運現金	1,351	1,291	1,109
先進先出法下的存貨價值	941	886	893
營運流動資產	2,292	2,177	2,002
應付帳款與應計負債	(1,104)	(1,034)	(921)
淨營運流動資產	1,188	1,143	1,081
淨土地、廠房、設備	2,835	2,742	2,787
其他營運資產、淨其他負債	27	54	82
淨營運資產	4,050	3,939	3,950
加權平均資金成本（附註三）	11.3%	11.5%	11.0%
投入資本的變動額	445	454	–
股東獲得的價值			
稅後淨營業利潤	785	635	–
投入資本的變動	445	454	–
經濟利潤／股東獲得的價值	340	181	–

表 12.1 附註

	2000	2001	2002
附註一： 從現金流量表估計出折舊與攤銷			
附註二： 息前稅前盈餘的現金稅負（調整過非營業項目）			
有效所得稅稅率	38%	38%	43%
利息費用	85	86	103
非營運費用	(162)	(20)	15
利息稅盾效果與非營運費用	(29)	25	51
所得稅費用	480	325	236
遞延所得稅增加（減少）	(50)	(64)	27
現金稅負	401	286	314
附註三： 加權平均資金成本	1996	1995	1994
權益成本			
美國股市的整體報酬	11.3%	11.7%	11.3%

無風險利率（10 年期國庫券）	6.6%	6.9%	7.3%
美國股市的市場風險溢酬	4.7%	4.8%	4.0%
公司的貝它值（按財務槓桿風險調整）	1.13	1.11	1.08
權益成本（股東要求報酬率）	11.9%	12.2%	11.6%
負債的成本			
邊際負債成本	7.9%	7.8%	7.8%
稅率調整	−3.0%	−3.0%	−3.4%
稅後負債成本	4.9%	4.8%	4.4%
總市場價值			
發行流通在外股數	291	291	145
股價	45.750	37.125	75.875
總市場價值	13,313	10,803	11,002
總負債市值	1,221	1,144	1,129
投入資本的總市值	14,534	11,947	12,131
加權平均資金成本			
權益市值佔投入資本的總市值的比例	91.6%	90.4%	90.7%
負債市值佔投入資本的總市值的比例	8.4%	9.6%	9.3%
加權平均資金成本屬權益的部分	10.9%	11.0%	10.6%
加權平均資金成本屬負債的部分	0.4%	0.5%	0.4%
加權平均資金成本	11.3%	11.5%	11.0%

資料來源：Illustrative, based on publicly reported information of a US company and esitimates.

價值報告的應用：一個假設的例子

　　你的公司要如何利用價值報告並從中獲得利益？要回答這個問題，讓我們舉一個虛擬公司，這家公司與獨立的企管顧問公司共同執行價值報告分析。雖然從傳統每年完成的財務稽核中可得到一些訊息，但這是要從四個不同形式的過程中呈現出來。

(S) 確定價值層次

　　既然增強股東權益價值是大多數公司最重要的目標之一，這正是價值報告

程序所最強調的領域。為認定股東價值在組織的層次，從價值報告的每個步驟中，我們對公司整個的經營過程會有全盤性的瞭解，如此確認出股東價值的關鍵處，包含那些在目前的年報裡面可能沒有提供的資訊。

會影響企業的未來，以致使得投資者感到興趣的地方，可能包含：嚴格定義產品發展──公司全部真正花了多少錢；有多少百分比的收益是來自較年輕的產品；取得的專利權數及企業的市場佔有率。此外，價值報告作業還要確認有助於投資者判斷企業未來的特定產業股東價值因子。

價值報告也會說明企業如何去解決最重要的策略議題。一般而言，這些議題可能包含收購、分割、新產品投資與建立新廠房。諸如此類的議題建議應掌握以下的基本原則：

◎如何改善收益、成本、營運資本與資本支出計畫等領域的內部作業程序；
◎決策與行動對股東價值的可能影響；
◎諸如公司該如何面對收購一家公司會面臨的文化與系統問題等等與事件相依的議題。

在執行價值報告程序的第一年（可能會有進一步的定期財務稽核工作來引導），價值報告的計畫團隊的最初作業步驟，會包含發展對強化股東權益價值，與在特定的組織內影響策略決策的因子的全盤性瞭解。第一，此與管理者合作的計畫團隊，評估企業的競爭者相關的關鍵財務指標，以取得外部標竿來衡量公司相對競爭者而言表現得如何。如收益成長、邊際利潤的成長率、現金稅率、營運資本有多少是從公司增量銷貨中吸納來的及資本支出等等。此外，既然大多數的大型企業有很多的部門、不同的產品線及市場，這個團隊可能要去擴大標竿學習的範圍到公司的所有個別事業部門。

計畫團隊然後開始去明確的指出公司財務上的優勢與劣勢，組織內的價值槓桿。這個團隊將資訊傳遞給執行管理者，並建議會計事務所接下的幾年在簽證的時候要繼續使用價值報告觀念。

就這一點，此團隊──及公司──最好將注意力從診斷轉移到藉由增強績效的方式創造股東的價值。目標是去瞭解在公司內有哪些因素對財務性因子的結果有所助益；舉例來說，什麼可改善收益的產生、什麼可改善邊際利潤、什麼可改善營運資本利用率、如何認定資本支出等等。

⑤ 創造計分表矩陣

同樣重要的，計畫團隊要知道這家公司是否已有現成的績效衡量指標，這些指標可幫助決定是否達到價值目標與其他的策略目標。如同在價值報告所作的，在這方面需要做的是，團隊幫助公司將與股東權益價值有關的財務性驅動因子，連結到在平衡記分表上的績效衡量指標。這些指標不只是文字摘要而已，對不同階層的員工必須是簡單明瞭且有內容，而且會告訴他們要作什麼。

在創造記分表上的指標時，決策團隊要在管理者的協助下選出一組指標，這組指標可靈活的衡量企業的每一層次達成目標的績效，此時目標才能向下深入到每個事業單位。有些衡量指標是與財務性、其他的可能與消費者服務有關等等；但是所有的指標要以量的方式表示且注重共同的長期持續價值。它們要包含這些事務：新產品的平均上市時間、新產品發展費用佔總銷貨的百分比、產品投資報酬、新產品的銷售佔總銷貨的百分比、產品銷量與邊際利潤、消費者滿意度。

⑤ 可靠度與效度測試

當時間點到了第一年年底，或在第二年時，這家虛擬企業的價值報告團隊會問：組織內現有的程序與績效衡量的方式，是否是有效率的？系統是否會導致股東價值的驅動因子有正面的改變？在這個階段，計畫團隊可能選擇公司關鍵的一或二個程序——舉例來說，資本支出程序或研究發展成果——來測試從這些指標所得到資訊的可靠度，這價值報告團隊會計畫，在未來幾年，在諸如預算與規劃、購買、與消費者認知等方面測試程序的效度。

在某些情況，因為有企管顧問公司的覆核與顧問協助，公司會決定從價值報告中創造出延續下去的準則會有好處。這些原則包含兩部分：在重覆發生基礎下，每年，企管顧問公司會確定這些指標是否會提供正確的資訊；及在依序發生的基礎下，企管顧問公司會稽核或測試公司關鍵的價值因子程序以確保它們能有效的運作。當然，企管顧問公司會對這些資訊與程序的可靠度向執行管理者報告。

高階管理者在將目光移往公司的中階管理者時，可能要列出顧問的專業建議，以更充分的瞭解公司到底發生了什麼。高階管理者評價長期目標有沒有達成，要依賴有充分權限評估整個組織的外部團體，所提供的公司經營過程與指

標運作情形如何的資訊。

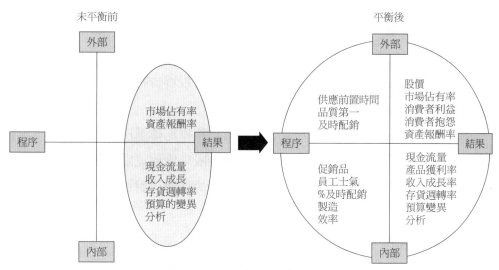

未平衡前　　　　　　　　　　　平衡後

圖 12.1　　平衡記分表的例子

　　在接下來的幾年，此價值團隊可能要去檢查在公司內的其他過程，找出改進效率與減少成本的地方。包括策略規劃的過程、消費者關係、產品運送、品質保證、環保議題與風險管理。在這些領域的每個部分，團隊會發給管理者評估報告。很多人要參與檢討程序並不是很容易；需要指導範圍、程序描述、訓練。無疑的，此類作業與瞭解公司應收帳款程序是否有效運作並無顯著的不同，甚至它所牽涉的領域並不是傳統的企管顧問公司所從事的。

　　簡單的說，最好的企管顧問公司長期所建立的技術與信譽，會對任何決定採用價值報告的公司提供保障。畢竟，他們現在要做的是指導獨立的資料測試，與報導由程序所得到的資料的品質。藉著價值報告，為檢查是否還有效率，企管顧問公司將會測試不同的基礎與檢查不同的程序——但原則是相同的。

⑤ 與投資者溝通

　　在適當的時間——也許不是在第二年之前——為確保股東的財富，執行管理者要將一些特定的資訊（如市場佔有率或新產品／服務）向大眾公開，以幫助投資者判斷公司在做什麼。明顯地，這類資訊的可靠性是重要的；這就是簽證重要的地方。

　　與投資大眾對報告的預期一致，從評論每股盈餘轉換到股東價值達成報告

書，如同在表 12.1 所顯現出來的順序。獨立會計師事務所的簽證如同此類資訊的可靠性是同等重要的。

在第 2 年或第 3 年，管理者會調整在年報內特定的資訊，開始強調現金與股東權益價值。這方法可能包含一些重要的評論；舉例來說，管理與檢討分析可能包含最新績效衡量結果的分析，如此可幫助投資者判斷今天行動如何強化未來的價值。

接下來，在有會計師事務所保證這些關鍵指標能傳遞出正確的資訊下，管理者與董事會可能考慮擴大公司傳遞給投資者股東價值資訊的範圍。到目前為止，管理者對這些資訊覺得滿意，外部會計師的保證可對資訊的可靠性提供附加的擔保。

在與投資者溝通的過程中，上面所提到可說是接近理想；作為一家公司，你傳遞出你正在改變的訊息，採用最新的制度，並更能控制整體進展的過程。這種溝通模式本身，將改變投資人對你這家公司的看法。

未來的價值

價值報告對企業、投資公司、會計師事務所、與其他遍及全世界的專業服務提供者也是異常的重要。為了績效表現能透過年度股東價值建立報告書、與更詳盡的年度價值報告等，被更多的揭露出來，我們預測投資者將持續向公司施加壓力。要怎麼做，會在虛擬模型 Blueprint Inc. 中呈現出來。資訊揭露的這些要求，從一般讀者的角度來看，似乎多少有點極端；但是到了 2005 年的環境下，公司傳達給外界資訊的要求會與現在有很大的不同。

然而，價值報告是從這本書一開始就一直強調注重股東價值的緊要性的結果，也是我們在第二篇所提到的整個價值轉換程序的最後一步，價值實現的整合部分。

當我們進入新的世紀，價值的緊要性是不用爭議的。解釋造成這種不斷增加的迫切性的原因──全球化、資訊革新與資本移動的自由──並不會輕易地讓人們滿意，而且進化的速度會愈來愈快。長遠的看，在未來決定是否有競爭力的主要因素，將會是速度與知識管理。

如同我們在這本書前面所敘述的，價值創造是分析、行動與溝通三種程序的結合，它要求被分析的會計數字有策略性與經濟性。它使調合新衡量系統與

整合不同的文化成為必要；現在它要求將相互分離的管理者、投資者、策略財務報告整合在一起。

面對創造價值所帶來的挑戰，去瞭解它，與改進它，並不是件容易的事。放諸四海，投資者、管理者與他們的顧問將焦點集中在此是一個挑戰。我們相信我們已經協助你如何將焦點放在這。

附錄一　Blueprint Inc.

接下的報告是要說明未來企業報告的可能結構與內容。就某種程度而言，現在要取得這一類對外公開的資訊是有一些困難。然而，因為它把價值分析與衡量績效的指標連結，很明顯的，這一種分析的方式是任何一家公司內部報告與衡量系統的核心部分。

面對要求公司揭露更多資訊的需求，公司執行者要慎重因應。但身為機構投資者首席股東價值分析師，他們有能力詳細的探究出公司要改進的地方。進一步說，改善向市場揭露與公司攸關的資訊品質，執行長會看得到可觀的利益。

任務說明書

現金不短缺是我們公司目前最成功的地方。我們有建造價值的雄心，藉著利用核心能力來完成這個目標。我們確認出能增強長期現金流量的幾個因素——消費者滿意、員工滿意、成長與創新。這些以及所有與價值達成相關的重點一定會深留在我們的經營程序與行動中。

⑤ 來自主要執行長的信

我很樂意向各位報告我們公司價值已有進一步的增強，今年又是成功的一年。我們在創造價值的進步，主要歸因於我們在生產力、競爭力、營收成長與獲利率等領域的傑出表現。

接下來會陳述價值報告模型的幾個關鍵特徵。它提供我們下一年度年底(1996/12/31) 價值報告的結構。

公司的主要使命是極大化長期價值。藉著每年持續相對於競爭者的優越表現，我們將達成這個使命。我們同時使用財務性與非財務性指標來衡量價值，且價值會影響過去與未來的現金流量。

我們使用的財務性衡量方式是，用過去與未來的現金流量作為驅動因子，並不是傳統的盈餘基礎指標。非財務性衡量方式可幫助評估幾個關鍵地方的價值，這些我們會在任務說明書中再次強調：我們的消費者、員工、成長與創新、以及內部程序。持續不斷的改善這些指標，財務表現與價值也會跟著改善。

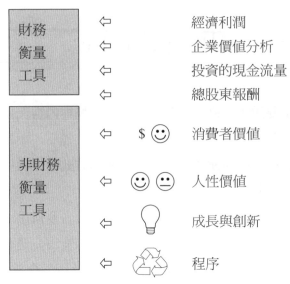

圖 A1.1　財務與非財務衡量工具

　　所有的財務性指標按影響價值增加或減少的程度分類。非財務性指標是指那些支撐過去的財務績效基礎的作業，且在有效的管理下，這些作業還提供價值持續成長的基礎。

⑤ Blueprint Inc. 價值驅動因子

　　價值驅動因子是我們用來分析經營過程中自由現金流量的基本架構，同時也可瞭解什麼層次對企業價值的影響最大。圖 A1.2 說明不論財務性或非財務性驅動因子之間的交互影響關係。

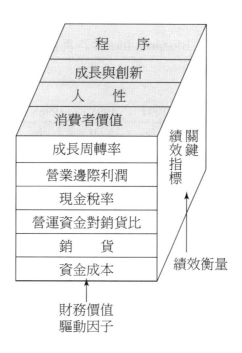

圖 A1.2　財務驅動因子或非財務驅動因子之間的交互影響關係

下表說明非財務性價值驅動因子對財務性驅動因子的影響：

表 A1.1　非財務價值驅動因子對財務性驅動因子的影響

	消費者	大眾	成長與創新	程序
成長周轉率	✓	✓	✓	
營運邊際利潤		✓	✓	✓
現金稅率		✓		
營運資金對銷貨比	✓	✓		✓
銷　貨		✓		✓
資金成本		✓		✓

　　管理一家公司，我們需要將注意力放在能提供價值持續成長的作業。根據這個觀念，我們發展一系列的績效表現指標，我們相信這可使管理團隊與組織的其餘部分，承諾將他們的時間與資源用在關鍵附加價值活動上。

　　在接下來幾頁，我們考慮幾個基本的績效指標。在這 12 個月內，我們並沒顯著改變這些指標，雖然我們按績效衡量的結果，一直不斷的改進。特別是在大眾價值的領域，我們相信這個領域是公司長期成功的最重要因子。如果分析財務性驅動因子影響價值的相對重要性，這個結論是很清楚的。

表 A1.2　Blueprint Inc. 財務價值驅動因子

| | £百萬 | | | | | |
| | 實際 | | | | | 預測 |
	1994	1995	1996	1997	1998 ⋯	2006
銷貨與其他收入	5,754	6,331	7,058	7,868	8,770 ⋯	20,914
自由現金流量						
扣除利息、稅、折舊、攤銷前盈餘	1,012	1,256	1,538	1,636	1,824 ⋯	4,350
折舊與攤銷	350	335	352	365	371 ⋯	424
扣除利息與稅前的盈餘	662	921	1,186	1,271	1,453 ⋯	3,926
EBIT 的現金稅負（附註一）	314	286	401	496	567 ⋯	1,531
稅後淨營業利潤	348	635	785	775	886 ⋯	2,395
加回折舊、攤銷	350	335	352	365	371 ⋯	424
毛現金流量	698	970	1,137	1,140	1,257 ⋯	2,819
減：現金流量的再投資						
營運資金的增加		34	18	(92)	129 ⋯	307
資本支出		356	454	388	395 ⋯	451
		390	472	296	524 ⋯	758
未支付股利與到期償還的負債前的自由現金流量		580	665	844	733 ⋯	2,061
淨資產						
土地、廠房與設備						
1 月 1 日結帳後的原始成本	6,158	6,042	6,163	6,464	6,572 ⋯	7,503
資本支出	293	356	454	388	395 ⋯	451
報廢資產	(409)	(235)	(153)	(280)	(285) ⋯	(326)
12 月 31 日結帳後原始成本	6,042	6,163	6,464	6,572	6,682 ⋯	7,628
1 月 1 日結帳後累計折舊	3,187	3,255	3,421	3,629	3,714 ⋯	4,446
折舊與攤銷	350	335	352	365	371 ⋯	424
報廢資產的累計折舊	(282)	(169)	(144)	(280)	(285) ⋯	(326)
12 月 31 日結帳後累計折舊	3,255	3,421	3,629	3,714	3,800 ⋯	4,544
淨土地、廠房與設備	2,787	2,742	2,835	2,858	2,882 ⋯	3,084
營運所需現金或約當現金	112	62	106	116	129 ⋯	308
應收帳款	997	1,229	1,245	1,388	1,547 ⋯	3,690
後進先出法下的存貨價值	683	687	738	822	917 ⋯	2,186
調整為先進先出法	210	199	203	0	0 ⋯	0
	2,002	2,117	2,292	2,326	2,593 ⋯	6,184
應付帳款與應計費用	(921)	(1,034)	(1,104)	(1,230)	(1,371) ⋯	(3,270)

其他營運資產（扣除其他負債）	82	54	27	27	30 ⋯	72
淨營運資本	1,163	1,197	1,215	1,123	1,252 ⋯	2,986
投入資本	3,950	3,939	4,050	3,981	4,134 ⋯	6,070

表 A1.3　Blueprint Inc. 財務價值驅動因子的相關說明

	1994	1995	1996
附註一——息前稅前盈餘的現金稅負			
有效所得稅稅率	43%	38%	38%
利息費用	103	86	85
非營運費用	15	(20)	(162)
利息稅盾效果與非營運費用	51	25	(29)
所得稅費用	236	325	480
遞延所得稅增加（減少）	27	(64)	(50)
現金稅負	314	286	401
附註二：加權平均資金成本			
總市場價值：	145	291	291
發行流通在外股數	75.875	37.125	45,750
總市場價值	11,002	10,803	13,313
總負債市值	1,129	1,144	1,221
投入資本的總市值	12,131	11,947	14,534
負債的成本：			
邊際負債成本	7.8%	7.8%	7.9%
稅率調整	3.4%	3.0%	3.0%
稅後負債成本	4.4%	4.8%	4.9%
權益成本：			
美國股市的整體報酬	11.3%	11.7%	11.3%
無風險利率（10 年期國庫券）	7.3%	6.9%	6.6%
美國股市的市場風險溢酬	4.0%	4.8%	4.7%
公司的貝它值	1.08	1.11	1.13
	11.6%	12.2%	11.9%
加權平均資金成本：			
權益市值佔投入資本的總市值的比例	90.7%	90.4%	91.6%
負債市值佔投入資本的總市值的比例	9.3%	9.6%	8.4%
加權平均資金成本屬權益的部分	10.6%	11.0%	10.9%

加權平均資金成本屬負債的部分	0.4%	0.5%	0.4%
	11.0%	11.5%	11.3%

■財務性價值驅動因子

我們使用的數個財務衡量方式是以現金流量為基礎。所有這些衡量方式都可相互連結，且我們計算過程所需的資料來源如下：

1.經濟利潤

在這一年度的營業利潤超過投資資金成本的部分

表 A1.4　Blueprint Inc. 的經濟利潤（損失）

	£百萬		
	1994	1995	1996
稅後淨營業利潤	348	635	785
減：資本改變（WACC×可使用的投入資本）	(428)	(454)	(445)
經濟（損失）／利潤	(80)	181	340

如同上面所指出的，在 1994 年的 NOPAT 未超過資金成本，這表示在這一年價值發生損失。然而，1994 年以後的兩年，看到的是一段正向成長階段；在今年價值達到歷年的最高。以上各年度經濟價值的計算之間沒有任何的關連。方案的經濟利潤帶給我們的價值，是以資金成本折現後得出。

表 A1.5　內含價值與市值的比較 I

	£百萬		
	1994	1995	1996
經濟利潤以資金成本折現的現值	8,232	8,949	10,737
加：投入資本	3,950	3,939	4,050
減：負債的價值	(1,129)	(1,144)	(1,221)
內含價值	11,053	11,744	13,566
市　值	11,002	10,803	13,313
高估價值／低估價值	(51)	(941)	(253)

儘管在 1994 年有價值損失的情形發生，但在此時公司價值很接近其市值，顯示公司的公開說明書中有反映出公司的價值與市值。

2.自由現金流量 (FCF)

將自由現金流量以資金成本折現後得到淨現值，淨現值減去公司負債。

表 A1.6　內含價值與市值的比較 II

	£ 百萬		
	1994	1995	1996
自由現金流量以資金成本折現的現值	12,182	12,888	14,787
減：負債的價值	(1,129)	(1,144)	(1,221)
內含價值	11,053	11,744	13,566
市　值	11,002	10,803	13,313
高估價值／低估價值	(51)	(941)	(253)

在 1995 年，因為我們內含價值顯著超過我們公司的市值，管理者已著手將我們的策略與未來計畫更完整周延的呈現給大眾。我們相信這已經反映在價值低估程度的縮減上。

3.由投資所產生的現金流量

資本擁有者使實質淨現值（經通貨膨脹率調整）等於資本投資價值所利用的折現率。資本投資價值已調整過折舊資產與非折舊性資產的殘餘價值（如土地及營運資本）。

表 A1.7　由投資所產生的現金流量

	1994	1995	1996
由投資所產生的現金流量	6.5%	9.8%	11.0%
減：假設投資者的要求實質報酬率	7.0%	7.0%	7.0%
（溢酬）／貼水	(0.5%)	2.8%	4.0%

在 1996 年，公司投資的現金報酬率再次超過我們假設的投資者所要求的實質報酬率。我們相信在這樣的一個位置，有利於我們在技術創新與人力資源上能持續完整的投資。

4.股東總報酬

股東總報酬指的是所得到的股利與資本利得。

表 A1.8　股東總報酬

	1994	1995	1996
股價	75.88	37.13	45.75
股價移動（%，調整股票分割）	15.18	(2.14)	23.22
每股股利	1.04	1.12	1.18
股東總報酬	17.72%	0.075%	26.88%

在 1995 年的股票分割使我們的股價有所調整，在受不確定性因素的影響，股價下跌了 2.14%。1996 年，股價值又回到 $45.75，上漲 23.22%，因此，在調整整年股利後，股東在 1996 年的總報酬有 26.88%。

市場佔有率

我們已經繼續維持我們的全球市場佔有率，當有來自環太平洋地區的新進入者加入時，我們有很多的競爭者因此而失去市場佔有率。藉由我們的消費者關心計畫與專注於產品的創新與品質，我們相信我們已取得市場領導者的地位。

市場佔有率

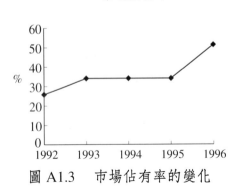

圖 A1.3　市場佔有率的變化

消費者支出

我們與消費者已建立多年的穩定關係，還有，我們的產品佔消費者消費的所有產品已維持一平均的比率。我們購併的 Jupiter Inc. 公司將使我們能夠擴增我們目前的產品線，我們相信在未來可以使消費者增加在我們產品的花費。

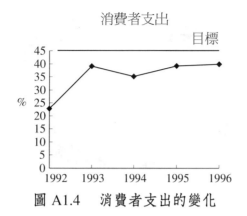

圖 A1.4　消費者支出的變化

消費者滿意

我們最近委託 PricewaterhouseCoopers 事務所所作的消費者滿意調查,顯示在某些領域我們還有改進的空間,但整體結果還令人滿意。我們已經授權要檢查我們的售前服務與及時交貨的能力。此外,針對那些只注重現金價值的消費者,我們規劃兩年計畫來重新設計我們的核心 K 產品

圖 A1.5　消費者的滿意調查

瑕疵品

瑕疵品繼續減少。自從兩年前我們採行 6 sigma 作為企業的指導策略後,現在我們快成為 6 sigma 的企業。我們繼續投資新的技術與製程,經由 1996 年最初引進 "Kreative" 觀念後,在這行業,我們特別滿意的我們勞動投入生產力。此外,我們還引進絕對產品保證制度 —— 12 小時內毫不考慮將瑕疵品換新。

圖 A1.6　瑕疵品換新制度

■Blueprint Inc. 員工價值

員工檢查指數

　　1995 年員工檢查的結果不令人滿意，我們在 1996 年加重投資找出幾個關鍵的劣勢。特別是我們增加在訓練上的投資，已在技巧建立上得到比平均好的分數，我們初步實施的鼓勵在家工作、免打卡制與工作中幼兒看護，已顯著地全面改進公司生活形式評分。

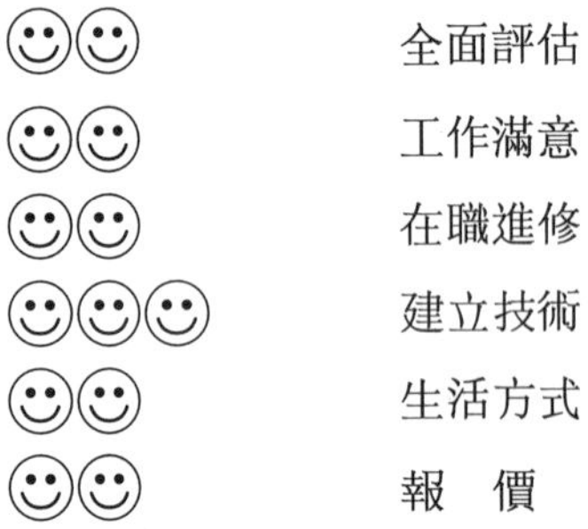

ッ全面評估
工作滿意
在職進修
建立技術
生活方式
報　價

圖 A1.7　員工檢查指數

知識指數

　　我們持續藉由全球知識指數來評估與監視公司的知識資本，此指數是由持有的認證數與有經驗的員工數為基礎。從 1994 年開始一直未曾間斷的投資，對高階管理階層的創新力與獨創力已產生令人滿意的顯著效果。在這方面進一步要做的，是達到在新加坡與南韓競爭者目前所表現的水準。

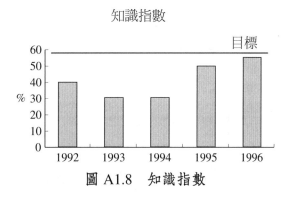

知識指數

圖 A1.8　知識指數

資源與文化平衡

我們持續投資將不同文化的市場各自擁有人力資源重新整編的計畫。我們在大西洋邊緣國家花了 3,000 萬美金招募新員工，及為我們的北美與歐洲的高階執行者的文化訓練花了 2,000 萬美金。

	人口占世界人口比率	公司人力資源比率
北美	5%	30%
歐洲	11	20
南美	10	8
中國	54	25
蘇俄	5	5
非洲	14	6
澳洲	1	6
	100%	100%

圖 A1.9　資源與文化平衡

訓　練

我們持續加重在訓練上的投資，目前已達到在每位員工上的訓練支出等於薪資的 49%，這使我們的公司排名在全球的前幾名。中階管理者在接受由公司贊助引進的網路企業管理課程後，我們預計會使下幾年度的排名向前。課程資金來源為關掉在新的無線通訊的環境下，不再需要的兩個全球訓練中心後所節省的資金。

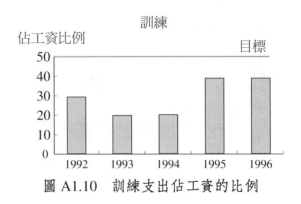

圖 A1.10　訓練支出佔工資的比例

■ Blueprint Inc. 的成長與創新

研究發展

　　加重在研究發展與經營資本的投資已是我們的長期策略。在形成市場領導者的過程中，這些投資現在提供很有價值的回饋。每 1,000 萬的研究發展支出，取得的專利權數是所有公司中的前十名。唯一令人不滿意的是，我們認為已得充分確保的專利 Q，與 Pluto Inc. 的訴訟在今年出現對我們不利的結果。

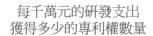

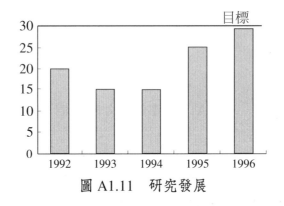

圖 A1.11　研究發展

新產品管道

　　我們的新產品管道依然很健全，雖然我們並不滿意在最近 12 個月內只推出 10 項新產品。為了顯著減少未來新產品開發時間，我們一直不斷的檢討我們在品質測試與商品市場需求測試的速度。另外，由於競爭者一個月前進入，使得我們最新推出的產品 K2 銷貨不如預期。

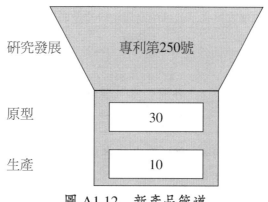

圖 A1.12 新產品管道

系統化思考

我們在 1994 年設定 18% 系統化思考的目標。我們經由模擬規劃、產品創新、程序再造計畫，在兩年後，我們達到 17%。有這樣表現並不令我們滿意，我們進一步引進優先權來激勵員工定期系統思考，並避免員工從事低價值的作業。

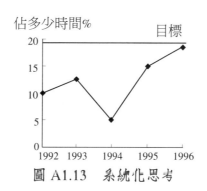

圖 A1.13 系統化思考

商 標

儘管受到主要競爭者競爭的影響，公司的商標依然很有價值。特別地，我們在發展中國家連續 1 年的行銷與促銷活動，使得我們在這些國家的商標價值逐漸增強，且我們也開始在這些國家建立售前與售後的基礎服務設施。

圖 A1.14　商標在世界各地的競爭強度

■Blueprint Inc. 程序價值

單位交易處理成本

因為處理成本對獲利有明顯的影響，在引進更有效率的處理方式後，我們可將每單位交易的處理成本減少 1 美元，且我們要消除所有無附加價值的工作（特別是那些基於內部理由所產生的工作）

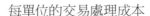
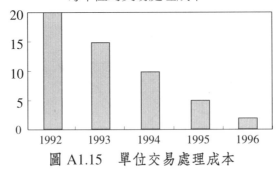

圖 A1.15　單位交易處理成本

效率評分

我再次參與以介紹知名跨國企業如何維持其經營效率的「PwC 世界經營標竿研習會」。在這次研習會中，我們知道新系統與互動資料庫的重要，我們相信我們的效率評分有很大的改善空間。

效率評分

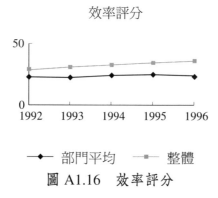

圖 A1.16　效率評分

辦公室空間

我們已成功地減少經營中最無益的資產——我們的辦公室空間——且我們鼓勵員工利用電話行銷推銷我們的產品，這使得員工工作滿意度逐漸提高。我們的必要辦公室空間因而減少了 1 萬平方公尺，在移動式工作站與技術支援服務增加了約 2,000 萬美金的支出。

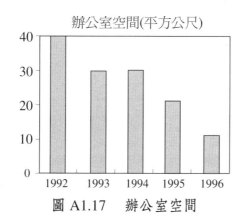

圖 A1.17　辦公室空間

外購成本

我們已持續策略性地推動把不具附加價值的作業，外包給經認可的主要外部供應商來供應。如同前面所提的，今年我們已把所有的財務相關的功能外包，為我們接下來的 10 年內共節省 1 億 8,000 萬美金。接下來要做的是，將資料處理技術、基本製程、與配銷在前幾年外包給外部處理。

	每年可節省的成本
財務交易	$$$$
基本製程	$$$
資訊技術	$$
分　配	$

圖 A1.18　外購成本

附錄二　貝　它

估計槓桿貝它效果：

舉債公司的貝它是我們在現實環境中都看得到的。因為大部分公司都有一些負債；但是舉債公司的 β 可想成是一被隱藏住而未知的貝它的函數。

$$舉債公司的\ \beta = \{1 + (1-T_m)D/E\} \times 未舉債公司的\ \beta \text{———(1)}$$

在這裡　T_m：邊際企業稅率

D：負債的市場價值

E：權益的市場價值

$$未舉債公司的\ \beta = 舉債公司的\ \beta/\{1 + (1-T_m)D/E\} \text{———(2)}$$

如果假設舉債公司的 β 等於 1.2，D 等於 1,300，E 等於 1,000 及 T_m 等於 0.3，那麼我們會得到等式(2)的值等於

$$未舉債公司的\ \beta = 1.2/\{1 + (1 - 0.3) \times 1.2\} = 0.652$$

假設最新的負債權益比等於 1.4，倒推回等式(1)

$$舉債公司的\ \beta = \{1 + (1 - 0.3) \times 1.4\} \times 0.652$$
$$舉債公司的\ \beta = 1.291$$

當負債權益比從 1.3 上升到 1.4 時，貝它會跟著從 1.2 升到 1.291，負債權益比上升幅度大於貝它的上升幅度。

對資金成本的影響：

原先的權益資金成本 = 9.8%，原先的權益比率 = 43.5%

原先的負債資金成本 = 4.2%，原先的負債比率 = 56.5%

因此原先的加權平均資金成本 = 9.8% × 43.5% + 4.2% × 56.5% = 6.53%

新的權益資金成本 = 9.91%，新的權益比率 = 41.7%

新的負債資金成本 = 4.2%，新的負債比率 = 58.3%

因此新的加權平均資金成本 = 9.91% × 41.7% + 4.2% × 58.3% = 6.57%

摘　要

當槓桿程度提高時，來自權益的資金成本會因貝它的提高而提高。另一方面，槓桿程度的提高，表示可使用更多資金成本比權益為低的負債，這又可降低加權平均資金成本。因此，負債比率的改變，可能會增加也可能減少加權平均資金成本。

$ 稅的影響

1.如果在較高的稅率級距下，舉債的結果會降低貝它值，且權益資金成本會因而減少。

2.符合直覺的是：減少稅率級距會使權益資金成本增加，股東價值減少。

參考文獻

Aligning Strategic Performance Measures and Results (Conference Board Europe, 1999).

American Institute of Certified Public Accountants, *Preliminary Report of the Special Committee on Financial Reporting* (New York: AICPA, July 1992)

Asano, Yukihiro, "The Stock Market from Investors' Viewpoint" (*Toushika kara mita kabusiki shijo*), *Chuo Koron*, April 1996

Asquith, P., Bruner, R. F., and Mullins, D., Jr, "The Gains for Bidding Firms from Merger," *Journal of Financial Economics*, Vol. 11 (1983), pp. 121–39

Bealey, R., and Myers, S., *Principles of Corporate Finance*, 2nd edition (London and New York: McGraw-Hill, 1984)

Becht, M., et al., *Preliminary Report: The Separation of Ownership and Control, A Survey of Seven European Countries*, Vol. 1–3 (Brussels: European Corporate Governance Network, 1997)

Berle, A. A., and Means, G. C., *The Modern Corporation and Private Property* (New York and London: Macmillan, 1932, republished, 1991)

Black, F., Jensen, M., and Scholes, M., "The Capital Asset Pricing Model: Some Empirical Tests," in *Studies in the Theory of Capital Markets* (Praeger, 1992)

Boutis, Nick, Dragonetti, Nicola, Jacobsen, Kristina, and Roos, Goran, "The Knowledge Tool-Box: A Review of the Tools Available to Measure and Manage Intangible Resources," *European Management Journal*, Vol. 17, No. 4 (1999), pp. 391–402

Bradley, M., Desai, A., and Kim, E. H., "Synergistic Gains from Corporate Acquisitions and their Division between Stockholders of Target and Acquiring Firms," *Journal of Financial Economics*, Vol. 21 (1988),pp. 3–40

"Cadbury Committee Report:" *Financial Aspects of Corporate Governance* (London, 1992)

Carman, Peter, "The Equity Risk Premium and Tactical Asset Allocation," in: Stephan Lofthouse, *Readings in Investments*, Wiley 1995

Cooper, I., *Arithmetic versus Geometric Mean Risk Framed: Setting Discount Rates for Capital Budgeting* (IFA working paper 174–195, September 1995)

CFO 200: The Global CFO as Strategic Business Partner (Conference Board Europe, 1997)

Copeland, Tom, Koller, Tim, and Murrin, Jack (McKinsey & Company, Inc.), *Valuation*, 2nd edition (New York: John Wiley, 1996)

Datta, Narayanan, and Pinches, "Factors Influencing Wealth Creation from Mergers," *Strategic Management Joural*, Vol. 13 (1992), pp. 67–84

Eccles, R., *Value Creation, Preservation and Realization* (London: PwC, 1998)

Eccles, Robert G., Lanes, Kirsten L., and Wilson, Thomas C., "Are You Paying Too Much for That Acquisition?" *Harvard Business Review*, July-August 1999 Fama, Eugene, and French, Kenneth R., "Permanent and Temporary Components of Stock Prices," *Journal of Political Economy*, April 1988, pp. 246–73

Fama, E., and French, K., "Dividend Yields and Expected Stock Returns," *Journal of Financial Economics*, October 1988, pp. 3–25

Fama, E., and French, K., "Cross-Section of Expected Stock Returns," *Journal of Finance*, No. 42 (June 1992), pp. 427–65

Friend, Irwin, and Blume, Marshall E., "A New Look at the Capital Asset Pricing Model," *Journal of Finance* (1973), pp. 19–33

Gates, Stephen, *Aligning Performance Measures and Incentives in the European Community Results* (Brussels and NY: Conference Board research report 1252–99–RR, 1999)

Gates, Stephen, *Aligning Strategic Performance Measures and Results* (Brussels and NY: Conference Board research report 1261–99–RR, 1999)

Gregory, Bruce, *Defending SHV in an Era of Deflation* (London: PwC pamphlet, 1999)

Hannebohm, D., *Fundamental Share Analysis and Survey of Investors* (Price Waterhouse, 1996)

Hempel Committee on Corporate Governance, final report (London, January 1998)

Howell, S. D., and Jägle, A. J., "Evidence of How Managers Intuitively Manage Growth Options," *Journal of Business Finance and Accounting*, Spring 1997

Ibbotson Associates, *Stocks, Bonds, Bills and Inflation Yearbook* (Chicago, 2000)

Institute of Chartered Accountants in England and Wales, *Inside Out: Reporting on Shareholder Value* (London: ICAEW, October 1999)

Jarrel, G. A., Brickley, J. A., and Netter, J. M., "The Market for Corporate Control: The Empirical Evidence Since 1980," *Journal of Economic Perspectives*, Vol. 2 (1988), pp. 21–48

Kaplan, Robert S., and Norton, David P., "The Balanced Scorecard-Measures that Drive Performance," *Harvard Business Review*, January-February 1992

Lev, B. L., and Sougiannis, T., "The Capitalization, Amortization and Value of R&D, " *Journal of Accounting and Economics*, 21 (1996), pp. 107–38

Lo, and Macinlay, "Stock Market Prices Do Not Follow Random Walks: Evidence from a Simple Specification Test," *Review of Financial Studies*, Spring 1988

Loderer, C., and Martin, K., "Corporate Acquisitions by NYSE and AMEX firms: The experience of a Comprehensive Sample," *Financial Management* (Winter 1990), pp. 17–33

Luehrman, Timothy A., "Investment Opportunities as Real Options: Getting Started on the Numbers," *Harvard Business Review*, July-August 1998

Luehrman, Timothy A., "Using APV: A Better Tool for Valuing Operations," *Harvard Business Review*, May-June 1997

Luehrman, Timothy A., "What's It Worth? A General Manager's Guide to Valuation," *Harvard Business Review*, May-June 1997

Madden, C., *Managing Bank Capital* (John Wiley, 1996)

Miller, W. D., *Commercial Bank Valuation* (New York:John Wiley, 1995)

Mills, Roger C., *The Dynamics of Shareholder Value* (Gloucester, England: Mars Business Associates)

Myers, Stewart C., "Corporate Finance Behaviour," *Journal of Finance*, July 1984 Vol.xxxix No. 3, pp. 575–91

Myers, S., and Kajluf, N. S., "Corporate Financing and Investment Decisions When Firms Have Information that Investors Do Not Have," *Journal of Financial Economics*, Vol. 13, pp. 187–221

Myners, Paul, *Developing a Winning Partnership: How companies and institutional investors are working together* (Report of a joint city/industry working party established under the chairmanship of Paul Myners of Gartmore plc, second edition 1996)

Porter, Michael, *Competitive Strategy: Techniques for Analysing Industries and Competitors* (New York: Free Press, 1980)

Plender, John, *A Stake in the Future* (London: Nicholas Brealey, 1997)

Prahalad, C. K., and Hamel, Gary, "The Core Competence of the Corporation," *Harvard Business Review*, May-June 1990

Price Waterhouse Change Integration Team, *The Paradox Principles: How High-Performance Companies Manage Chaos, Complexity and Contradiction to Achieve Superior Results* (Chicago: Irwin Professional Publishing, 1996)

PricewaterhouseCoopers, *International Accounting Standards: Similarities and Differences*(1998)

Purie, A., and Malhotra, V., *Cost of Capital: Survey of Issues and Trends in India* (New Delhi: PwC Publications, 1999)

Puschaver, Lee, and Eccles, Robert G., "In Pursuit of the Upside: The New Opportunity in Risk Management," *PW Review*, December 1996, p.7ff

Rappaport, Alfred, *Creating Shareholder Value* (New York: Free Press, 1986)

Reimann, Bernard C., *Managing for Value* (Oxford and London: Blackwell, in association with the Planning Forum,1989)

Schell, Charles, *Earnings and Cash Flow as Predictors of Value Creation*, Manchester Business School Working Paper, 1998

Sirower, Mark L., *The Synergy Trap* (New York: The Free Press, 1997)

Smith, Terry, *Accounting for Growth: Stripping the Camouflage from Company Accounts*, 2nd edition (London: Century Business, 1996)

Stewart, G. Bennett, *The Quest for Value* (New York: Harper Business, 1991)

Stigler, George, *The Regularity of Regulation* (London: David Hume Institute, 1986)

Thomas, Rawley, and Lipson, Marvin, *Linking Corporate Return Measures to Stock Prices* (St Charles, Illinois: Holt Planning Associates 1985)

Travlos, N. G., "Corporate Takeover Bids, Methods of Payment, and Bidding Firm's Stock Returns," *Journal of Finance*, Vol. 42, pp. 943–6

Weissenrieder, Frederik, and Ottosen, Eric, "Cash Value Added, A New Method for Measuring Financial Performance," Gothenburg University Working Paper 1996, No. 1

相關網站

The American Institute of Certified Public Accountants: www.aicpa.org

Berkshire Hathaway annual reports: www.berkshirehathaway.com

CalPERS (California Public Employees Retirement System): www.calpers.ca.gov

The Corporate Governance Network: www.corpgov.net

European Corporate Governance Network: www.ecgn.ulb.ac.be/ecgn/

ICAEW (Institute of Chartered Accountants in England and Wales): www.icaew.co.uk

PIRC (Pensions Investment Research Consultants): www.pirc.co.uk

PricewaterhouseCoopers: www.pwcglobal.com

中英名詞對照索引

十六劃

十七劃

二十劃

二十二劃

管理學　伍忠賢／著

　　抱持「為用而寫」的精神，以解決問題為導向，釐清大家似懂非懂的概念，並輔以實用的要領、圖表或個案解說，將其應用到日常生活和職場領域中。標準化的圖表方式，雜誌報導的寫作風格，使你對抽象觀念或時事個案，都能融會貫通，輕鬆準備研究所等入學考試。

財務管理　伍忠賢／著

　　細從公司現金管理，廣至集團財務掌控，不論是小公司出納或是大型集團的財務主管，本書都能滿足你的需求。以理論架構、實務血肉、創意靈魂，將理論、公式作圖表整理，深入淺出，易讀易記，足供碩士班入學考試之用。本書可讀性高、實用性更高。

策略管理　伍忠賢／著

　　本書作者曾擔任上市公司董事長特助，以及大型食品公司總經理、財務經理，累積數十年經驗，使本書內容跟實務之間零距離。全書內容及所附案例分析，對於準備研究所和 EMBA 入學考試，均能遊刃有餘。以標準化圖表來提綱挈領，採用雜誌行文方式寫作，易讀易記，使你閱讀輕鬆，愛不釋手。並引用多本著名管理期刊約四百篇之相關文獻，讓你可以深入相關主題，完整吸收。

公司鑑價　伍忠賢／著

　　本書揭露公司鑑價的專業本質，洞見財務管理的學術內涵，以生活事務來比喻專業事業；清楚的圖表、報導式的文筆、口語化的內容，易記易解，並收錄多項著名個案。引用美國著名財務、會計、併購期刊十七種、臺灣著名刊物五種，以及博碩士論文、參考文獻三百五十篇，並自創「伍氏資金成本估算法」、「伍氏盈餘估算法」，讓你體會「簡單有效」的獨門工夫。

國際貿易實務（修訂二版）　張錦源、劉　玲／編著

　　對於國際貿易實務的初學者來說，一本內容簡潔且周全的入門書，可使初學者有親臨戰場的感覺；對於已經有貿易實務經驗者而言，連貫的貿易實例與統整的名詞彙編更有助於掌握整個國貿實務全貌。本書期能以簡潔的貿易程序、周全的貿易單據、整套貿易文件的實例連結及附加價值高的名詞彙編，使學習國際貿易實務者，皆能如魚得水的悠游於此一領域。

國際貿易實務詳論（修訂九版）　張錦源／著

　　買賣的原理、原則為貿易實務的重心，貿易條件的解釋、交易條件的內涵、契約成立的過程、契約條款的訂定要領等，均為學習貿易實務者所不可或缺的知識。本書按交易過程先後作有條理的說明，期使讀者對全部交易過程能獲得一完整的概念。除進出口貿易外，對於託收、三角貿易……等特殊貿易，本書亦有深入淺出的介紹，彌補坊間同類書籍之不足。

管理會計（修訂二版）　王怡心／著

　　資訊科技的日新月異，不斷促使企業e化，對經營環境也造成極大的衝擊。為因應此變化，本書詳細探討管理會計的理論基礎和實務應用，並分析傳統方法的適用性與新方法的可行性。除適合作為教學用書外，並可提供企業財務人員，於制定決策時參考；隨書附贈的教學光碟片，以動畫方式呈現課文內容、要點，藉此增進學習效果。

成本會計（上）（下）（修訂三版）　費鴻泰、王怡心／著

　　本書依序介紹各種成本會計的相關知識，並以實務焦點的方式，將各企業成本實務運用的情況，安排於適當的章節之中，朝向會計、資訊、管理三方面整合型應用。不僅可適用於一般大專院校相關課程使用，亦可作為企業界財務主管及會計人員在職訓練之教材，可說是國內成本會計教科書的創舉。

財務報表分析（增訂四版）　洪國賜、盧聯生／著

　　財務報表是企業體用以研判未來營運方針，投資者評估投資標的之重要資訊。為奠定財務報表分析的基礎，書中首先闡述財務報表的特性、結構、編製目標及方法，並分析組成財務報表的各要素，引證最新會計理論與觀念；最後輔以全球二十多家知名公司的最新財務資訊，深入分析、評估與解釋，兼具理論與實務。另為提高讀者應考能力，進一步採擷歷年美國與國內高考會計師試題，備供參考。

會計資訊系統　顧裔芳、范懿文、鄭漢鐔／著

　　未來的會計資訊系統必將高度運用資訊科技，如何以科技技術發展會計資訊系統並不難，但系統若要能契合組織的會計制度，並建構良好的內部控制機制，則有賴會計人員與系統發展設計人員的共同努力。而本書正是希望能建構一套符合內部控制需求的會計資訊系統，以合乎企業界的需要。

國家圖書館出版品預行編目資料

企業價值:股東財富的探求 / Dr Andrew Black, Philip
Wright, John Davies著; 黃振聰譯.——初版一刷.—
—臺北市;三民,2003
　　面;　　公分參考書目:面
含索引
譯自: In search of shareholder value
ISBN 957-14-3727-1　(平裝)

1.財務管理

494.7　　　　　　　　　　　　　　92001297

網路書店位址　http://www.sanmin.com.tw

© 企　業　價　值
——股東財富的探求

著作人　Dr Andrew Black　Philip Wright　John Davies
譯　者　黃振聰
發行人　劉振強
著作財
產權人　三民書局股份有限公司
　　　　臺北市復興北路386號
發行所　三民書局股份有限公司
　　　　地址／臺北市復興北路386號
　　　　電話／(02)25006600
　　　　郵撥／0009998-5
印刷所　三民書局股份有限公司
門市部　復北店／臺北市復興北路386號
　　　　重南店／臺北市重慶南路一段61號
初版一刷　2003年2月
編　號　S 493300
基本定價　陸元陸角
行政院新聞局登記證局版臺業字第○二○○號

有著作權·不准侵害

ISBN　957-14-3727-1　(平裝)